中小河流防洪排涝系统综合治理研究与应用

—— 以永安河、黄陈河流域为例

宋荣华　陆健辉◎著

河海大学出版社

·南京·

图书在版编目(CIP)数据

中小河流防洪排涝系统综合治理研究与应用：以永安河、黄陈河流域为例 / 宋荣华，陆健辉著. -- 南京：河海大学出版社，2025.3. -- ISBN 978-7-5630-9717-3

Ⅰ. TV877

中国国家版本馆 CIP 数据核字第 2025FE7038 号

书　　名	中小河流防洪排涝系统综合治理研究与应用——以永安河、黄陈河流域为例
书　　号	ISBN 978-7-5630-9717-3
责任编辑	齐　岩
文字编辑	刘福福　孙梦凡
特约校对	王春兰
封面设计	徐娟娟
出版发行	河海大学出版社
地　　址	南京市西康路1号(邮编：210098)
电　　话	(025)83737852(总编室)　(025)83722833(营销部)
经　　销	江苏省新华发行集团有限公司
排　　版	南京布克文化发展有限公司
印　　刷	广东虎彩云印刷有限公司
开　　本	710毫米×1000毫米　1/16
印　　张	14.75
字　　数	284千字
版　　次	2025年3月第1版
印　　次	2025年3月第1次印刷
定　　价	68.00元

前言
PREFACE

我国中小河流面广量大，防洪治理任务艰巨而繁重。随着新时代经济社会的快速发展，中小河流防洪保护对象发生了较大变化，对防洪标准和防洪布局提出了更高要求。近年来，受全球气候变化和人类活动影响，水旱灾害的突发性、异常性、不确定性更为突出，极端天气事件频发，给中小河流防洪带来新挑战。

本书以深入贯彻落实习近平总书记十六字治水思路为根本指导思想，聚焦新阶段水利高质量发展，针对中小河流防洪面临的新形势、新挑战，坚持以流域为单元，逐流域规划、治理，系统谋划防洪排涝体系，守住防洪排涝安全底线。本研究以永安河流域和黄陈河流域防洪排涝系统治理规划设计研究为依托，深刻剖析中小河流治理的背景及缘由、治理目标及布局、技术总体路线、规划设计特点、治理范围、投资控制等多方面关联因素，为其他中小河流治理工作提供精准系统的治理研究方案和方向。两个部分的研究始终将保护人民生命和财产安全放在中小河流治理的首要位置，牢固树立尊重自然、顺应自然、保护自然的意识，遵循水流和河道自身发展规律，促进人与自然和谐共生，提升沿岸群众对中小河流治理的安全感、幸福感和获得感。

本书由宋荣华（长江勘测规划设计研究有限责任公司上海分公司）、陆健辉（长江勘测规划设计研究有限责任公司上海分公司）合著。具体分工为：宋荣华撰写第一至第四章，合计14.6万字；陆健辉撰写第五至第八章，合计13.8万字。

由于作者水平受限，加之时间仓促，书中难免存在一些不足和疏漏，敬请广大读者批评指正。

著 者
2025年1月

目录
CONTENTS

第1章　永安河流域系统治理研究概况 ………………………………………… 001
　1.1　流域概况 …………………………………………………………………… 001
　1.2　系统治理工程建设目标和效益 …………………………………………… 004
　1.3　流域防洪排涝核心问题 …………………………………………………… 005
　1.4　规划设计研究特点 ………………………………………………………… 015

第2章　永安河流域系统治理研究方案 ………………………………………… 028
　2.1　流域基本条件 ……………………………………………………………… 028
　2.2　相关上位规划 ……………………………………………………………… 033
　2.3　规划设计必要性 …………………………………………………………… 034
　2.4　规划设计任务 ……………………………………………………………… 036
　2.5　主要规划设计内容及规模 ………………………………………………… 037
　2.6　工程等别、建筑物级别和设计标准 ……………………………………… 040
　2.7　工程总体布置 ……………………………………………………………… 041
　2.8　堤防加固工程规划设计 …………………………………………………… 042
　2.9　排涝泵站工程规划设计 …………………………………………………… 051
　2.10　涵闸工程规划设计 ………………………………………………………… 065
　2.11　陡湾滩地开卡切滩疏浚工程规划设计 …………………………………… 069
　2.12　河道清淤疏浚工程规划设计 ……………………………………………… 077
　2.13　桥梁工程规划设计 ………………………………………………………… 079
　2.14　堰坝工程规划设计 ………………………………………………………… 080
　2.15　景观及绿化规划设计 ……………………………………………………… 082
　2.16　施工组织规划设计 ………………………………………………………… 089

001

第3章 永安河流域系统治理研究重难点分析 097
- 3.1 防洪标准及建筑物级别的确定 097
- 3.2 软土地基对工程设计的影响分析 097
- 3.3 河拐排涝泵站水动力及结构分析 098
- 3.4 泵闸建筑物不均匀沉降控制措施 098
- 3.5 陡湾滩地开卡疏浚分析研究 099
- 3.6 严桥集镇西片房屋贴岸的南段堤防设计 099
- 3.7 施工组织设计中的土方平衡控制 100
- 3.8 征地拆迁及移民安置的实施 101
- 3.9 对高压天然气管道的影响控制 102
- 3.10 严桥西片南部污水处理厂地块景观绿化设计 102
- 3.11 牌楼水库入库河口生态湿地设计 103
- 3.12 投资控制重难点及对策 103

第4章 永安河流域系统治理研究建议 105
- 4.1 尽快推进与当地政府及相关部门的沟通,保证项目顺利实施 105
- 4.2 建议按照流域系统治理的要求,进一步梳理支流治理内容 107
- 4.3 建议按照标准化原则,对工作闸门、检修闸门、水泵、拦污栅、穿堤涵等结构、设备的类型与尺寸进行归并设计 109
- 4.4 建议推进水岸生态景观带建设,展现无为水文化的内涵 110
- 4.5 建议合理统筹、实现工程区土方的高效利用 110
- 4.6 控制工程造价的合理化建议 111
- 4.7 建议开展数字孪生及BIM应用,实现降本增效,提质赋能 111
- 4.8 建议加强监测预警及智慧化建设 112
- 4.9 其他建议 112

第5章 黄陈河流域系统治理研究概况 113
- 5.1 黄陈河流域概况 113
- 5.2 系统治理认识和目标 116
- 5.3 对核心问题的理解 117
- 5.4 规划设计研究特点 119

第6章 黄陈河流域系统治理研究方案 ·················· 127
- 6.1 工程现状及存在的问题 ·················· 127
- 6.2 工程任务与规模 ·················· 133
- 6.3 工程布置及主要建筑物设计 ·················· 146
- 6.4 消防设计 ·················· 188
- 6.5 施工组织设计 ·················· 193

第7章 黄陈河流域系统治理研究重难点 ·················· 216
- 7.1 多个规划对黄佃圩和港埠圩两个五千亩的防洪标准表述不一,合理确定防洪标准是本工程的重点之一 ·················· 216
- 7.2 精确控制软土地基对泵站、涵闸等建(构)筑物不均匀沉降的影响是本工程的重难点之一 ·················· 216
- 7.3 采用有限元方法对金龙站等排涝泵站进行水动力及结构应力分析,优化建筑物平面布置和结构设计 ·················· 217
- 7.4 黄陈河上段疏浚时,确保三闸圩御龙湾房屋贴岸河段的施工安全是本工程的重难点之一 ·················· 218
- 7.5 本工程土方开挖回填量大,做好土方挖填平衡利用,是本工程的重难点之一 ·················· 219
- 7.6 穿堤建筑物破堤施工,如何合理组织临时交通是重难点之一 ·········· 220
- 7.7 采用有限元软件分析堤防加培、碾压施工对堤底现有自来水管线影响,确保安全 ·················· 220
- 7.8 本工程类型多、体量大,有效控制投资、降低成本是重难点之一 ··· 221

第8章 黄陈河流域系统治理研究建议 ·················· 222
- 8.1 建议尽快与当地政府及相关部门沟通,保证项目顺利实施 ········ 222
- 8.2 建议按照标准化设计原则,利于后期运行管理 ·················· 223
- 8.3 建议工程建设与当地人文景观自然融合,水岸同治,促进乡村振兴 ·················· 223
- 8.4 建议合理统筹,实现工程区土方的高效利用 ·················· 225
- 8.5 建议多措并举,合理控制工程造价 ·················· 225
- 8.6 建议加强监测预警,保证施工、运维、管理长治久安 ·················· 226

第1章
永安河流域系统治理研究概况

1.1 流域概况

无为市,地处安徽省中南部,芜湖市境西部,长江下游北岸。南濒长江,与芜湖市区、繁昌区、铜陵市隔江相望;北临巢湖,与巢湖市、含山县相接;东与芜湖市鸠江区接壤;西与枞阳县、庐江县毗邻。距省会合肥市百余千米。地跨东经117°28′48″~118°21′00″,北纬30°56′21″~31°30′21″。全市辖20个乡镇、1个省级经济开发区,人口118.6万,面积2 022 km²(见图1.1-1)。

永安河位于无为市西部,起源于无为市严桥镇大任山和巢湖市银屏山,流经无为严桥镇、开城镇,于襄安镇处入西河,全长46 km。干流河道自严桥至永安河口全长28.6 km。主要支汊有花桥河、独山河、横塘河等。

永安河属巢湖流域,是西河最大的一条支流。流域位于无为市西部,出口位于西河中游。永安河起源于无为市严桥镇的大任山和巢湖市的银屏山,流经无为严桥镇、开城镇,于襄安镇处汇入西河。流域中山丘区面积299.2 km²,圩区面积148.4 km²。永安河干流牌楼水库以上为水库汇流段,长约6.8 km;牌楼水库至严桥集镇段为山丘区与平原区过渡河段;干流河道自严桥至永安河口全长28.6 km,两岸主要为平原圩区。永安河主要支汊有花桥河、独山河、横塘河等。流域内主要乡镇有严桥、开城、襄安、泉塘、红庙等,人口约22.9万人。流域总耕地面积24.8万亩[①],其中,圩区耕地面积13.0万亩。流域内主要万亩以上大圩有西都圩、湖塘圩、长城圩、临河圩等4个,耕地面积9.93万亩。圩区一般地面高程为8.0~8.5 m,严桥镇上游圩区地面高程较高,约9.0 m。圩区沟塘率一般为7%~10%。

永安河流域上游山丘区面积299.2 km²,约占流域总面积67%,所占比重较

---

① 1亩≈666.67 m²。

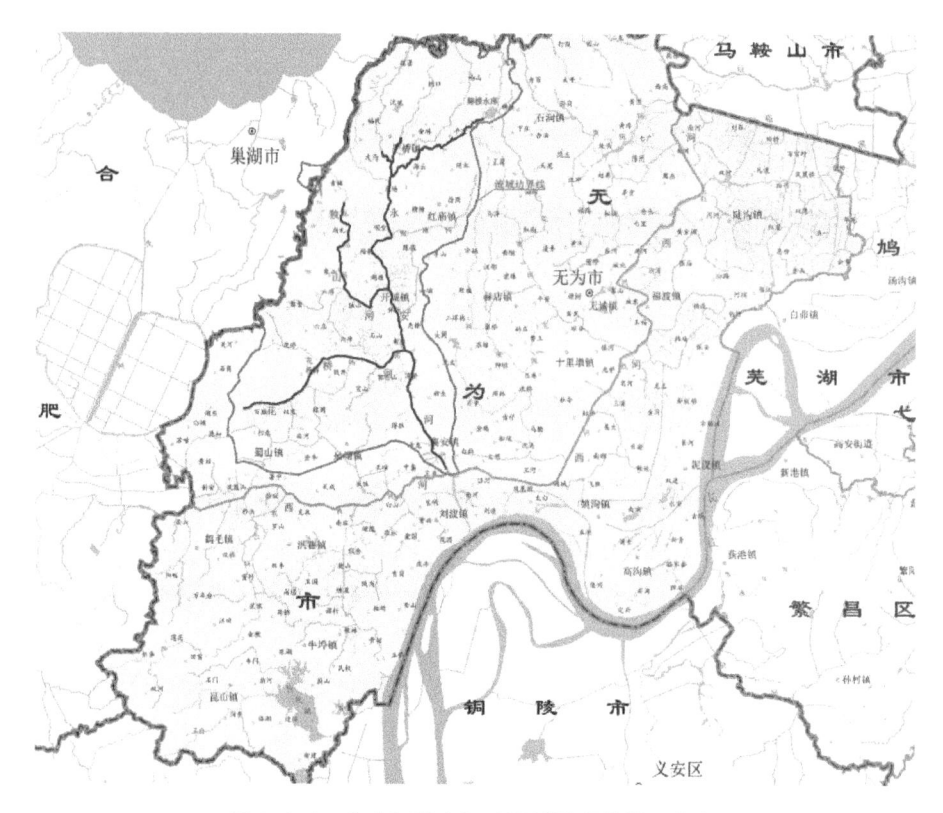

图 1.1-1　永安河所在行政区域地理位置示意图

大,流域坡度较陡,洪水汇流时间短,来势较猛,洪峰流量大,中上游洪水调蓄能力不足。中下游沿河两岸圩区地势低洼,地面高程较低,一般为 5.9~6.5 m,与西河中下游圩区地面高程相当。因此,中下游圩区和沿河主要集镇常受上游山洪的袭击,同时又遭受西河洪水的威胁。

历史上永安河流域洪涝灾害频繁。2010 年 7 月 8 日—7 月 13 日,永安河流域普降中到大雨,开城桥 7 月 12 日最高水位达 11.72 m,严桥镇最高洪水位超过 12.0 m,湖塘圩堤防出现渗漏通道等重大险情,经奋力抢险免于溃破。严桥镇小范围受淹。

2016 年,受降雨影响,巢湖流域各支流、西河梁家坝站、永安河开城桥站、牛屯河新桥闸最高水位均超历史最高水位。7 月 11 日 17 时,西河缺口站、无为站、永安河开城桥站仍超保证水位,西河东大圩 7 月 1 日 23 时开闸蓄洪,西河缺口站 7 月 1 日 22 时 42 分水位为 12.39 m,此后一直在此高水位以上运行。开城桥站 7 月 5 日最高水位达 12.65 m。无为市防汛抗旱指挥部从 7 月 3 日 8 时起启动无为市防汛应急预案Ⅰ级响应。全市118万人受灾，紧急转移1.8万人，农作物受灾面积57千公顷，直接经济损失1.3亿元。

2020年梅雨期(6月10日—8月1日)，巢湖流域共出现9次明显降雨过程，其中4次为暴雨过程，流域面平均雨量919 mm，居历年第一位。巢湖流域内兆河、西河、裕溪河等主要支流也全线超保证水位或超历史最高水位，除西河缺口站、无为站仅次于1954年历史最高水位外，其余各支流均居有资料以来第一位。

经统计，1981—2022年共有14年发生洪涝灾害，平均2~3年一遇。其中，洪灾较重的年份为：1983、1984、1991、1996、1999、2003、2007、2008、2009、2010、2016和2020年。合计受灾面积61.3万亩，多年平均受灾面积2.04万亩，其中，合计破圩面积8.39万亩，多年平均破圩面积0.28万亩。受灾直接经济损失达8.5亿元，多年平均直接经济损失达2 000多万元。

2009年以来，无为市在治理永安河过程中共开展了无为市永安河河道疏浚工程、无为市永安河开城桥段河道整治工程、无为市永安河严桥段河道整治工程和无为市永安河开城桥段拓宽工程等4个中小河流治理工程，河道治理总长29 km，其中干流长24.7 km，累计安排投资9 313万元。

2022年10月，针对永安河入西河口处襄安镇段堤防不达标、防洪标准较低等问题，无为市委托安徽省水利水电勘测设计研究总院股份有限公司编制完成《无为市永安河河口防洪治理工程初步设计报告(报批稿)》，总治理长度为2.93 km，主要建设内容为堤防加固1.642 km(包括加高培厚、填塘固基、岸坡防护、防汛道路等)、新建堤内连通涵1座、新建排涝泵站2座(四青塘站、水府墩站)、新建窑头子埂自排闸1座。总投资8 772.81万元。

虽然永安河经过多次治理，流域防洪能力得到一定的提升，但受资金限制，永安河还存在治理不系统、不平衡、不充分等问题。为深入贯彻落实习近平总书记"十六字"治水思路，防灾减灾救灾新理念，关于防汛工作的重要指示批示精神和党中央、国务院有关决策部署，聚焦新阶段水利高质量发展，针对中小河流防洪面临的新形势、新挑战，水利部提出坚持以流域为单元，逐流域规划，逐流域治理，逐流域、逐河流、逐项目建档立卡，实现"治理一条、见效一条"。

随着西河整治、凤凰颈排灌站、神塘河泵站等工程的实施，永安河洪水的外排条件得到较大的改善，为全面治理永安河、提高其两岸圩区和沿河集镇的防洪标准创造了良好的外部条件。

针对永安河现状存在的下游大熟圩、小熟圩、双胜圩、戈家圩及严桥集镇东、西片堤身单薄渗透、边坡较陡、堤防不达标、圩内排涝标准较低，部分穿堤建筑物与控制性建筑物年久老化、数量不足,堤顶防汛道路不畅,湖塘圩外侧陡湾滩地严重阻水,上中游竹林至严桥、严桥中、西汊部分河段淤积、冲刷等众多问题,根据《安徽省芜湖市永安河治理方案》《无为市"十四五"水利发展规划》《巢湖流域防洪治理工程规划》等上位规划,通过河道疏浚、堤防加固、穿堤建筑物新改建、排涝站新改建、护坡护岸、防汛道路贯通等措施提高永安河流域整体防洪排涝能力,保障该地区人民生命财产安全,促进地区社会经济健康、可持续发展,适应人民日益增长的美好生活需要。因此,实施永安河流域防洪排涝系统治理规划设计研究是十分紧迫、十分必要的。

1.2 系统治理工程建设目标和效益

1.2.1 存在的问题

(1)大熟圩、小熟圩、双胜圩、戈家圩及严桥集镇东、西片河段现状堤防防洪标准低,堤身单薄渗透、边坡较陡、堤防不达标、堤顶防汛道路不畅;

(2)部分河段天然岸坡冲刷严重,影响河势稳定;

(3)部分穿堤建筑物年久失修、严重破损,跨河建筑物阻水严重,存在安全隐患;

(4)牌楼水库上游、牌楼水库泄水河(严桥东汊)、高山水库泄水河(严桥中汊)、皖江水库泄水河(严桥西汊)等河段河床淤积及湖塘圩外侧陡湾滩地严重阻水,河道行洪不畅;

(5)大熟圩、戈家圩及严桥集镇东、西片排涝标准较低。

1.2.2 工作目标

本研究以中小河流治理政策和要求为背景,以《安徽省芜湖市永安河治理方案》《无为市"十四五"水利发展规划》《无为县城市总体规划(2013—2030)》等文件为指导,开展规划设计,以切实减轻流域防洪压力,提高永安河堤防防洪标准,提升区域排涝能力,整治部分河段河槽及滩地,促进地区社会经济可持续发展等。通过对现场情况、基础资料的解读研究,对工程防洪布局、堤防结构、泵闸结构、河道结构、滩地治理、清淤疏浚、桥梁结构、堰坝结构等内容进行规划设计,着力完善永安河防洪排涝体系。通过加强智慧化管理、凝练文化特色,全面提升永安河系统治理的理念和品质。

现代水利工程日益注重与周边自然景观、人文环境的和谐与协调。本研究在确保本项目运行安全可靠、维修管理方便、投资经济合理等基本要求的前提下,充分体现当地水文化、水景观的内涵,与周围自然环境密切融合,将生态文明理念融入规划、建设、管理的各环节,加快推进水生态文明建设;努力建设美丽中国,与国内外先进的设计技术相接轨;打造水利新景象,升华设计理念,努力将该工程塑造成与无为人文、生态、环境相互交融的一道绚丽的风景。

1.2.3　工程实施效益

1) 经济效益

通过本次规划设计研究,严桥镇、襄安镇河段的防洪标准提高至 20 年一遇,戈家圩防洪能力提高至 10 年一遇。筑牢永安河流域防洪减灾体系,降低洪涝灾害风险,减少居民房屋财产、农作物受灾损失,总保护人口约 8.9 万人,保护耕地 1.76 万亩。

2) 社会效益

永安河主要流经无为市严桥、开城、襄安、泉塘、红庙等乡镇,总人口约 22.9 万人,流域总耕地面积 24.8 万亩。

治理方案的实施,将大幅提高永安河流域农田的防洪除涝标准,提升农业防灾减灾能力,有利于保障国家粮食生产安全,促进农民的增产增收;将减免灾区群众临时转移安置费用,大幅降低防汛抢险成本,有利于人民生命财产安全保障和生活水平的提高,为流域内经济社会可持续发展提供坚实的水安全保障。

3) 生态效益

河道全面治理后,将有效改善河道的水生态环境。河道岸坡整修中的垃圾清理,植物防护和绿化、美化等,将进一步促进水生态环境的改善,有利于美好乡村建设,改善农村生活环境。

1.3　流域防洪排涝核心问题

1.3.1　永安河已建项目及治理需求

永安河有两条主要支流,分别为独山河和花桥河。独山河位于永安河右岸,总长 10.5 km,流域面积 81.9 km^2,河底高程 5.5～7.0 m。S220 省道以上河段为上游无堤段,省道以下中下游河段的圩区已建堤防,堤防标准达到 5～10 年一遇。堤顶大部分为混凝土路,部分为土路。花桥河位于永安河右岸,总长 10.5 km,流域面积 76.2 km^2,河底高程 5.5～7.0 m。花桥河南岸属于临河圩,已建堤防,堤防标准为 10～20 年一遇;北岸主要为西都圩,已建堤防,堤防标准为 20 年一遇,其他河段已建堤防,防洪标准为 5～10 年一遇。堤顶大部分为混凝土路。

2009年以来，无为市在治理永安河过程中共开展了无为市永安河河道疏浚工程、无为市永安河开城桥段河道整治工程、无为市永安河严桥段河道整治工程和无为市永安河开城桥段拓宽工程等4个中小河流治理工程（见图1.3-1），河道治理总长29 km，其中干流长24.7 km，累计安排投资9 313万元。

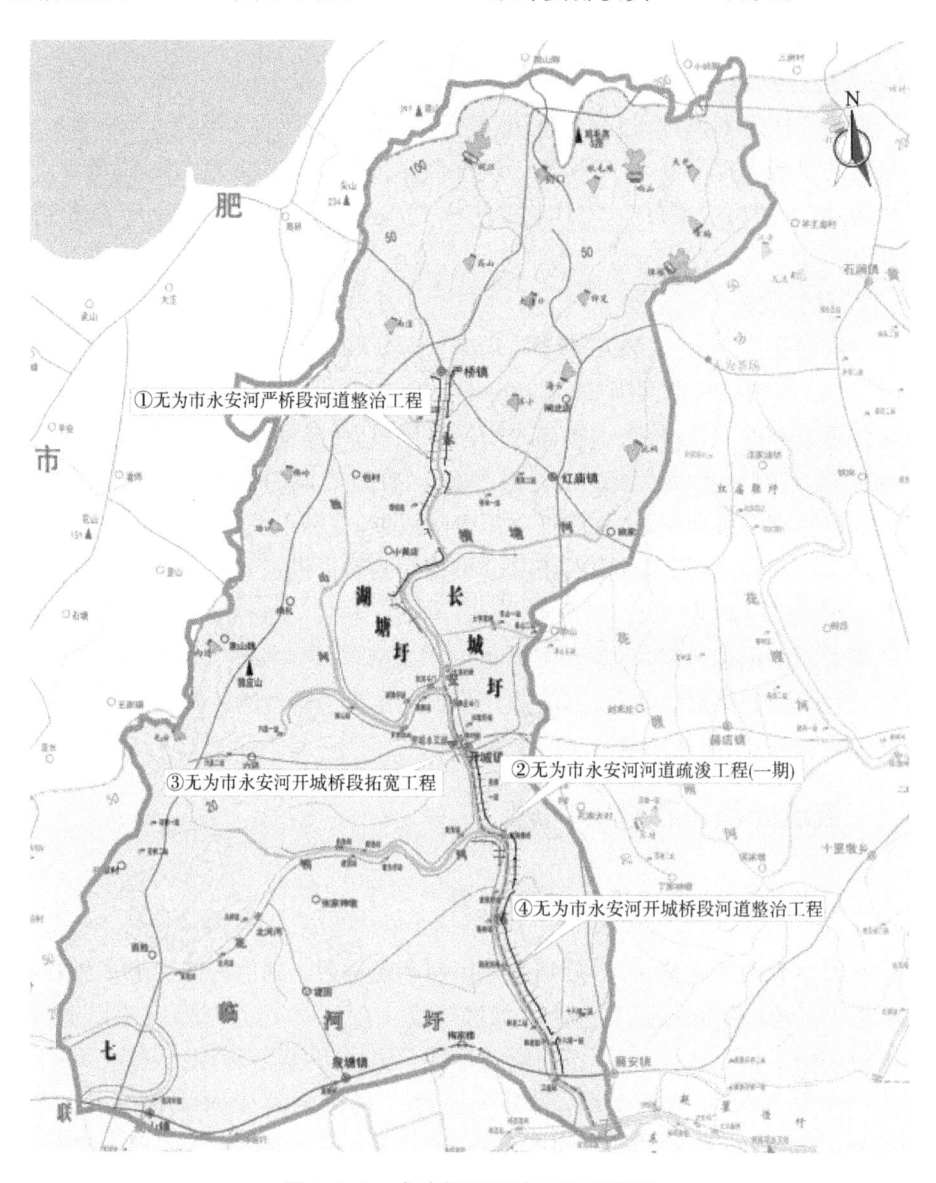

图1.3-1 永安河已实施工程示意图

2022年10月,针对永安河入西河口处襄安镇段堤防不达标、防洪标准较低等问题,无为市委托安徽省水利水电勘测设计研究总院股份有限公司编制完成《无为市永安河河口防洪治理工程初步设计报告(报批稿)》,主要建设内容为堤防加固 1.64 km(包括加高培厚、填塘固基、岸坡防护、防汛道路等)、新建堤内连通涵 1 座、新建排涝泵站 2 座(四青塘站、水府墩站)、新建窑头子埂自排闸 1 座。总投资 8 772.81 万元。

经过十多年的努力,永安河防洪除涝能力和防灾减灾能力得到一定的提升,但受资金限制,还存在治理不系统、不平衡、不充分等问题。为深入贯彻落实习近平总书记"十六字"治水思路,防灾减灾救灾新理念,关于防汛工作的重要指示批示精神和党中央、国务院有关决策部署,聚焦新阶段水利高质量发展,针对中小河流防洪面临的新形势、新挑战,水利部提出坚持以流域为单元,逐流域规划,逐流域治理,逐流域、逐河流、逐项目建档立卡,实现"治理一条、见效一条"。

目前,永安河现状河道存在以下问题:

(1) 大熟圩、小熟圩、双胜圩、戈家圩及严桥集镇东、西片河段堤防防洪标准低,堤身单薄渗透、边坡较陡、堤防不达标、堤顶防汛道路不畅;

(2) 部分河段天然岸坡冲刷严重,影响河势稳定;

(3) 部分穿堤建筑物年久失修、严重破损,跨河建筑物阻水严重,存在安全隐患;

(4) 牌楼水库上游、牌楼水库泄水河(严桥东汊)、高山水库泄水河(严桥中汊)、皖江水库泄水河(严桥西汊)等河段河床淤积及湖塘圩外侧陡湾滩地严重阻水,河道行洪不畅;

(5) 大熟圩、戈家圩及严桥集镇东、西片现状排涝标准较低。

因此,为提高永安河整体河防洪能力,保障当地人民生命财产安全和社会经济持续发展,实施永安河河流系统治理工程是十分紧迫、十分必要的。

1.3.2 中小河流治理政策和要求

1) 指导思想

以习近平新时代中国特色社会主义思想为指导,立足新发展阶段,贯彻新发展理念,按照构建高质量发展的国土空间开发保护新格局和支撑体系的新要求,坚持以人民为中心的发展思想,深入践行"节水优先、空间均衡、系统治理、两手发力"的治水思路,坚持系统观念,强化底线思维,遵循水流演进和河流演变的自然规律,以流域为治理单元,统筹上下游、左右岸、干支流,逐流域规划、逐流域治理、逐流域验收、逐流域建档立卡,有力、有序、有效推进中小河流治理,达到"治理一条、见效一条",为建设造福人民的幸福河提供有力支撑。

2) 基本原则

坚持以人为本、人水和谐。深入贯彻落实防灾减灾救灾"两个坚持、三个转变"新理念,坚持人民至上、生命至上,以人民为中心,切实提升河道行洪和两岸防洪能力,将保护人民生命和财产安全放在中小河流治理的首要位置。牢固树立尊重自然、顺应自然、保护自然的意识,遵循水流和河道自身规律,促进人与自然和谐共生。

坚持整体规划、系统治理。以流域为单元,统筹河流上下游、左右岸、干支流、水域与陆域、防洪排涝与水生态保护的关系,注重流域的整体性、系统性,协调好与流域综合规划、防洪规划的关系,与区域协调发展战略、乡村振兴战略等国家重大战略有机结合,统筹规划,有序推进新阶段中小河流治理。

坚持因地制宜、统筹推进。针对东中西、南北方、山区和平原、城镇和乡村的河流特点,科学论证治理方案,因地制宜采取治理措施。对流域多条河流或者一条河流上的多个河段应先系统规划,后整体设计,再统筹实施,优先治理人口集中、洪水威胁大、洪涝灾害易发、保护对象重要、治理成效突出的河段。

鼓励水岸同治、多方参与。在满足河道行洪和保障防洪安全的基础上,鼓励水利、自然资源、交通、城建、农业、生态环境、文旅等部门,统筹开展水灾害防治、水资源管理、水环境保护、水生态修复,以及水文化与水景观的融合发展,实现水岸同治。充分发挥河长制优势,构建部门联动、社会参与的多方协同工作机制。

3) 总体要求

(1) 准确把握治理定位。以流域为单元,以河流为基础,统筹上下游、左右岸、干支流系统治理,以满足河道行洪和保障两岸防洪安全为首要目标,鼓励有条件的地方开展水岸同治的多行业多目标治理,提升沿岸群众对中小河流治理的安全感、幸福感和获得感。

(2) 合理确定治理标准。依据有关标准规范和已审批的流域综合规划、防洪规划等相关规划,统筹河流上下游、左右岸、干支流、流域与区域防洪排涝的关系,结合区域发展要求和水文情势变化,合理确定河流防洪保护区的防洪标准,避免局部河段防洪标准过高造成洪水风险转移。根据流域防洪工程体系和总体布局,合理确定河道堤防等防护工程的建设标准。

(3) 坚持分类适度治理。考虑河流自然属性、河段特点和治理重点,因地制宜、分类施策,宜弯则弯、宜宽则宽、宜滩则滩,尽量维持河道自然生态形态,避免河道渠化、白化和过度景观化。

(4) 逐河流编制治理方案。建立有防洪任务的河流治理清单和项目台账,实施动态统一管理。坚持流域系统观念,以流域为单元,以河流为基础,逐河流编制中小河流整河流治理方案。对于近年来洪灾频繁、损失严重、前期工作基础条件较好、地方积极性较高且整河流治理实施条件较好的中小河流,加快整河流治理方案编制。

(5)鼓励多行业多目标综合治理。立足防洪保安,鼓励与自然资源、交通、城建、农业、生态环境、文旅等行业之间治理需求的融合,促进水岸综合治理。关注生态保护红线、移民征地、工程造价等因素对治理方案及措施的影响,以保障中小河流综合治理目标的实现。

1.3.3 系统治理任务及防洪标准

1.3.3.1 系统治理任务与内容

2022年11月安徽省水利厅通过了《安徽省芜湖市永安河治理方案》审查,明确了治理范围、治理标准、防洪布局等主要内容,并作为后续工程建设开展的指导性文件。

本项目以《安徽省芜湖市永安河治理方案》《无为市"十四五"水利发展规划》《巢湖流域防洪治理工程规划》等规划方案为依据,针对现状存在的问题,拟治理范围如下:

(1)堤防加固总长度包括大熟圩段 7.95 km、小熟圩段 1.44 km、双胜圩段 2.24 km、戈家圩段 5.40 km、严桥集镇东片区段 6.74 km、严桥集镇西片区段 3.64 km;

(2)河道整治总长度约 44.30 km,包括牌楼水库上游 6.78 km、牌楼水库泄水河(严桥东汊)12.29 km、高山水库泄水河(严桥中汊)5.69 km、皖江水库泄水河(严桥西汊)10.76 km、严桥东片内部河段 0.64 km、严桥西片内部河段 7.94 km 及湖塘圩外侧陡湾滩地河段 0.20 km;

(3)新改建穿堤涵闸 26 座,泵站 8 座,堰坝 17 座,桥梁 8 座。

永安河现状部分河段防洪标准偏低,防洪体系存在明显短板和薄弱环节,本次拟对永安河进行系统治理,主要对未设防岸段或防洪能力不足的岸段进行堤防加固加高,对河道顶冲岸段及现状河岸坍塌严重岸段新建护岸护坡,对河床冲刷严重的河段新建堰坝稳定河势,对现状破损漫水路进行改造,从而使河道防洪标准提高至规划水平。

工程主要建设任务是防洪排涝。通过堤防加固、新建护岸护坡、新改建穿堤建筑物与排涝站、新建及改造堰坝与桥梁、防汛道路改造提升及河道清淤疏浚等工程措施,提高河道沿岸防洪能力,降低区域洪涝灾害的损失,为无为市经济社会发展提供切实的防洪安全保障。同时兼顾改善区内生产生活条件和水环境条件,修复水生态,创造人民安居乐业的环境,促进无为市经济持续快速发展。

1.3.3.2 系统治理防洪标准

防洪标准确定:根据相关规划,本工程万亩以下圩口——大熟圩、小熟圩、双胜圩及严桥集镇东片区堤防防洪标准取 10 年一遇,严桥集镇西片区堤防防洪标准取 20 年一遇,村庄段采用 10 年一遇,其他河段维持现状。

根据《巢湖流域防洪治理工程规划》,无为市重要城镇防洪标准按 30～50 年一遇设防;一般圩口:流域内万亩以下中小圩口防洪标准采用 10～20 年一遇,其中人口较多或有重要保护对象的圩口防洪标准采用 20 年一遇。

根据《无为县城市总体规划(2013—2030)》,第 196 条防洪标准:镇区防洪标准为 20～50 年一遇;村庄及千亩以上农田防洪标准为 20 年一遇;第 197 条排涝标准:镇区排涝标准为 10 年一遇;农田圩区排涝标准不低于 5 年一遇。

根据《无为市"十四五"水利发展规划》,按 20 年一遇防洪标准,实施严桥集镇防洪工程。

根据《安徽省芜湖市永安河治理方案》《防洪标准》(GB 50201—2014)及以上规划等,本项目保护范围涉及河道沿岸城镇及农田。本次重要城镇防洪标准按 20 年一遇设防;流域万亩以下中小圩口防洪标准采用 10 年一遇,村庄段采用 10 年一遇,其他段维持现状。

排涝标准:采用 10 年一遇。严桥集镇西片区排涝标准为 10 年一遇,最大 24 h 暴雨 24 h 排除至地面不积水。其他农排区设计排涝标准为 10 年一遇,3 d 暴雨 3 d 排至作物耐淹深度。

1.3.4 严桥集镇西片防洪封闭圈

2016 年及 2020 年主汛期,严桥集镇所处西片区防洪标准较低,防洪能力薄弱,整个片区水淹深度普遍为 1～2 m,受灾严重。现状中汊和西汊堤防不达标,防洪封闭圈未形成,排涝能力不足。严桥集镇人民群众要求提升防洪除涝能力的呼声较迫切,社会稳定风险压力大。

同时,《无为市"十四五"水利发展规划》也提出按 20 年一遇防洪标准,实施严桥集镇防洪工程。重点在镇区外围新建或加固堤防长 4.0 km,疏浚沟道长 3.5 km,新挖撇洪沟长 1.6 km。

现状严桥西片东部边界为高山水库泄水河(中汊),南部边界为皖江水库泄水河(西汊),西部边界为 S220 省道,北部暂未形成防洪封闭圈。根据相关规划、现状地形、水系及已有工程布局,本工程拟在北部燕龙山左侧新建东西向撇洪沟,以防汛期北部洪水(流量 $16.1\,\mathrm{m}^3/\mathrm{s}$)流入集镇区;对严桥集镇西片中汊和西汊进行堤防加固或新建堤防;对片内河道进行疏浚,畅通水系;片区南部新建一座严桥 1 号泵站,流量 $2\,\mathrm{m}^3/\mathrm{s}$;片区西部新建一座严桥 2 号泵站,流量 $3\,\mathrm{m}^3/\mathrm{s}$;沿线新改建穿堤涵闸等。最终形成严桥西片防洪封闭圈,全面提升严桥集镇防洪除涝能力(见图 1.3-2)。

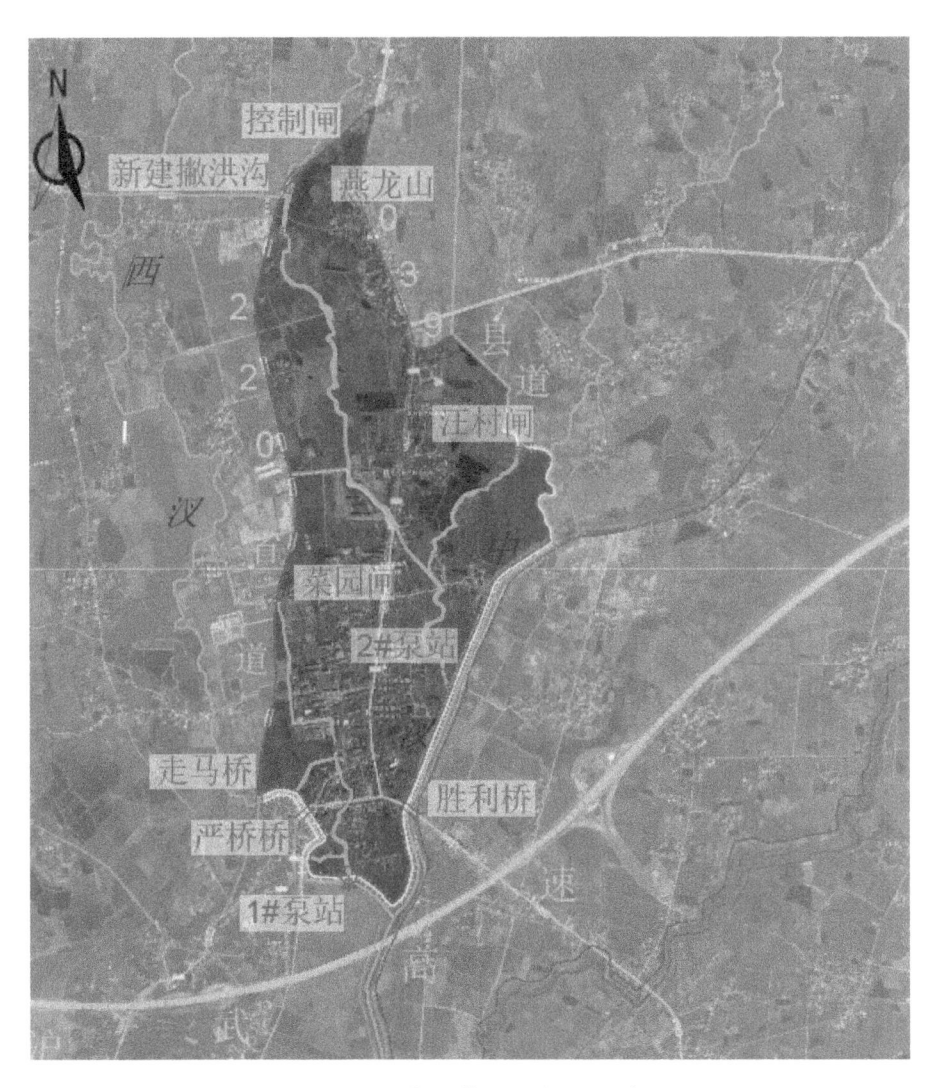

图 1.3-2 严桥西片防洪封闭圈示意图

本次研究除大熟圩、小熟圩、双胜圩等根据现状堤防走向进行达标加固外，严桥集镇西片区防洪封闭圈北部边界需进行方案比选，确定合理范围。根据现状地形、水系和已有工程布局，北部需新建撇洪沟形成相应边界，以防汛期北部洪水(流量 16.1 m³/s)流入集镇区。

撇洪沟推荐走向为：燕龙山闸 1→S220 省道→S449 省道→皖江水库泄水河(西汊)。永安河严桥集镇西片区防洪封闭圈范围为：北至燕龙山，南为严桥西汊，西至 S220 省道，东至严桥中汊。

严桥集镇西片区撇洪沟方案有两种走向可选择：

方案一：向西撇洪至皖江水库泄水河(西汊)。新建燕龙山闸 1 和撇洪沟，截断北部洪水进入集镇区的河道，新开撇洪沟沿着 S220 省道向南 80 m 后，再沿着 S449 省道向西 730 m 至皖江水库泄水河(西汊)，实现北部丘陵区洪水(流量 16.1 m³/s)不流入集镇区。撇洪沟总长度 810 m(见图 1.3-3)。

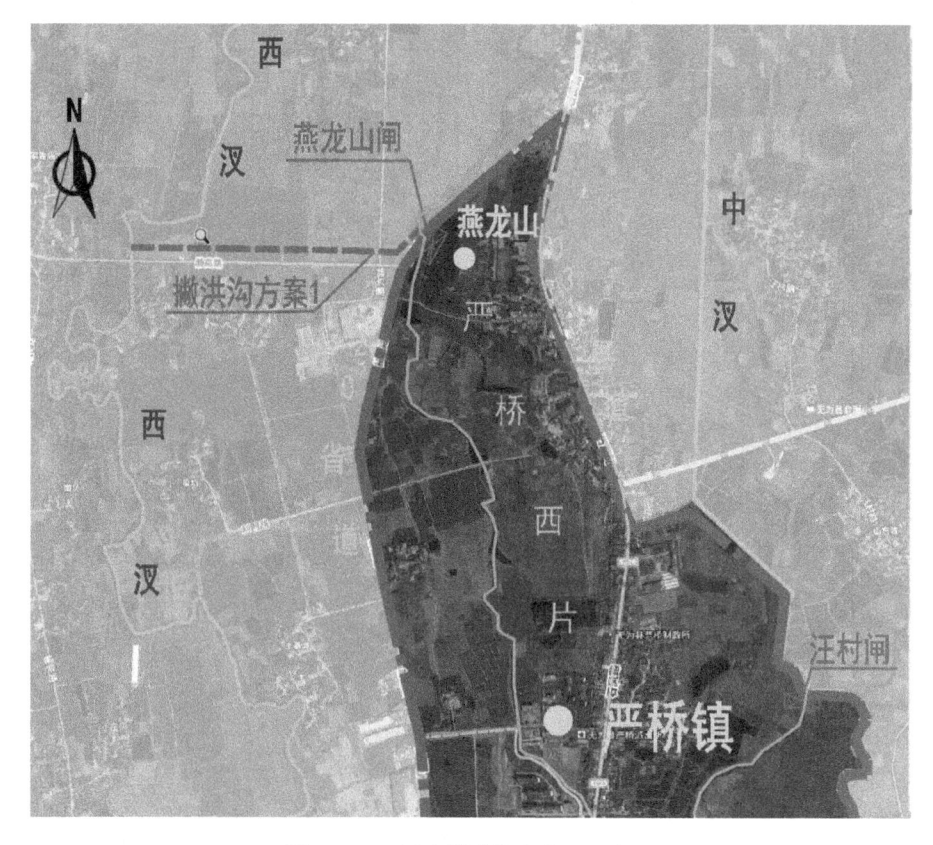

图 1.3-3　新建撇洪沟方案一示意图

方案二：向东撇洪至高山水库泄水河（中汊）。新建燕龙山闸 2 和撇洪沟，截断北部洪水进入集镇区的河道，撇洪沟沿着燕龙山脚下部分现状老河道向东南 780 m 后，向东穿过镇区 039 县道至高山水库泄水河（中汊），实现北部丘陵区洪水不流入集镇区。撇洪沟总长度 1 110 m（见图 1.3-4）。

图 1.3-4　新建撇洪沟方案二示意图

两种走向方案均存在合理性，但方案一的向西撇洪至皖江水库泄水河（西汊），不涉及房屋拆迁和新建较大过路桥涵，施工便利，其长度、土方量、投资等均较小，同时不割裂镇区地块，防洪封闭圈范围更大，因此本项目推荐方案一。

1.3.5　严桥集镇东片防洪封闭圈

现状严桥东片东部边界为永安河主河道，南部边界为牌楼水库泄水河（东汊），西部边界为高山水库泄水河（中汊），北部为丘陵区至平定山。在建 G4221 沪武高速东北向穿过片区，预计年底完工。

现状严桥集镇东片区防洪标准较低,防洪能力薄弱,2016年及2020年主汛期,受灾严重。现状东汊和中汊堤防不达标,防洪封闭圈未形成,排涝能力不足。严桥集镇人民群众要求提升防洪除涝能力的呼声也较迫切,社会稳定风险压力大。

根据现状地形、水系及已有工程布局,本工程拟对严桥集镇东片东汊和中汊进行堤防加固或新建;对片内河道进行疏浚,畅通水系;新建一座严桥3号泵站,流量5 m³/s,改建大油坊站,流量0.6 m³/s;沿线新改建穿堤涵闸等。最终形成严桥东片防洪封闭圈。

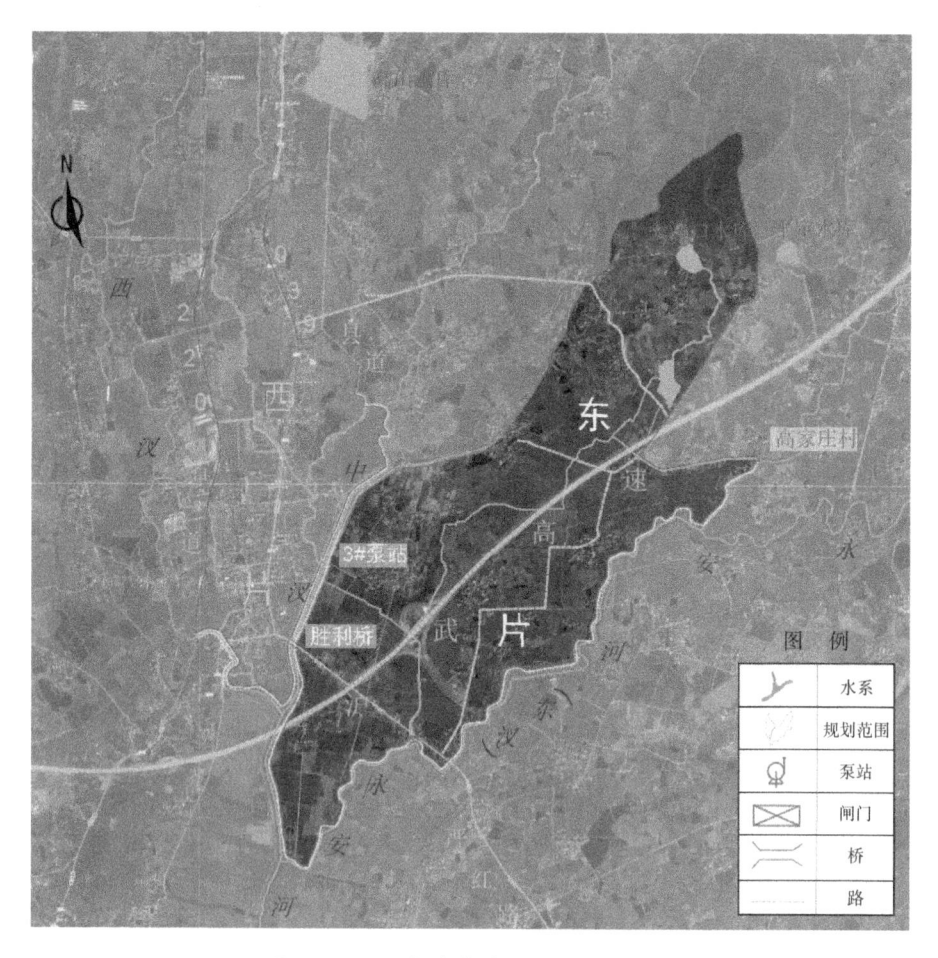

图1.3-5 严桥东片防洪封闭圈示意图

1.3.6 工程施工组织设计

工程土方量大、战线较长、区域分散、外购土方代价较大,应合理安排施工顺序,最大限度利用本工程土方,以减少投资。

现状永安河大熟圩、小熟圩及双胜圩段堤防堤顶道路较窄,无会车平台,交通运输条件差,施工期土方的运输强度受到制约,因此需合理统筹区域内土方工程,结合回填土的要求,坚持"好土好用、差土有效利用"的原则。

工程开挖土方可分为好土(堤防、建筑物基坑开挖土)、差土(清基土、疏挖土)、未定性土(河滩地弃土,需要勘探并判定是否可用于筑堤)。从土方平衡上来说,筑堤土方尽量采用区域内开挖好土、未定性土,减少外来筑堤土量,节省投资。

现状三大主体工程区情况不一,主要为4~5级堤防加固,堤顶道路较窄,位于山丘区,交通运输条件较差,严重制约外来土的运输强度,因此需要统筹协调各个工程区土方。目前方案中,泵闸结构开挖土方和陡湾滩地整治土方及上游河道疏浚砂石土方基本拟用于河道整治和堤防加固回填。由于弃土区土方量大,建议尽早开展土质情况试验调查,若弃土区存在较好的土质,完全可用于堤防达标和护岸回填,实现土方高效利用。

1.4 规划设计研究特点

特点1:规划设计方案符合《新阶段中小河流治理指导意见》

按照水利部、财政部联合印发的《关于开展全国中小河流治理总体方案编制工作的通知》(办建设〔2022〕206号)要求,安徽省水利厅针对中小河流治理总体方案进行了一系列的部署工作。2022年,安徽省水利科学研究院对中小河流治理方案进行审查,同意永安河的治理范围、治理标准及治理措施,并将其列入中小河流治理计划。后期设计中,永安河的治理范围、治理标准、总体方案、工程投资等,需在中小河流治理方案基础上进行限额设计,予以深化。

特点2:规划设计需要准确把握新阶段中小河流治理方案重点

新阶段中小河流整河流治理应重点做好治理必要性分析、总体目标确定、治理范围选择、治理标准论证、洪水出路安排、治理任务和措施安排、环境保护和移民要素考虑、流域信息化建设、工程投资匡算等方面工作。

加强治理的必要性分析:要摸清中小河流本底条件和特点,梳理历史洪涝灾害情况和治理情况,分析当前流域防洪存在的突出问题和短板。按照"三新一高"要求,结合下垫面变化、气候变化影响以及经济社会发展需求、生态环境保护要求等,分析当前中小河流面临的新形势和治理需求。从补强河流防洪排涝薄弱环节、统筹发展和安全、促进人水和谐和乡村振兴、强化流域管理等方面,说明开展中小河流治理的必要性。

准确把握治理的总体目标：坚持以流域为单元，区域服从流域，统筹好流域防洪和区域防洪的关系，综合考虑河流上下游、左右岸、干支流防洪要求，把握好中小河流防洪治理的整体性、系统性和协调性，着力提升河道行洪和两岸防洪能力，以保障河流两岸保护区防护对象的防洪安全。在满足防洪安全的基础上，可统筹考虑区域自然地理特点、地方财力和实施条件，兼顾需求与可能，合理确定治理的总体目标。

合理确定治理标准：统筹考虑地形地势、支流汇入、已建工程影响等，区分河流左右岸，合理划分防洪分区，统筹考虑上下游、左右岸、干支流、区域与流域防洪要求，按照《防洪标准》（GB 50201—2014）有关规定，合理确定各防洪分区的防洪标准。对于流域防洪保护对象重要、洪水风险高的城镇或河段，统筹需求与可能，深入论证防洪标准提升的必要性和可行性。根据确定的流域洪水安排和防洪总体布局，考虑拦蓄、分蓄洪工程措施后，合理确定堤防工程的建设标准。

科学安排洪水出路：从流域整体出发，按照堤防为主、堤库结合、堤库＋分洪等不同类型的防洪工程体系，统筹安排洪水出路，合理拟定流域防洪体系和总体布局，避免洪水风险转移。结合相关上位规划，充分利用现有资料、成果，开展必要的测绘工作，明确重要节点（例如干支流汇合处、重要水文站点、重要水库节点、跨行政区断面等）的控制水位，并做好上下游、干支流水位，已批复设计成果的衔接协调。

明确主要治理任务和措施：根据不同分区河流类型、功能定位和治理目标，结合现有防洪工程建设情况，因地制宜，分类提出治理的任务、方案和措施。山丘区河流一般以护岸为主，平原河网区宜加强河道拓浚和堤防建设，严禁围河造地和缩窄河道，避免过度治理。水文化、水景观等方面的综合治理措施不得影响河道行洪和防洪安全。

关注环境保护和移民征地要素：结合国土空间规划、"三线一单"等管控要求，分析中小河流治理方案的环境合理性。若工程涉及征地移民，应尽量避让耕地，特别是永久基本农田和拆迁密集区域。

明确信息化建设总体要求：按照智慧水利和全国水利"一张图"建设要求，将中小河流治理纳入数字孪生流域建设范畴，强化"四预"措施防御洪灾。鼓励与省级数字孪生流域平台共享共建数据库和模型库，逐流域建档立卡，逐步实现流域网络化、数字化、智能化管理。

合理确定工程投资：按照确定的治理措施，依据水利或相关行业计价标准，根据工程量，按照概算定额计算防洪等治理项目投资。综合治理项目，应分别计列水利、市政、交通等行业项目投资。

特点3：工程总体布局特点

根据流域水系现状及拟定洪涝水出路安排，结合两岸地形地势及周边建筑物条件，遵循"蓄泄兼筹、以泄为主"的治理方针和"左右岸兼顾、上下游协调"的原则，山丘区河道以岸坡整治为主，并对现状已建堤防进行达标加固。对河道淤积严重段实施清淤疏浚，增强河道行洪能力。对于尚未开展治理且存在行洪安全问题的河段进行治理，对于已完成治理但仍有治理需求的河段进行达标加固，最终构建并形成沿河岸坡防护、固堤整治的防洪总体布局（见图1.4-1～图1.4-3）。

干流严桥高家庄以上天然河道总体维持现状平面及纵横断面形态，对局部淤积及岸坡存在问题的河段采取针对性的清淤疏浚和岸坡防护措施。

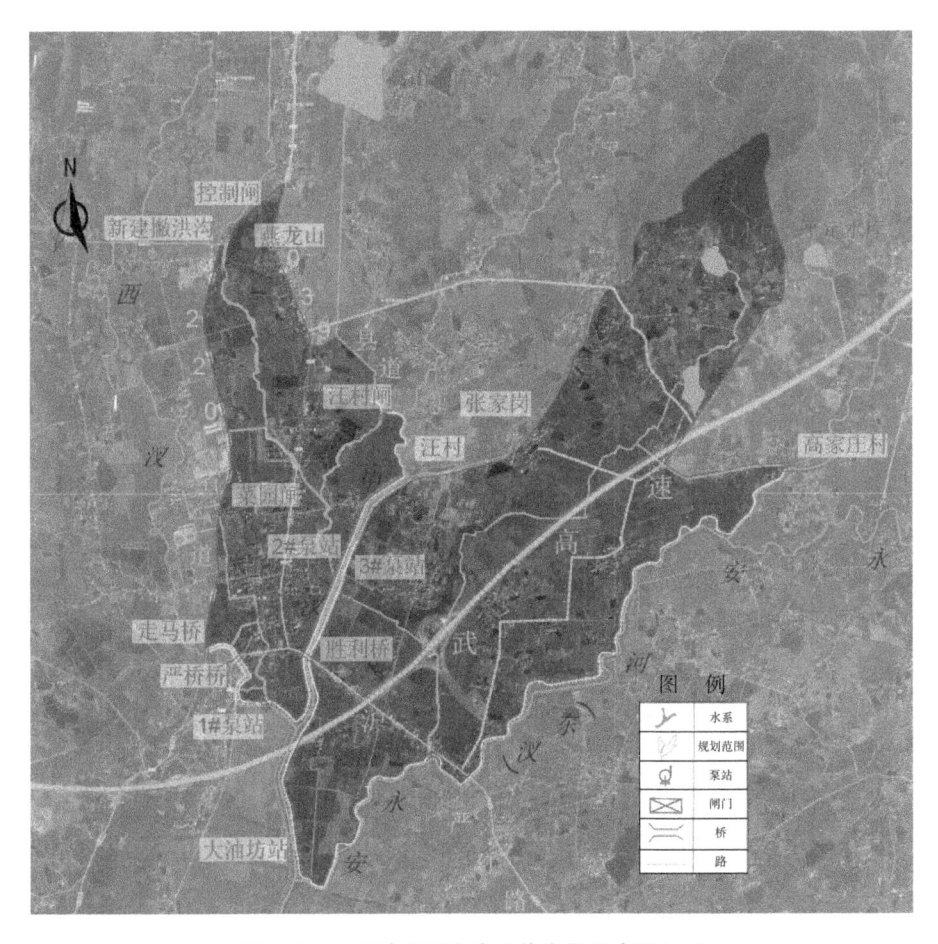

图1.4-1　系统治理方案总体布局示意图（一）

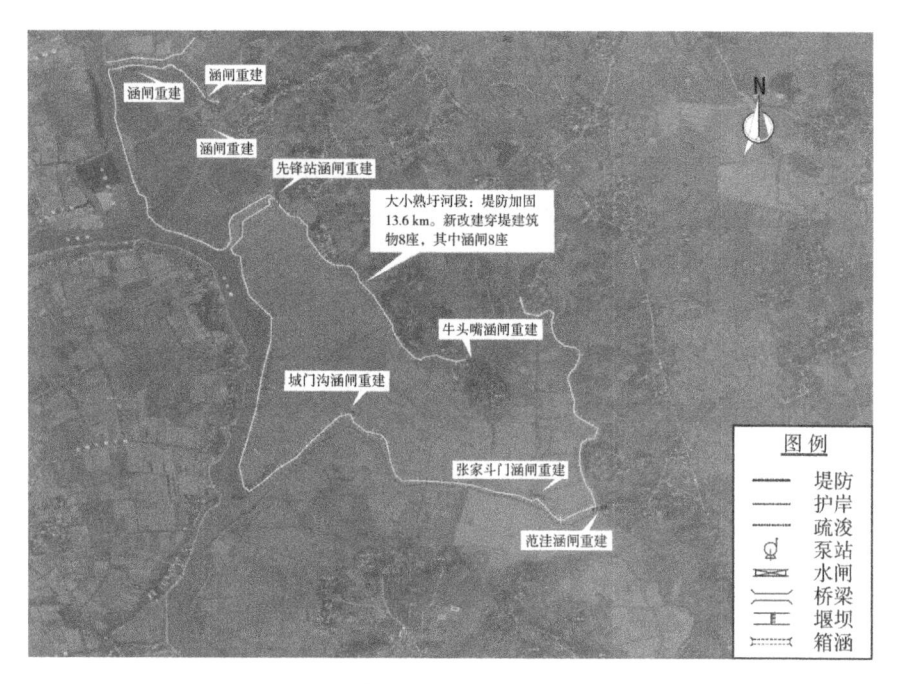

图 1.4-2　系统治理方案总体布局示意图（二）

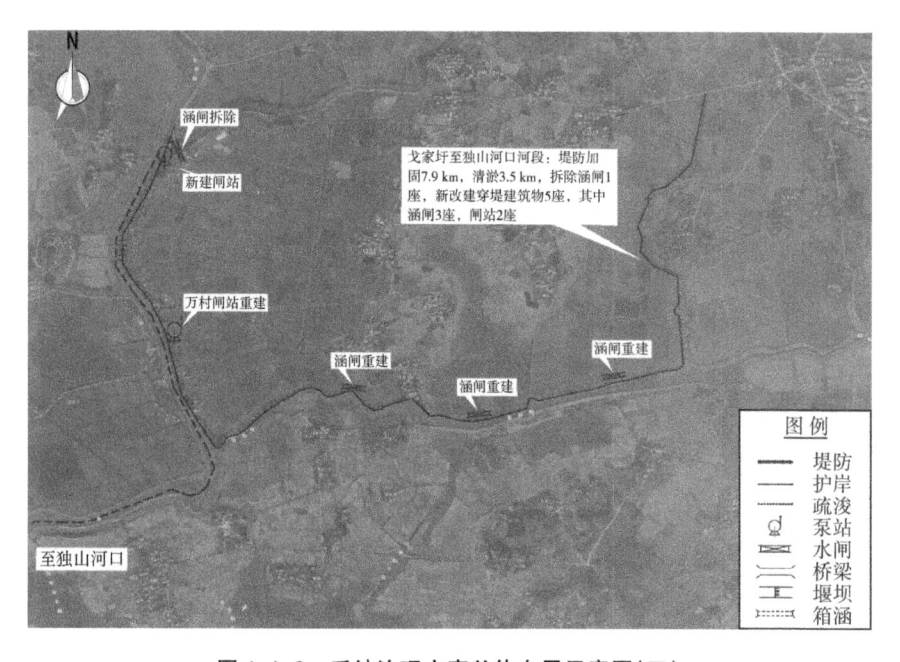

图 1.4-3　系统治理方案总体布局示意图（三）

干流严桥高家庄至西河口河道维持现状河道+堤防的工程布局。对现状防洪能力不足的岸段进行堤防加固,对大小熟圩、双胜圩和戈家圩进行 10 年一遇达标建设;对严桥集镇段、襄安集镇段进行 20 年一遇达标建设。应防汛抢险需求,对堤顶道路进行新建或提标;对于河道顶冲岸段及现状河岸坍塌岸段,新建护坡护岸;对存在安全隐患的建筑物进行拆除重建和加固;同时考虑治理后村庄和农田的排涝问题,沿线新建或改建穿堤涵闸和排涝泵站。

干流沿岸西都圩、湖塘圩、长城圩、临河圩等 4 座万亩圩堤防已达到 20 年一遇防洪标准,维持现状。

支流独山河、花桥河主要堤防已到 5~10 年一遇标准,总体维持河道现状平面形态。

特点 4:湖塘圩外侧陡湾滩地开卡疏浚设计特点

湖塘圩外侧陡湾滩地为二十世纪六七十年代当地村民在高滩圈围而成,现状围堤长度约 310 m,滩地顺流向长度 180 m,垂直流向宽度 60~80 m。滩地围堤因 2020 年洪水渗透等问题,20 余户 114 人已紧急搬迁外移。现状陡湾滩地上下游段河道弯曲,河势复杂,洲滩较多,河口宽窄不一,下游 290 m 处为独山河入汇口(见图 1.4-4),因此需要采用水动力数值模型对开卡切滩疏浚河段进行专题研究。研究内容包括疏浚工程的疏浚原则、疏浚范围、平面布置、疏浚断面等,从而明确河道疏浚方案及疏浚后河道水流流场、流速的分布,避免出现大冲大淤,在防洪安全的前提下,确保疏浚对河道无影响。

本次设计拟采用丹麦水利研究所(DHI)开发的 MIKE 11 建立永安河中游区域一维河网数学模型,通过河道设计断面和设计水位的计算进行方案设计。河道开卡切滩治理时需防止水流顶冲河岸,为进一步明确此影响,受限于时间和资料等因素,中标后需在 MIKE 11 的基础上,进一步建立工程所在河段的 MIKE 21 二维水动力数学模型,对本工程洪水工况下的流场、流速、水位及其变化进行模拟,分析工程的影响。

通过模型分析丰水年、平水年、枯水年水文条件下,工程实施后对工程附近水域流场、流速大小、水位的影响。通过水动力数值模型计算可知:在计算水文条件下,独山河口上游边滩疏浚、旧堤防拆除后,工程所在河段水位最大增加 40 cm,工程上游水域水位有所降低,最大降低约 10 cm,降低 5 cm 的范围可至工程上游约 900 m;工程河段右岸流速有所增加,最大增加约 0.4 m/s,左岸流速减小,最大减小约 0.56 m/s,有利于岸滩防护;疏浚区域上游水域流速几乎没有变化,下游水域河道主槽流速减小,最大减小 0.48 m/s,主槽近右岸方向水域流速有 0.2~0.3 m/s 的增长,近岸处流速减小,旋转流场态势减弱。工程实施前主流偏东,疏浚后,主流

图 1.4-4　现状湖塘圩外侧陡湾滩地

有所西偏，但未顶冲右岸。疏浚后流速变化图和流场图见图 1.4-5。

特点 5：河拐排涝泵站设计特点

河拐站位于排涝干渠与永安河交汇处，现状戈家圩和陶圩连圩后内侧有 2 座水闸，其中 2 号闸虽已废弃，但因拆迁等原因暂未拆除，阻水严重，3 号闸建于 1989 年，规模为 2 孔 2.5 m×2.5 m（宽×高），现状爬梯、螺杆等锈蚀严重，部分结构碳化、破损。汛期时，圩内洪水难以排出，威胁防洪安全。本次工程设计拟拆除两座老闸，新建一座排涝水闸，排涝流量 8.8 m³/s。主要设计特点如下：

1) 充分结合现有地形条件进行布局，并考虑了不同轴线布置方案对泵站进水流态的影响

泵闸轴线的选择主要取决于三个因素：①出水渠道位置的合理性；②内河连接渠道位置的合理性；③施工布置的合理性。根据上述因素，可选择的轴线布置方案有两个：方案一为轴线垂直堤身布置，水泵进水轴线与河道轴线相交呈 153°；方案二为轴线沿现状圩内河道主槽布置，水泵进水轴线与河道轴线相交呈 171°。

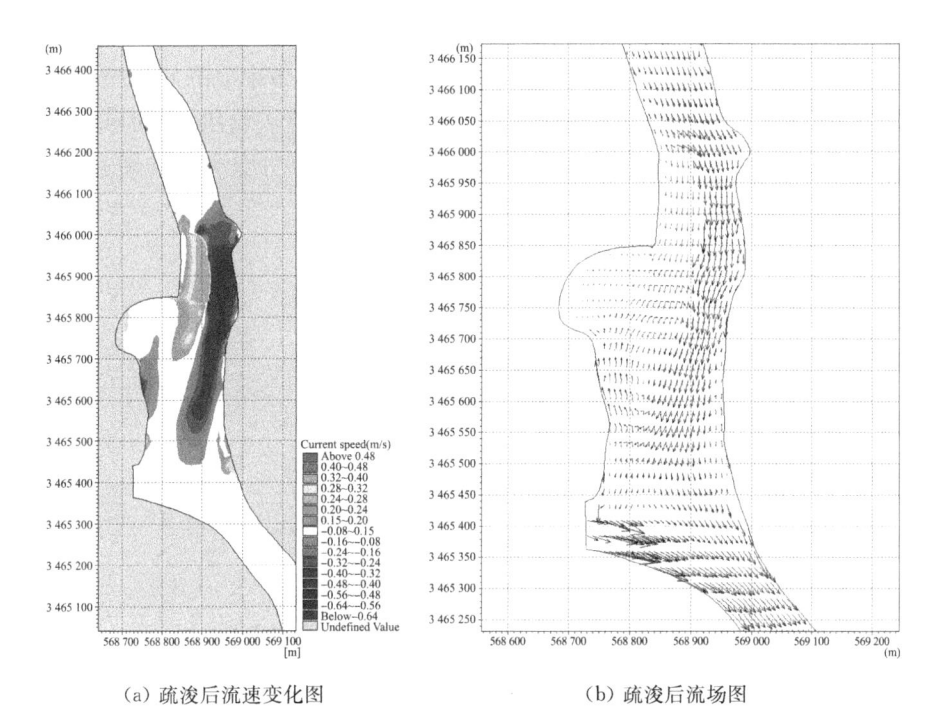

(a) 疏浚后流速变化图　　　　　　(b) 疏浚后流场图

图 1.4-5　疏浚后流速变化图和疏浚流场图

通过 BIM 软件建立泵站进水流域三维模型，利用软件分析水流进水流态，优化泵站建筑物布置方案。由图 1.4-6 可知，方案二轴线沿现圩内河道主槽布置时，水泵进水轴线与河道轴线相交呈 171°，为正向进水布置，主流流线顺直，其流速较均匀，流态更好；方案一轴线垂直堤身布置时，主流和水泵进水轴线角度较大，导致两侧机组进水，流道内均出现不同程度的偏流流态，在运行过程中

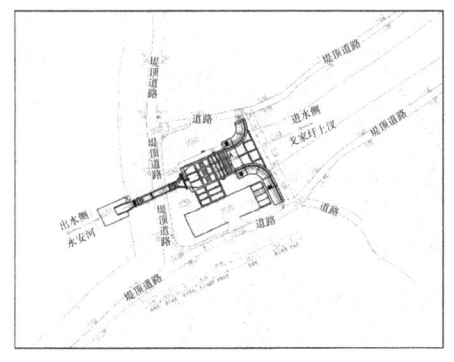

(a) 轴线垂直堤身布置方案　　　　(b) 轴线沿现状圩内河道主槽布置方案

图 1.4-6　方案一、二轴线位置图

极容易形成吸气漩涡,进而导致机组振动和机组运行效率下降。方案一中间机组进水流道流速明显高于两侧机组,在运行时两侧机组效率会降低;方案二布置下,三台机组进水流道垂向流速分布更加均匀,可以保证三台机组同时安全高效运行,图1.4-7和图1.4-8分别为ANSYS计算的两个方案表层流场流速分布云图和流道垂向流速分布云图。

(a)方案一表层流场流速分布云图　　(b)方案二表层流场流速分布云图

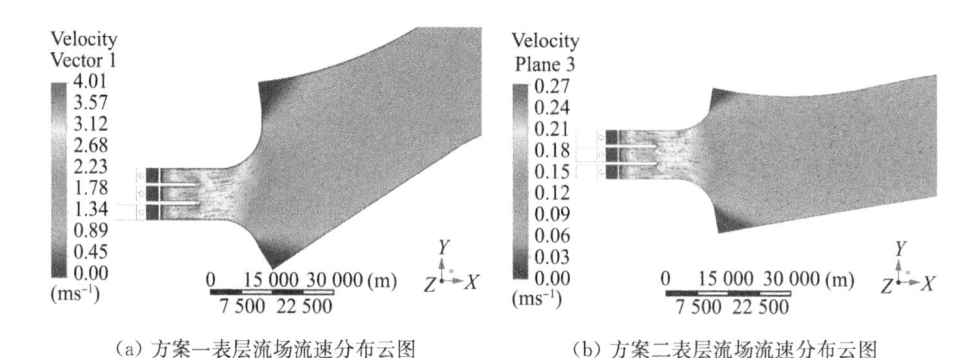

图1.4-7　ANSYS计算的表层流场流速分布云图

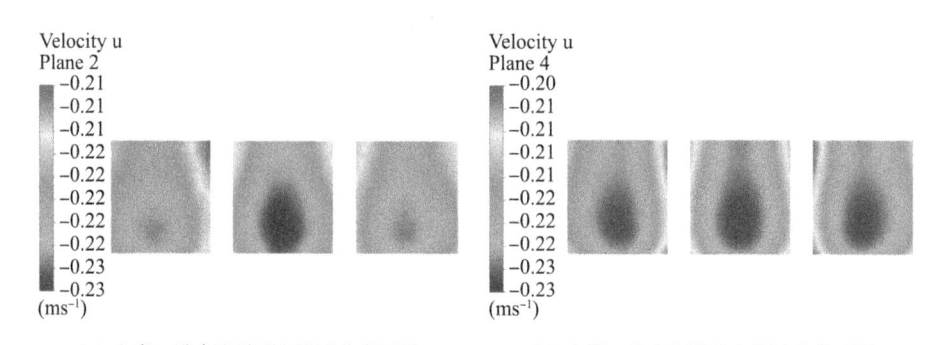

(a)方案一进水流道垂向流速分布云图　　(b)方案二进水流道垂向流速分布云图

图1.4-8　ANSYS计算的流道垂向流速分布云图

因此,根据泵站运行水流流态分析结果,推荐方案二为泵站布置方案。

2)机组设备选型充分考虑了当地经验,选用具有成熟运行管理、现场维护和检修经验的机组设备

根据本工程泵站的功能与结构形式,泵型适合采用立式轴流泵和潜水轴流泵。立式轴流泵流量大、结构简单、维修方便,目前在安徽芜湖地区泵站建设中应用较多,运行管理人员具备成熟的运行管理、现场维护和设备检修的经验。而潜水轴流泵由于其泵体特殊的结构特征,电机一旦进水,轴承、绕组绝缘损坏,就会导致电机烧毁,泵站无法运行。本工程为排涝泵站,年运行时间较短,若采用

潜水轴流泵,则电机长期浸泡水中不工作,电机故障难以发现,且潜水轴流泵检修需将其整体运出,检修维护依赖专业的制造和维修单位,潜水轴流泵在芜湖地区泵站中应用少,运维经验不成熟。因此,本阶段推荐立式轴流泵机组。

异步电机具有操作简单、故障少、维修较方便等优点,无须额外配套励磁系统,综合投资上优于同步电机,结合当地的运行管理经验,推荐采用异步电机。

3)"一水平川,古城风韵,醉入梦乡"——建筑景观体现当地文化内涵,既保持了传统建筑的精髓,又有效地融合了现代设计因素

项目位于安徽省无为市,当地的自然景观积淀了丰富的文化内涵,"无为"取"思天下安于无事,无为而治"之意,是"有为"的最高境界,是《道德经》中的思想核心,是治国理政、修身齐家的智慧方法。

当地的建筑风格是我国成熟的古建筑流派之一徽派建筑的风格,徽派建筑在中国建筑史上占有举足轻重的地位。

本项目的建筑采用仿古风格,通过利用现代建筑材料,对传统古建筑形式进行再创造,既保持了传统建筑的精髓,又有效地融合了现代设计因素,在改变了传统建筑的使用功能的同时,也增强了建筑的个性。建筑整体长 23.4 m,高 13.9 m,白墙黛瓦,歇山屋面,飞檐翘角,突出了建筑精美壮观的外在形象。

工程区域襟江带河、水清岸绿、风光秀丽,"水光万顷开天镜,山色四时环翠屏",建筑设计同样注重与周边自然景观与人文环境的和谐与协调,体现当地水文化、水景观的内涵,将仿古风格融入泵站建筑设计中,创造出"一水平川,古城风韵,醉入梦乡"的意境(图 1.4-9、图 1.4-10)。

图 1.4-9　河拐站鸟瞰图

图 1.4-10　河拐站效果图

4）运用数字化手段进行精细化设计

（1）BIM 技术的应用

应用 BIM 技术开展三维设计能够准确地表达技术人员的设计意图，更符合人们的思维方式和设计习惯，具有直观、集成化、高效率、高效益等优势，是实现设计、施工一体化的基础，为工程设计带来巨大的变革。本工程利用 BIM 强大的三维设计功能，实现了快速、精确的设计。

（2）水流流态分析

利用 ANSYS 软件对泵站进出水流态进行有限元分析，对进出水不良流态出现的位置及成因进行分析，通过对比设计方案，优化调整泵站和水闸进出水建筑物的布置形式，从而保证泵站安全高效运行。

（3）结构应力分析

利用三维有限元计算软件 ABAQUS，对进水闸和泵站主体在完建期工况下进行结构内力计算，了解泵站主体结构三维应力分布规律及受力状态，用以指导进水闸、泵站等结构设计。

5）运用"海绵城市"的理念进行因地制宜的设计

2022 年 4 月，芜湖市海绵办组织编制了《芜湖市海绵城市建设施工图设计导则（试行）》，结合新的发展形势和要求，规范引导芜湖市建设项目海绵城市方案设计。本项目结合海绵城市建设，拟选择下凹式绿地、透水铺装、植被缓冲带等方案。

特点6：严桥西片南部污水处理厂地块景观绿化设计特点

1）设计供人群游玩嬉戏的无为市水利公园

结合泵站和污水厂的周边环境，规划设计无为市水利公园，重塑水利精神，弘扬水利文化，普及河长制、水资源与水利知识，提升民众爱护水、保护水、珍惜水的意识。将打造 500 m 慢行步道、水利文化展示区、水利精神雕塑、景观桥、音乐露营大草坪、烧烤区等场景，形成高质量发展新动力，进一步助力严桥镇的旅游发展。

2）以无为鱼灯为设计元素，在永安河里设计一个大型鱼鳞坝

为了让严桥西片区的人们更快捷地进入水利公园，也为了增加人们的游憩乐趣，以无为鱼灯为设计元素，在永安河里设计一个大型鱼鳞坝。

人们可以从乡道下到鱼鳞坝再到达公园入口，也可以通过本次新建堤顶路到达公园。本次设计的鱼鳞坝总宽 18.5 m，分为 8 级跌水，每级高度 60 cm，每片鱼鳞宽 4 m，鱼鳞池深 30 cm，大人、小孩都可以在水池里安心地嬉戏玩耍。

从新建堤顶路往下看，能观赏到壮观的鱼鳞坝，可以在此打造拍照景点，以增加旅游人气。

3）运用"海绵城市"的理念进行因地制宜的设计

公园里的硬质铺装采用透水性材料，沿园路外 2 m 设置一圈下凹式绿地和植被缓冲带，给景观环境带来不一样的绿化空间感受。

特点7：牌楼水库入库河口生态湿地设计特点

1）设计主题：田园农歌，五彩湿地

永安河沿岸水库众多，可以以当地庐剧为设计元素，打造历史文化园地，也可以在沪武高速南面的牌楼水库入库口设计湿地景观，加强湿地保护宣传，提升公众对湿地知识、湿地动植物资源保护的了解，切实推进《中华人民共和国湿地保护法》的有效实施，帮助改善人居生态环境，促进乡村振兴。

田园农歌：以当地的庐剧和纱灯等特色文化为脉络，弘扬当地乡土人文。通过在亲水节点上演文化小品来展现庐剧的外在魅力，在小品旁配以文字说明，讲述民间庐剧的特点和神韵。小品既起到装点、美化环境的作用，也具有宣传当地精神文明的功能。

五彩湿地：结合现状高低起伏的梯田状的湿地和水田，打造具有独特体验价值的湿地景观。在水田内种植湿地植物，具有净化水体的作用。不同的湿地植物形成了丰富的植物景观，呈现"五彩"的特征。安装植物科普牌，可以向广大群众展示植物对自然环境的净化作用。

2) 打造潜流湿地和深度净化湿地

在项目地块内保留一部分芦花草荡,将原始的"芦苇荡"作为动物栖息觅食的场所;打造潜流湿地和深度净化湿地,改造地形,形成低洼湿地,增强蓄洪能力;增加水体流动长度,增强湿地净化能力;深化竖向标高,提供更丰富的潮汐滨水空间和小型池塘,构建完善的湿地植物体系。

特点8:工程内容多、范围广,可采用新技术提升设计质量

1) BIM 技术

本次永安河防洪排涝治理工程,涉及堤防加固总长度约 25.97 km、河道整治总长度约 44.30 km,新改建穿堤涵闸 26 座,泵站 8 座,堰坝 17 座,桥梁 8 座。

工程范围广,河道长度长,建构筑物类型多,图纸量大,应用 BIM 技术开展三维设计能够准确地表达技术人员的设计意图,更符合人们的思维方式和设计习惯,具有直观、集成化、高效率、高效益等优势。本次工程设计力求突破,以三维设计软件 REVIT 为平台,针对穿堤和跨河建筑物开展 BIM 设计,为单体建筑物提供更直观的模型展示效果。水工、水机、电气、金结、建筑等多专业协同设计,推动水利行业 BIM 三维正向设计和精细化设计。

2) GIS 技术

GIS 即地理信息系统,近年来在水利工程中逐步应用。依靠其空间数据管理能力、处理能力及分析能力使防汛信息以及决策方案可视化;依靠其历史数据管理及实时数据动态加载等功能,可为水资源管理和水土保持等提供空间决策支持。

将河道河长、流域范围、现有护岸、已治理河段(河长、起终点坐标)、拟治理河段等信息绘制成中小河流一张图,并纳入上级部门数据库中,为河道的智慧水利建设提供基础信息。本次拟继续采用 GIS 系统对河道堤防、护岸布置、占地范围等信息进行记录,在此基础上对占地范围等进行统计,同时对接生态红线、基本农田、林地等 GIS 数据,在准确快捷地提供征地数据的同时,完成工程后期可实施性的复核工作,避免后期出现较大的设计变更。

3) 三维配筋技术

施工详图制作阶段往往周期短、任务繁重,尤其是钢筋图具有技术含量低的特点,同时制作过程中存在大量的重复劳动,耗时费力,结合 3DE 平台功能和技术特点,面向结构配筋需求而定制开发出基于 3DE 的三维配筋应用系统(简称三维配筋系统)ReDesigner。该系统分别针对大体积水工结构和框架结构,实现从计算、建模到出图等全过程的钢筋设计交付。目前,已针对水工结构开发了通用配筋功能,包括钢筋建模、编辑、检查、出图和图纸编辑等,极大提高了施工图设计效率。

第 1 章 永安河流域系统治理研究概况

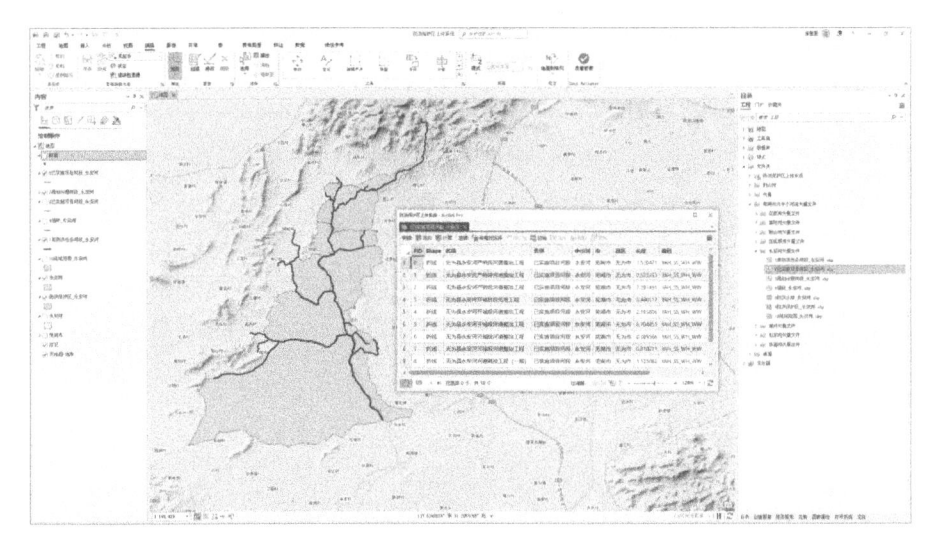

图 1.4-11 永安河流域防洪保护区等矢量数据示意图

027

第 2 章
永安河流域系统治理研究方案

2.1 流域基本条件

2.1.1 地理位置

本次拟治理的项目区范围为芜湖市无为市永安河流域,位于芜湖市区西北面,距离无为市城区约 16 km,隶属于无为市严桥镇、红庙镇、开城镇、襄安镇、泉塘镇,地理坐标处于东经 117°42′50″~117°49′00″、北纬 31°29′10″~31°14′40″。

2.1.2 地形地貌

无为市地貌总的特征是"山环西北,水骤东南"。大体可分为平原区和低山丘陵区。平原区又可分为低圩、洲地、平畈。低圩平原以市境东部圩区为主,沿西河延伸到市境西部,一般高程在海拔 10 m 左右,水网发达,面积占全市总面积的约 40.6%。沿江洲地由长江沿岸滩地和江心诸洲组成,地势平坦,海拔高程 9 m 左右,面积占全市总面积的约 16.2%。低岗平畈处于市境中部,既有低岗、残丘,又有平畈、田园,高程一般在海拔 12~14 m,面积占全市总面积的约 21.8%。低山丘陵自北部市界延伸至西南。岗峦起伏,海拔高程大多在 40~200 m,三公山最高,海拔高程为 675 m,面积占全市总面积的约 21.3%。

永安河流域山丘区地面高程 15~200 m,最高山峰鸡毛燕山高程 528 m。上游山丘区地面坡度较陡,洪水汇流速度较快。上游已建小(1)型水库 3 座,即皖江水库、牌楼水库、响山水库,总库容分别为 630 万 m^3、735 万 m^3、104 万 m^3。已建小(2)型水库 9 座,总库容计 269.4 万 m^3。丘陵区已建塘坝约 1 440 座,总塘容约 220 万 m^3。

永安河两岸圩区总面积 165.4 km^2,圩口众多,耕地总面积近 14 万亩。其中,万亩以上大圩有西都圩、湖塘圩、长城圩、临河圩等 4 个,耕地面积 9.93 万亩;万亩以下主要圩口 18 个,耕地面积 4.84 万亩。圩区一般地面高程 8.0～8.5 m,严桥镇上游圩畈区地面高程较高,一般为 9.0～10.0 m。圩区沟塘率一般为 7%～10%。

2.1.3 水文气象

无为市属亚热带季风气候区。季风显著,四季分明,光照充足,雨量充沛,温暖湿润,无霜期长,但雨量年际变幅大,旱涝频繁。全市历年平均气温 15.8 ℃。年际变动在 15.1～16.9 ℃,变幅 1.8 ℃。常年最热月为 7 月和 8 月,一般最高气温在 36 ℃左右,极端最高气温 39.5 ℃(1966 年 8 月 7 日);最冷月为 1 月,一般最低气温在 −7 ℃左右,极端最低气温为 −15.7 ℃(1969 年 2 月 6 日)。

无为市雨量充沛,降水量年际变幅大,年内分布不均匀,洪涝频繁,并存在旱涝急转状况。区域多年平均降雨量 1 170.5 mm,圩内多年平均降水量为 1 244 mm。平均年雨日为 126.6 天,平均每 3 天有 1 天下雨。一年中 3、4 月雨日最多,多年月平均值为 13.7 天。西南山区雨量多于东北平原区,三公山雨量最多。降雨主要集中在 4—8 月份,7 月份雨量最大(西南部山区为 6 月份)。降水年际变化显著,1983 年降水 1 986 mm,1978 年只有 672 mm;降水量季节分配不均,最大一日降水量为 248.2 mm(1969 年 7 月 15 日)。市内梅雨特征明显。梅雨期一般在 6 月中旬到 7 月上旬,平均长 23 天。梅雨期雨日多,暴雨集中,易积水成灾。1954、1969、1983 年三年涝灾,皆为梅雨量过大所致。1969 年 7 月 15 日一天降雨量达 248.2 mm,为历史上罕见。而干旱年又与"空梅""少梅"年相吻合。

无为市多年平均无霜期 232 天,多年平均蒸发量 1 487.8 mm,日照时数 2 110 h,1—6 月份以东北风和东风为主,7 月份以东南风为主,8 月份以后又以东北风和东风为主,全年平均风速 3.4 m/s,瞬间风速达 21 m/s(1976 年 4 月 22 日)。

2.1.4 流域水利工程现状

永安河流域上游有牌楼水库、皖江水库等水库蓄滞洪水。从上游至严桥镇区河段,有多条支汊河道,均位于山丘区,为天然河道,河道宽度 3～20 m,两岸多为农田。河道坡降较陡,部分河段因弯曲存在局部冲刷、塌方等,在局部开阔河段形成淤积,洪水期间漫滩行洪。

严桥镇河段分为西(皖江水库泄水河)、中(高山水库泄水河)、东汊(干流,也即牌楼水库泄水河)。除局部河段已建堤防达 10 年一遇标准外,大部分堤防防洪标准低,堤身薄弱,堤顶为土路且较窄,河道淤积。

自严桥至永安河口干流河道两岸均为圩区,万亩圩有西都圩、湖塘圩、长城圩、临河圩等4个,万亩以下圩有戈家圩、甘露圩等。圩区内大部分为村庄和农田,已整治过的圩区堤防达到10~20年一遇防洪标准。部分堤防未达标,其堤防存在不同程度的散浸、管涌等问题。局部堤段岸坡迎流顶冲、深泓贴岸,岸坡形态均以陡坡为主。堤身断面大部分呈梯形,堤顶宽度为3~6 m,堤身高度为3~10 m,内外坡比大部分为1∶2.0~1∶3.0,局部坡比为1∶1.5。表2.1-1统计了永安河干流两岸圩区堤防现状防洪能力,图2.1-1~图2.1-7展示了不同圩区现状堤防。

表 2.1-1 永安河干流两岸圩区堤防现状防洪能力统计表

序号	名称	干堤长度(km)	堤顶高程(m)	防洪能力	备注
1	严桥镇片区	3.6	11~13.6	不足10年一遇	
2	陶圩	4.5	13.5~14.0	10年一遇	
3	戈家圩	4.7	13.3	不足10年一遇	
4	四连圩	4.2	13.5~14.0	10年一遇	
5	纪家圩	3.2	13.0	10年一遇	
6	长城圩	18.5	13.5~13.7	20年一遇	
7	湖塘圩	16	13~13.5	20年一遇	
8	双胜圩	5.5	12.5	10年一遇	
9	小熟圩	6.5	13.0	不足10年一遇	
10	西都圩	32	13~13.5	20年一遇	
11	大熟圩	16.6	13.0	不足10年一遇	
12	甘露圩	19.45	13.0	不足10年一遇	
13	临河圩	56.25	13.5	20年一遇	

图 2.1-1 严桥集镇段现状堤防

图 2.1-2　戈家圩现状堤防

图 2.1-3　小熟圩现状堤防

图 2.1-4　大熟圩现状堤防

图 2.1-5 横塘站

图 2.1-6 先锋站

图 2.1-7 范洼站

2.1.5 社会经济

无为市现有户籍人口 117.08 万人（其中城镇人口 43.99 万人），常住人口 82.7 万人。2021 年，无为市全年实现地区生产总值 578 亿元，增长 10.5%；一般公共预算收入28.8亿元,增长8.5%;规模以上工业增加值增长10.9%;固定资产投资增长16.2%;社会消费品零售总额增长29.1%;居民人均可支配收入33 097元,增长10.4%。连续两年入围中国创新百强县(市)、中国投资潜力百强县(市)。

2021年,无为市粮食种植总面积124.97万亩,同比基本持平;总产55.58万吨,较上年增加2.66万吨,增长5%,创历年新高。无为市粮食主要以小麦和稻谷为主,尤其是稻谷,播种面积占总播种面积65%以上,产量占总产量75%以上。

2.2 相关上位规划

2.2.1 《巢湖流域防洪治理工程规划》

根据《巢湖流域防洪治理工程规划》,无为市防洪标准采用50年一遇;重要城镇防洪标准按30~50年一遇设防;重点圩口:流域内万亩以上圩口按20~50年一遇设防;一般圩口:流域内万亩以下中小圩口防洪标准采用10~20年一遇,其中人口较多或有重要保护对象的圩口防洪标准采用20年一遇。

2.2.2 《无为县城市总体规划(2013—2030)》

《无为县城市总体规划(2013—2030)》在防洪排涝方面中的相关规划:

第195条 规划目标:地区防洪与流域防洪相协调,工程措施与非工程措施相结合,抵抗外洪,疏截外水,全面规划,分期实施,逐步建立完善、高标准的防洪体系,以保证城镇生产、生活的安全可靠。

第196条 防洪标准:中心城防洪标准为100年一遇;镇区防洪标准为20~50年一遇;村庄及千亩以上农田防洪标准为20年一遇。

第197条 排涝标准:中心城排涝标准为20年一遇;镇区排涝标准为10年一遇;农田圩区排涝标准不低于5年一遇。

第198条 河道整治:对永安河、裕溪河、郭公河、西河、花渡河等外河进行疏浚和堤防加固,确保河道行洪要求。对内圩沟塘进行清淤、拓宽整治,提高河道行洪能力,提高排涝能力,确保县域合理的水面率。

2.2.3 《无为市"十四五"水利发展规划》

《无为市"十四五"水利发展规划》在防洪减灾方面的相关规划:坚持问题导向,针对近年来无为市水旱灾害中暴露出的水利薄弱环节,提出综合应对措施,加大防洪减灾基础设施补短板力度,确保防洪安全。

1. 永安河防洪治理工程

(1) 开城桥段(1.3 km)河道断面拓宽。

(2) 横塘河治理,疏浚河段长 5.0 km,两岸堤防加固。

2. 城乡防洪及城市排涝体系建设工程

(1) 按 20 年一遇防洪标准,实施襄安集镇防洪工程。重点加固施河圩、甘露圩堤防,新建堤防长 750 m,加固堤防长 2.2 km,新建混凝土防洪墙长 520 m。

(2) 按 20 年一遇防洪标准,实施严桥集镇防洪工程。重点在镇区外围新建或加固堤防长 4.0 km,疏浚沟道长 3.5 km,新挖撇洪沟长 1.6 km。

3. 病险水库(水闸)除险加固工程

定期对在册的 25 座小型水库开展水库大坝安全鉴定,实施防洪达标补缺补差与清淤疏浚工程,开展水库下游泄洪河道的隐患排查工作。

4. 水文监测预报预警工程

完善水文监测预报预警系统和防洪优化调度系统,建设以防洪安全为核心的水安全风险监控预警机制。

2.3 规划设计必要性

2.3.1 洪涝灾害及险情情况

1) 洪涝灾害

永安河流域上游山丘区面积 299.2 km^2,约占流域总面积 67%,所占比重较大,流域坡度较陡,洪水汇流时间短,来势较猛,洪峰流量大,中上游洪水调蓄能力不足。中下游沿河两岸圩区地势低洼,地面高程较低,与西河中下游圩区地面高程相当。因此,中下游圩区和沿河主要集镇常受上游山洪的袭击,同时又遭受西河洪水的威胁。

历史上永安河流域洪涝灾害频繁。2010 年 7 月 8 日—7 月 13 日,永安河流域普降中到大雨,开城桥 7 月 12 日最高水位达 11.72 m,严桥镇最高洪水位超过 12.0 m,湖塘圩堤防出现渗漏通道等重大险情,经奋力抢险免于溃破。严桥镇小范围受淹。

2016 年,受降雨影响,巢湖流域各支流、西河梁家坝站、永安河开城桥站、牛屯河新桥闸最高水位均超历史最高水位。7 月 11 日 17 时,西河缺口站、无为站、永安河开城桥站仍超保证水位,西河东大圩 7 月 1 日 23 时开闸蓄洪,西河缺口站 7 月 1 日 22 时 42 分水位为 12.39 m,此后一直在此高水位以上运行。开城桥站 7 月 5 日最高水位达 12.65 m。无为市防汛抗旱指挥部从 7 月 3 日 8 时起启动无为市防汛应急预案Ⅰ级响应。全市118万人受灾,紧急转移1.8万人,农作物受灾面积57千公顷,直接经济损失1.3亿元。

2020年梅雨期(6月10日—8月1日),巢湖流域共出现9次明显降雨过程,其中4次为暴雨过程,流域面平均雨量919 mm,其中巢湖闸上912 mm、西河流域1 012 mm,分别比常年同期多1.9倍、2倍、2倍,均居历年第一。巢湖流域内兆河、西河、裕溪河等主要支流也全线超保证水位或超历史最高水位,除西河缺口站、无为站仅次于1954年历史最高水位外,其余各支流均居有资料以来第一位。

经统计,1981—2022年共有14年发生洪涝灾害,平均2~3年一遇。其中,洪灾较重的年份有10年:1983、1984、1991、1996、1999、2003、2007、2008、2009、2010、2016和2020年。合计受灾面积61.3万亩,多年平均受灾面积2.04万亩,其中,合计破圩面积8.39万亩,多年平均破圩面积0.28万亩。受灾直接经济损失达8.5亿元,多年平均直接经济损失达2 000多万元。

2) 致灾成因

无为市地处夏季南北冷暖气流频繁交汇地带,极易遭受特大暴雨袭击。永安河流域山丘、平原并存,山丘区地势陡峭,极易暴发山洪灾害。平原圩区地势低洼,经常遭受内河山洪和西河洪水双重困扰。永安河流域主要致灾原因如下:

(1) 流域位于南北冷暖气流频繁交汇地带,受低压槽、江淮切变线及台风等影响,上游山区常出现灾害性暴雨。

(2) 沿河部分圩区防洪排涝标准不足,堤防存在众多安全隐患,整体防洪排涝标准尚低,一旦遭遇西河水位长期顶托,大量超额洪水滞留在流域内部,必然导致大范围严重洪涝灾害。

(3) 中下游部分河段断面较窄,弯曲河段易受洪水冲刷。

(4) 工程管理、洪水预报、防洪抢险等非工程措施不完善。水利信息化水平整体偏低,水利基础监测设备配备不全,没有形成完备的水文水情信息监测网络,全市未形成统一的数据库或数据中心,信息共享程度较低。

2.3.2 存在问题

永安河上游主要为山丘区,流域坡度较陡,洪水汇流快,来势猛,洪峰流量大;流域下游为地势低洼的圩区,在受上游山洪侵袭的同时,又遭受西河干流洪水顶托,致使流域内洪涝灾害频繁,是制约地区经济发展的主要因素之一。为治理洪涝灾害,无为市结合中小河流治理,对永安河实施了四期治理工程,主要建设内容包括河道疏浚、堤防加固、穿堤建筑物处理等。

根据《巢湖流域防洪治理工程规划》，流域内万亩以上圩口按 20～50 年一遇设防；流域内万亩以下中小圩口防洪标准采用 10～20 年一遇。目前重要城镇防洪标准基本为 10 年一遇，万亩圩口和一般圩口为 5～10 年一遇，与规划相差较大，流域防洪体系仍存在明显短板和薄弱环节。

部分河段防洪标准偏低，一些河段尚未实施治理，治理不系统、不平衡、不充分的问题仍然存在，不能满足人民群众对水安全的需要。本次治理工程设计根据调查评估成果，对永安河保护对象进行全面梳理，查找防洪薄弱环节，以提出针对性治理措施。

2.3.3 规划设计的必要性

1）实施系统治理工程是消除永安河防洪薄弱环节的需要

工程河段防洪设施薄弱，防洪圈不封闭，部分岸段受水流顶托，岸坡较陡，存在滑坡塌岸现象。新中国成立以来，1954、1983、1991、1996、1999、2020 年永安河均发生了较大洪水，严桥镇、开城镇、红庙镇、襄安镇遭遇了严重的洪涝灾害。2020 年汛期，严桥镇村民被洪水围困，人民群众生命财产受到严重威胁。

针对当前面临的防洪形势，水利部要求始终把保障人民群众生命财产安全放在第一位，坚持人民至上、生命至上，迅速查漏补缺，加快补齐软硬件方面的短板，全面提升水旱灾害防御能力，为打赢今后防汛抗洪硬仗打好坚实基础、做好充分准备。因此，实施系统治理工程是消除严桥镇、开城镇、红庙镇、襄安镇防洪薄弱环节的需要。

2）本治理工程是社会、经济发展的必然要求

随着经济的发展、人口的增加、旅游业的发展及沿河城镇规模的扩大，防洪工程设施抗灾能力薄弱的问题将日益突出，频繁的洪涝灾害不仅带来巨大的经济损失，也会给本地区国民经济发展和社会稳定造成不利影响。

实施永安河防洪排涝治理工程将大大提高河流两岸的防洪能力和标准，保障人民生命和财产安全，支撑地区社会经济和环境的可持续发展。因此，加快实施治理工程十分紧迫、十分必要。

2.4 规划设计任务

根据流域水系现状及所拟定的洪涝水出路安排，结合两岸地形地势及周边建筑物条件，拟定永安河流域防洪总体方案为"河道＋堤防"的建设。

干流严桥高家庄以上天然河道总体维持当前平面及纵横断面形态，对局部淤积及岸坡存在问题的河段在日常养护中采取针对性的清淤疏浚和岸坡防

措施。

干流严桥高家庄至大熟圩河道维持当前"河道＋堤防"的工程布局。对防洪能力不足的岸段进行堤防加固,对戈家圩、大小熟圩进行10年一遇达标建设,对严桥镇段进行20年一遇达标建设。应防汛抢险需求,对堤顶道路进行新建或提标;对存在安全隐患的建筑物进行拆除重建和加固;同时考虑治理后村庄和农田的排涝问题,在沿线新建或加固穿堤涵闸和排涝泵站。

干流沿岸西都圩、湖塘圩、长城圩、临河圩等4座万亩圩堤防已达到20年一遇防洪标准,维持现状。

2.5 主要规划设计内容及规模

规划设计内容包含以下三部分:

(1) 对河道堤防进行达标建设(堤身加培、填塘固基、护坡护岸及堤顶道路建设等)。其中堤防加固总长度包括大熟圩段7.95 km、小熟圩段1.44 km、双胜圩段2.24 km、戈家圩段5.40 km、严桥集镇东片区段6.74 km、严桥集镇西片区段3.64 km。

(2) 河道整治总长度约44.30 km,包括牌楼水库上游6.78 km、牌楼水库泄水河(严桥东汊)12.29 km、高山水库泄水河(严桥中汊)5.69 km、皖江水库泄水河(严桥西汊)10.76 km、严桥东片内部河段0.64 km、严桥西片内部河段7.94 km及湖塘圩外侧陡湾滩地河段0.20 km。

(3) 水工建筑物:新改建穿堤涵闸26座,泵站8座,堰坝17座,桥梁8座。

2.5.1 泵站设计规模

设计泵站8座,其中严桥镇4座、大小熟圩2座、戈家圩2座,具体情况见表2.5-1。

表2.5-1 泵站参数统计表

序号	所属圩口	泵站名称	建设性质	规模(m^3/s)	台数	单泵流量(m^3/s)
1	严桥镇	严桥1#排涝站	新建	2.0	2	1.00
2	严桥镇	严桥2#排涝站	新建	3.0	2	1.50
3	严桥镇	严桥3#排涝站	新建	5.0	3	1.67
4	大小熟圩	大油坊站	拆除重建	0.6	2	0.30
5	大小熟圩	粉坊站	拆除重建	0.8	2	0.40
6	大小熟圩	范洼站	拆除重建	0.6	2	0.30

续表

序号	所属圩口	泵站名称	建设性质	规模(m³/s)	台数	单泵流量(m³/s)
7	戈家圩	河拐站	新建	8.8	3	2.92
8	戈家圩	万村站	拆除重建	0.6	2	0.30

2.5.2 涵闸设计规模

设计涵闸26座,其中严桥镇16座、戈家圩3座、大小熟圩7座,具体情况见表2.5-2。

表2.5-2 涵闸参数统计表

序号	圩口	名称	功能	拟建尺寸 孔宽(m)	拟建尺寸 孔高(m)	建设性质
1	严桥镇	胡家山闸	自排	1.5	1.8	改建
2	严桥镇	草庙路闸	自排	2	2	改建
3	严桥镇	燕龙山1#闸	自排	2	2	改建
4	严桥镇	燕龙山2#闸	自排	1.5	1.8	改建
5	严桥镇	燕龙山3#闸	自排	1.5	1.8	改建
6	严桥镇	汪村闸	自排	2	2	新建
7	严桥镇	严桥镇南涵闸	自排	1.5	1.5	新建
8	严桥镇	高家庄1#闸	自排	1.5	1.8	改建
9	严桥镇	高家庄1#闸	自排	1.5	1.8	新建
10	严桥镇	钟家桥闸	自排	1.5	1.8	改建
11	严桥镇	仓房闸	自排	1.5	1.8	改建
12	严桥镇	八房1#闸	自排	1.5	1.8	改建
13	严桥镇	八房2#闸	自排	1.5	1.8	新建
14	严桥镇	油坊1#闸	自排	1.5	1.8	改建
15	严桥镇	油坊2#闸	自排	1.5	1.8	改建
16	严桥镇	油坊3#闸	自排	1.5	1.8	改建
17	戈家圩	徐岗闸	自排	1.5	1.8	改建
18	戈家圩	西涵闸	自排	1.5	1.8	改建
19	戈家圩	横塘闸	自排	1.5	1.8	改建
20	大小熟圩	王石洼1#闸	自排	1.5	1.8	改建
21	大小熟圩	小熟圩闸	自排	1.5	1.8	改建
22	大小熟圩	先锋闸	自排	1.5	1.8	改建

续表

序号	圩口	名称	功能	拟建尺寸 孔宽(m)	拟建尺寸 孔高(m)	建设性质
23	大小熟圩	牛头嘴闸	自排	1.5	1.5	改建
24		城门沟闸	自排	1.5	1.8	改建
25		张家斗门闸	自排	1.5	1.8	改建
26		范洼闸	自排	1.5	1.8	改建

2.5.3 堰坝设计规模

设计堰坝17座,其中严桥镇12座、双胜圩1座、大小熟圩4座,具体情况见表2.5-3。

表 2.5-3 堰坝参数统计表

序号	圩口	名称	坝长(m)	坝宽(m)	坝高(m)	建设性质
1	严桥镇	胡家坝	3.2	10.7	1	改建
2		沈家坝	3.2	11	1	改建
3		黄牛背坝	3.2	13	1	改建
4		严桥鱼鳞坝	28.8	28	3	新建
5		汪村坝	8.7	15	1.5	改建
6		张家坝	8.7	15	1.5	改建
7		瓦屋坝	8.7	12	1.5	改建
8		许家坝	8.7	12	1.5	改建
9		凤家坝	8.7	14	1.5	改建
10		涧边坝	8.7	14	1.5	改建
11		钟家桥坝	8.7	20	1.5	改建
12		油房坝	8.7	20	1.5	改建
13	双胜圩	石桥坝	6	12	2.0	改建
14	大小熟圩	范洼坝	10.5	7	1.2	改建
15		大洼坝	10.5	8	1.2	改建
16		岗西坝	10.5	10	1.2	改建
17		张冲坝	10.5	12	1.2	新建

2.5.4 桥梁设计规模

设计桥梁8座,具体情况见表2.5-4。

表 2.5-4 桥梁参数统计表

序号	断面位置	设计堤顶高程、接线处高程(m)	推算跨中桥面最低设计高程(m)	桥跨(m)	桥长(m)	桥宽(m)	上部结构	墩台结构	桥梁面积(m²)
1	程西桥	11.03	11.86	10	10.8	5	预制空心板梁	轻型桥台	54
2	张洼桥	10.78	11.74	2×13	26.8	5	预制空心板梁	轻型桥台、柱式墩盖梁	134
3	范洼桥	11.25	11.93	20	20.8	5	预制空心板梁	轻型桥台	104
4	先锋桥	11.39	11.69	10	10.8	5	预制空心板梁	轻型桥台	54
5	老屋桥	11.48	12.01	16	16.8	5	预制空心板梁	轻型桥台	84
6	山洼桥	11.01	12.04	16	16.8	5	预制空心板梁	轻型桥台	84
7	粉西桥	11.04	12.07	16	16.8	5	预制空心板梁	轻型桥台	84
8	粉坊桥	11.07	12.10	16	16.8	5	预制空心板梁	轻型桥台	84

2.6 工程等别、建筑物级别和设计标准

2.6.1 工程等别及建筑物级别

根据《防洪标准》(GB 50201—2014)、《水利水电工程等级划分及洪水标准》(SL 252—2017)、《堤防工程设计规范》(GB 50286—2013)等规范、标准和已建类似工程批复文件，综合确定本次治理的永安河堤防防洪标准：大小熟圩、双胜圩、戈家圩和严桥集镇东片堤防按防御10年一遇的洪水标准设计，堤防（含防洪墙）级别为5级；严桥集镇西片堤防按防御20年一遇的洪水标准设计，堤防（含防洪墙）级别为4级。堤防合理使用年限为30年。

根据《水利水电工程等级划分及洪水标准》(SL 252—2017)、《堤防工程设计规范》(GB 50286—2013)、《泵站设计标准》(GB 50265—2022)等规定，各圩堤穿堤建筑物与所在圩堤级别相同。泵站涵闸泵房、压力水箱、穿堤箱涵及涵闸的穿堤箱涵等主要建筑物级别为4～5级。

2.6.2 防洪标准

根据《防洪标准》(GB 50201—2014)、《堤防工程设计规范》(GB 50286—2013)、《水利水电工程等级划分及洪水标准》(SL 252—2017)等规定，本次治理的永安河堤防大小熟圩、双胜圩、戈家圩和严桥集镇东片堤防均按防御10年一遇的洪水标准设计，严桥集镇西片堤防按防御20年一遇的洪水标准设计。

2.6.3 排涝标准

根据《灌溉与排水工程设计标准》(GB 50288—2018),排涝标准的设计暴雨重现期应根据排水区自然条件、涝灾的严重程度及影响大小等因素,采用5～10年。根据永安河流域的实际情况,结合近期安徽省对排涝的有关批复标准,泵站治涝标准取10年一遇,采用3d暴雨3d排完,水稻区为3d排至作物耐淹水深,旱作区为3d排至田面无积水,严桥西片采用24h暴雨24h排出。

2.6.4 抗震设计标准

根据《中国地震动参数区划图》(GB 18306—2015),工程区基本地震动峰值加速度为0.10g,相应的地震基本烈度为Ⅶ度,设计烈度取7度。本次治理河段堤防工程级别均为4～5级,可不进行抗震设计。

2.7 工程总体布置

2.7.1 工程总体布置原则

永安河中下游地区防洪以圩堤为主,各圩堤是历年洪水后疏浚河道挖土筑堤逐渐形成的,堤身质量参差不齐,部分河段堤身较为单薄、溃破频繁、洪灾损失严重,制约了地区经济社会的持续健康发展。根据工程的建设任务,确定工程布置的原则,主要有:

(1)坚持与流域规划相统一、相协调的原则。永安河中下游地区是永安河实施方案、巢湖流域整体防洪的重要部分,本次防洪治理建设均以流域防洪规划为指导,与其相统一、相一致,在流域防洪规划总布局下实施。

(2)坚持统筹考虑、突出重点的原则。本工程主要建设任务是防洪。通过对永安河堤防实施堤身加固、防渗处理、涵闸改建加固等工程措施,为改善流域整体防洪形势创造必要的条件。所以,本工程的布置主要为两岸堤线及穿堤建筑物的布置,堤线布置时综合考虑堤防现状、河道过流能力、堤身历年险工险段、征地拆迁等因素,确定各段重点需求后再进行布置。

(3)坚持人水和谐、绿色发展的原则。坚持人民至上,在保障人民生命财产安全的前提下,给洪水以出路;同时,兼顾排涝、灌溉、保护生态环境等,切实改善民生,促进地区经济社会可持续发展。

2.7.2 工程总布置方案

根据各堤防现状,本着统筹考虑、突出重点、防洪为主的原则,确定本次防洪治理的范围为:大小熟圩、双胜圩、戈家圩和严桥集镇东西片堤防。

根据堤防现状地形地貌条件,结合现场查勘及历年堤防出险情况分析,拟定本工程总体布置:原则上堤防加高加固沿原堤线进行。对堤外滩地较宽的进行外帮加高加固;对堤外窄滩或无滩的以及现状堤外有硬护坡的迎流顶冲堤段,采用内帮加高加固方案。

对现状堤防高度和堤身状况基本能够满足防洪要求的堤段,维持现状;对堤身单薄、堤顶欠高的堤段,采取加高培厚,局部不能满足抗滑稳定要求的堤段适当削坡加固;对迎流顶冲、河道弯曲凹岸、外坡滑塌险情堤段采取护坡护岸防护措施;对汛情期存在堤身散浸、管涌险情等渗漏隐患堤段堤身进行多头小直径防渗墙、锥探灌浆处理,采用高压喷射防渗墙,填塘固基,对堤基进行防渗处理;考虑防汛抢险交通需要,堤顶防汛道路视实际情况分别采用简易混凝土路面、泥结石路面。对堤防沿线涉及的穿堤建筑物进行改建、重建等。

本工程堤身加固总长度约 25.97 km,河道整治总长度约 44.30 km,新改建穿堤涵闸 26 座,泵站 8 座,堰坝 17 座,桥梁 8 座。

工程总体平面布置示意图见图 2.7-1。

2.8 堤防加固工程规划设计

2.8.1 堤防现状及存在问题

2.8.1.1 大熟圩现状及存在问题

大熟圩段位于永安河干流左岸,属于千亩圩。本次治理范围为现状堤防加高加固,堤防总长约 10.0 km,圩堤两端连接至高岗形成防洪封闭圈,堤顶高程 10.0~11.7 m,堤内地面高程 6.5~9 m,堤顶宽度 2.5~5 m,堤外永安河滩面高程 5.5~7 m。圩内地形平坦开阔,堤内脚分布有较多的坑塘,塘深 1~3 m。

本段圩堤轴线顺着现状堤线布置,永安河主河道干流堤身填筑质量较好,已达设计标准,本次保留现状。部分堤段堤防低矮单薄,内、外边坡较陡,防洪能力较低;堤防迎流顶冲或者深泓逼岸;堤后渊塘多,堤身存在险工险段;现有堤顶较窄,部分为土路;部分穿堤涵闸年久失修,防洪能力不足。

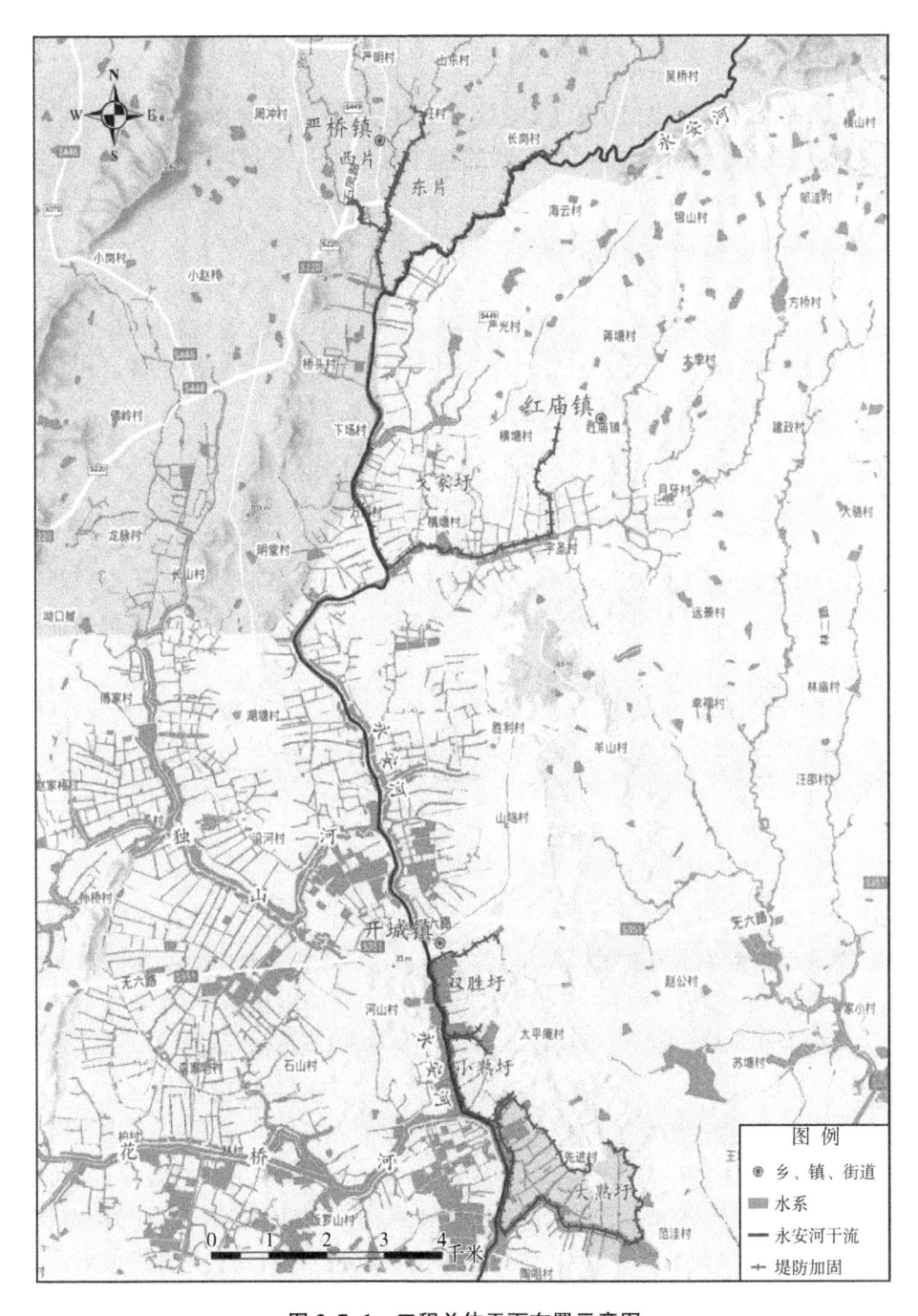

图 2.7-1 工程总体平面布置示意图

2.8.1.2　小熟圩现状及存在问题

小熟圩段位于永安河干流左岸,属于千亩圩。本次治理范围为现状堤防加高加固,堤防总长约 3.21 km,圩堤两端连接至高岗形成防洪封闭圈,堤顶高程 10.8~11.5 m,堤内地面高程 6.5~9 m,堤顶宽度 2.5~5 m,堤外永安河滩面高程 5.5~7 m。圩内地形平坦开阔,堤内脚分布有较多的坑塘,塘深 1~3 m。

本段圩堤轴线顺着现状堤线布置,永安河主河道干流堤身填筑质量较好,已达设计标准,本次保留现状。部分堤段堤防低矮单薄,内、外边坡较陡,防洪能力较低;堤防迎流顶冲或者深泓逼岸;堤后渊塘多,堤防存在险工险段;现有堤顶较窄,部分为土路;部分穿堤涵闸年久失修,防洪能力不足。

2.8.1.3　双胜圩现状及存在问题

双胜圩段位于永安河干流左岸,属于千亩圩。本次治理范围为现状堤防加高加固,堤防总长约 3.51 km,圩堤两端连接至高岗形成防洪封闭圈,堤顶高程 10.0~11.7 m,堤内地面高程 6.5~9 m,堤顶宽度 2.5~5 m,堤外永安河滩面高程 5.5~7 m。圩内地形平坦开阔。

本段圩堤轴线顺着现状堤线布置,永安河主河道干流堤身填筑质量较好,已达设计标准,本次保留现状。部分堤段堤防低矮单薄,内、外边坡较陡,防洪能力较低;堤防迎流顶冲或者深泓逼岸;堤后渊塘多,堤防存在险工险段;现有堤顶较窄,部分为土路;部分穿堤涵闸年久失修,防洪能力不足。

2.8.1.4　戈家圩现状及存在问题

戈家圩段位于永安河干流左岸,属于千亩圩。本次治理范围为现状堤防加高加固,堤防总长约 7.79 km,圩堤西端连接至现状陶圩堤防,东端连接至高地徐石路形成防洪封闭圈,堤顶高程 11.3~12.3 m,堤内地面高程 6.2~9 m,堤顶宽度 3~4.5 m,堤外永安河滩面高程 5.5~7 m,支汊河底高程 5~7.8 m。圩内地形平坦开阔,堤内脚局部分布有坑塘,塘深 1~3 m。

本段圩堤轴线顺着现状堤线布置,永安河主河道干流大部分堤身(除西端 110 m 堤防平均欠高 0.5 m 外)填筑质量较好,已达设计标准,本次保留现状。部分堤段堤防低矮单薄,内、外边坡较陡,防洪能力较低;堤防迎流顶冲或者深泓逼岸;堤后有渊塘,堤防存在险工险段;现有堤顶较窄,部分为土路;部分穿堤涵闸年久失修,防洪能力不足;排涝设施不完善,除涝能力较弱。

2.8.1.5 严桥集镇东片现状及存在问题

严桥集镇段位于永安河干流(牌楼水库泄水河)右岸,被西汊(皖江水库泄水河)和中汊(高山水库泄水河)分为两个片区,即东片区、西片区,均属于千亩圩。本次治理范围为堤防加高加固,东片堤防总长约 8.1 km,圩堤两端连接至高岗或公路形成防洪封闭圈;东片区起点为高家庄林凤路,沿现状河道至终点张家岗严张路,形成防洪封闭圈,设计堤顶高程 10.0～19.2 m,堤内地面高程 8～18 m,堤顶宽度 1.5～5 m,堤外永安河滩面高程 6～15.3 m,支汊河底高程 5～15 m。东片区圩内地形较平坦开阔,整体地势北高南低,堤内脚局部分布有坑塘,塘深 1～3 m。

本段圩堤轴线顺着现状堤线和河岸布置,东片区南端有一段堤防已整治过,堤身填筑质量较好,基本达到设计标准,本次保留现状。其他堤段堤防低矮单薄,内、外边坡较陡,防洪能力较低;堤防迎流顶冲或者深泓逼岸;堤后渊塘多,堤防存在险工险段;现有堤顶较窄,部分为土路;部分穿堤涵闸年久失修,防洪能力不足。

2.8.1.6 严桥集镇西片现状及存在问题

本次工程治理范围为堤防加高加固,西片堤防总长约 3.6 km,圩堤两端连接至高岗或公路形成防洪封闭圈;西片区东端起点为中汊(高山水库泄水河),沿现状河道至中西汊汇合口,西片区北边界起点为 039 县道燕龙山处,以新开撇洪沟穿过集镇 S220 省道连接至西汊,圩区西边界为 039 县道,南边界为西汊(皖江水库泄水河),为 039 县道至中西汊汇合口,整体形成防洪封闭圈,设计堤顶高程 9.2～19.4 m,堤内地面高程 9～17.2 m,堤顶宽度 1.5～10 m,堤外永安河滩面高程 6～9 m,支汊河底高程 5～15 m。西片区圩内地形较平坦开阔,整体地势北高南低,堤内脚局部分布有坑塘,塘深 1～3 m。

堤段堤防低矮单薄,内、外边坡较陡,防洪能力较低;堤防迎流顶冲或者深泓逼岸;堤后渊塘多,堤防存在险工险段;现有堤顶较窄,部分为土路;部分穿堤涵闸年久失修,防洪能力不足。

2.8.2 堤防加固方案

2.8.2.1 大熟圩堤防加固方案

大熟圩治理堤防总长约 10.0 km,其中永安河干流 2 km 堤段已达标,本次保留现状,对未达标堤段基本沿原堤线进行内帮或外帮加固加高。对迎流顶冲及深泓逼岸或历年出现坍塌崩岸堤段进行外坡硬化及抛石护岸。对堤身填筑质量较差,出现过散浸、渗漏堤段进行堤身锥探灌浆处理。根据地形地貌特点以及地质条件,并综合堤防险情资料,本堤段需加固堤段 8 km,堤段均为内帮加固,部分河段采用外护坡硬化及抛石护岸;部分堤后 15 m 范围内进行填塘,长 3.2 km。

2.8.2.2 小熟圩堤防加固方案

小熟圩治理堤防总长约 3.21 km,其中永安河干流 1.8 km 堤段已达标,本次保留现状,对未达标堤段基本沿原堤线进行内帮或外帮加固加高。对迎流顶冲及深泓逼岸或历年出现坍塌崩岸堤段进行外坡硬化及抛石护岸。对堤身填筑质量较差,出现过散浸、渗漏堤段进行堤身锥探灌浆处理。根据地形地貌特点以及地质条件,并综合堤防险情资料,本堤段需加固堤段 3.21 km,堤段均为内帮加固,部分河段采用外护坡硬化及抛石护岸;部分堤后 15 m 范围内进行填塘,长 0.6 km。

2.8.2.3 双胜圩堤防加固方案

本次工程治理堤防总长约 3.51 km,其中永安河干流 1.2 km 堤段已达标,本次保留现状,对未达标堤段基本沿原堤线进行内帮或外帮加固加高。对迎流顶冲及深泓逼岸或历年出现坍塌崩岸堤段进行外坡硬化及抛石护岸。对堤身填筑质量较差,出现过散浸、渗漏堤段进行堤身锥探灌浆处理。根据地形地貌特点以及地质条件,并综合堤防险情资料,本堤段需加固堤段 2.51 km,均为外帮加固,部分河段采用外护坡硬化及抛石护岸,长 0.3 km;部分堤后 15 m 范围内进行填塘,长 0.3 km。

2.8.2.4 戈家圩堤防加固方案

本次工程治理堤防总长约 7.79 km,其中永安河干流 2.3 km 堤段已达标,本次保留现状,对未达标堤段基本沿原堤线进行内帮或外帮加固加高。对迎流顶冲及深泓逼岸或历年出现坍塌崩岸堤段进行外坡硬化及抛石护岸。对堤身填筑质量较差,出现过散浸、渗漏堤段进行堤身锥探灌浆处理。根据地形地貌特点以及地质条件,并综合堤防险情资料,本堤段需加固堤段 5.39 km,均为外帮加固,部分河段采用外护坡硬化及抛石护岸,长 0.9 km;部分堤后 15 m 范围内进行填塘,长 0.45 km。

2.8.2.5 严桥集镇东片堤防加固方案

本次工程治理堤防总长约 8.1 km，其中永安河中汊干流 1.1 km 堤段已达标，本次保留现状，对未达标堤段基本沿原堤线进行内帮或外帮加固加高。对迎流顶冲及深泓逼岸或历年出现坍塌崩岸堤段进行外坡硬化及抛石护岸。对堤身填筑质量较差，出现过散浸、渗漏堤段进行堤身锥探灌浆处理。根据地形地貌特点以及地质条件，并综合堤防险情资料，本堤段需加固堤段 7.0 km，均为外帮加固，部分河段采用外护坡硬化及抛石护岸，长 0.9 m；部分堤后 15 m 范围内进行填塘，长 1.2 km。

2.8.2.6 严桥集镇西片堤防加固方案

本次工程治理堤防总长约 3.6 km，其中永安河中汊 0.3 km 堤段已达标，本次保留现状，对未达标堤段基本沿原堤线进行内帮或外帮加固加高。对迎流顶冲及深泓逼岸或历年出现坍塌崩岸堤段进行外坡硬化及抛石护岸。对堤身填筑质量较差，出现过散浸、渗漏堤段进行堤身锥探灌浆处理。对于堤外有滩，河道过流断面较为充足，堤内房屋密集，征地拆迁量大。外帮堤段河道较宽，设计洪水位以下外帮占原行洪面积 0.50%~1.16%，对河道行洪影响较小，大量减少堤内房屋征地拆迁，外帮方案合理。

本次治理过程中，东、西两个片区堤防基本沿原堤线或者河岸布置，西片区为了形成防洪封闭圈，拟定两个沿燕龙山的北侧边界堤线走向的方案：方案一是绕过燕龙山，沿着山脚下部分老河道、沟塘，新开东南走向河道至集镇省道，经穿路箱涵向东直至中汊（高山水库泄水河），该撇洪沟长度 1.1 km；方案二是沿着原河道穿集镇至中汊走向，进行全线两岸堤防加高加固，总长度 2.5 km。综合考虑工程占地、房屋拆迁、工程投资、洪水不过境等方面，本次推荐方案一（见图 2.8-1）。

2.8.3 地基处理设计

（1）填塘固基

大熟圩汛期现状以堤内渗水险情为主，局部塘内出现冒砂险情。工程区内现状堤防筑堤土料多为堤线附近取土，并经多次加高培厚而成，部分堤段堤身填土质量差。本次考虑对全段堤内有塘堤段进行堤后 15 m 范围填塘，填筑高程与附近地面一致。总计堤内填塘堤段长 3.2 km，填塘土方 11.7 万 m³。

图 2.8-1　严桥集镇西片区排洪方案比选示意图

(2) 堤身锥探灌浆

除进行削坡加固堤段外,对堤外坡无块石护坡且近年发生散浸险情的堤段采用锥探灌浆加固堤身。

在老堤上施灌,为不破坏土体的结构,压力一般控制在 0.05 MPa 以下,浆液采用砂料含量低、流动性大的黏土料浆,黏粒含量不小于 20%。灌浆原则上范围为老堤堤顶外肩至迎水侧外坡,每延米堤防断面锥探灌浆排数为 4 排。灌浆孔排距为 1.0 m,同排孔距 2.0 m,深入堤基土层 1.0~2.0 m,平面呈梅花形布置。锥探灌浆堤段总长度为 1.3 km。

2.8.4 堤顶道路

根据防汛抢险及工程管理要求,堤顶应全线设置防汛通道,具备车辆通行的条件。堤顶道路采用简易混凝土路面。圩堤顶宽 4～5 m,路面宽 3.5～4.5 m,两侧路肩各 0.25 m。混凝土路面结构为:0.2 m 厚 C30 混凝土面层,0.15 m 厚水泥稳定基层,0.15 m 厚级配碎石基层。路面横向坡比为 2%,向背水坡侧排水。

对现状堤顶路面为混凝土,且堤防已达标的堤段,保留堤段现状道路。现状堤顶为碎石路面或采取加固措施堤段:对于堤顶高程已经达标堤段,直接将原路面整平、碾压,然后直接铺设新路面结构;对原堤顶欠高堤段,先清除现堤顶碎石路面,再回填土方,然后铺设路面结构,并保持沿线堤顶路面平顺。每 0.5～1 km 设置一处错车平台,平台断面宽度 6 m,长度 8 m。

背水坡上堤道路按现状道路位置及线路原址复建,路面结构与堤顶道路相同,路面宽度及设计坡度根据现状具体情况确定(路面宽度不小于 4.5 m),保证与堤顶道路及堤内现状道路平顺衔接。

2.8.5 护坡工程设计

2.8.5.1 现状情况

永安河流域堤防现状大部分为草皮护坡,局部迎流顶冲堤段、深泓逼岸堤段有混凝土硬护坡,其中有一部分堤段堤脚有抛石防护。河道凹岸以及主流贴岸无外滩堤段,在大洪水年份也出现过不同程度的塌岸等险情。

2.8.5.2 设计原则及主要范围

1) 拟定原则
对于符合下述条件的堤段,采用硬护坡:
(1) 迎流顶冲和河道弯曲的凹岸;
(2) 深泓逼岸、砂壤土和粉砂层出露的堤段;
(3) 近年来迎水面冲刷严重,发生塌岸险情的堤段。
2) 范围确定
按照以上原则,进行外护坡硬化及抛石护岸,长 2.9 km。

2.8.5.3 护坡型式比选

对冲刷严重的堤防,工程上常用的硬护坡型式有干砌块石护坡、混凝土预制块护坡、自锁式混凝土预制块护坡和现浇混凝土护坡等。几种护坡型式的优缺点简述如下：

(1) 现浇混凝土护坡：现浇混凝土消浪效果差,适应堤坡变形能力差,易开裂。

(2) 干砌块石护坡：石块表面不平整,能够起到很好的消浪作用,抗冲刷能力较强,能很好地适应坡变形,但容易遭到破坏。

(3) 混凝土预制块护坡：工厂化预制,施工方便,但与生态要求有差距。

(4) 自锁式混凝土预制块护坡：工厂化预制,施工速度快。采用楔形榫槽,四边穿插式组装,具有一定的柔性和可靠的稳定性,符合生态要求。

经比较分析,现浇混凝土护坡易开裂,不易维护,本次不考虑；混凝土预制块护坡使用范围广、易于施工,但与自锁式混凝土预制块护坡相比,工程量相对较大。因此,本次选择干砌块石和自锁式混凝土预制块护坡型式,进行投资比较。初步拟定护坡结构型式如下：干砌块石护坡,护坡厚度 30 cm,向下依次铺设 10 cm 碎石和 10 cm 粗砂垫层；自锁式混凝土预制块护坡,预制块厚度 12 cm,下铺 10 cm 的碎石垫层。两种方案投资差别不大,考虑到自锁式混凝土预制块更利于施工和维护,本阶段推荐外坡采用自锁式混凝土预制块护坡,护坡范围从堤脚直至设计水位,设计水位到堤顶外坡采用草皮护坡。

其余加固堤段和新堤内坡无抗冲刷要求的,均可采用投资较省的草皮防护。内坡防护范围从内堤脚以上内坡直到堤顶。

2.8.6 护岸工程设计

2.8.6.1 设计原则及主要范围

结合堤防现状情况和近年来的崩岸险情,对深泓逼岸、迎流顶冲的凹岸和近年发生崩岸险情的堤段进行护岸处理。本阶段,抛石护岸总计长 2.9 km。

2.8.6.2 护岸型式比选

护岸工程型式通常有抛石、模袋混凝土、模袋砂、柴排、铅丝笼块石及各种混凝土异形体等多种型式。其中铅丝笼块石及各种混凝土异形体,适用于防冲要求高、流速较大的地方,但其造价较高；柴排临时抢护效果较好,但因材料易腐烂而失去抗冲能力，不宜作为永久护岸型式。本次设计仅对抛石、模袋混凝土和模袋砂护岸型式进行重点比较。

抛石护岸是传统的护岸型式，具有抗冲能力较强、自我调整能力强的优点，且取材容易，施工简单灵活，无论新护或加固均可采用，因此应用较为广泛。但抛石工程整体性较差，运行期间需加以补充维护。

模袋混凝土是由土工织物缝制成的大面积连续袋状材料，袋内充填混凝土或水泥砂浆，凝固后形成整体混凝土板。模袋混凝土护岸具有整体性好、抗冲能力强、施工快捷、整齐美观的特点，但适应岸坡变化能力不强，且施工技术要求和工程造价相对较高，一般用于抗冲要求较高的岸段。

模袋砂，其型式与模袋混凝土相似，但充灌材料为泥沙。由于模袋砂具有施工快捷方便、能就地取材和较好地适应岸坡变形的特点，并且造价较低，也常用于水下边坡较缓的护岸。但模袋容易损坏，且泥沙的易流动性，也使得模袋砂的应用范围受到一定限制。

综上所述，考虑到本工程护岸段边坡较陡，大熟圩护岸段采用水下抛石防护型式。

2.8.6.3　护岸工程设计

抛石护岸具有抗冲能力较强、自我调整能力强的优点，且可部分利用本工程拆除的块石料，施工灵活。但抛石工程整体性较差，抛石原料及施工质量需严格控制，运行期间需加强维护。

抛石粒径的确定应综合考虑抗冲、动水落距、良好级配及石源条件等方面因素。

抛石厚度的确定应以抛石后的河床不再受到水流淘刷、侵蚀为原则。根据《堤防工程设计规范》(GB 50286—2013)，抛石厚度不宜小于抛石粒径的2倍，水深流急处宜增大，本工程抛石厚度取1.0 m。

抛石宽度依据下述原则进行：一般堤段水下抛石固脚向上抛至设计枯水位+0.5 m高程，一般考虑3 m宽抛石平台，向下抛至深泓处（或坡度较缓处），抛石宽度15 m。

2.9　排涝泵站工程规划设计

设计泵站8座，其中严桥镇4座、大小熟圩2座、戈家圩2座。本次设计主要以河拐站为例进行研究。

2.9.1 主要设计参数

泵站特征水位及扬程见表 2.9-1。

表 2.9-1 泵站特征水位及扬程表

设计参数		严桥1#排涝站	严桥3#排涝站	河拐站
排涝标准		10年一遇	10年一遇	10年一遇
汇水面积(km^2)		0.80	5.27	7.30
设计流量(m^3/s)		2.00	5.00	8.76
进水池特征水位(m)	最高水位	9.20	10.30	10.10
	最高运行水位	7.70	9.20	9.50
	设计运行水位	7.00	8.50	8.80
	最低运行水位	6.50	8.00	8.30
出水池特征水位(m)	防洪水位	11.46	11.50	11.33
	最高运行水位	11.21	11.20	11.07
	设计运行水位	10.70	10.74	10.80
	最低运行水位	7.70	9.20	10.50
设计扬程(m)	最高净扬程	4.71	3.20	2.27
	设计净扬程	3.70	2.24	2.00
	最低净扬程	0.00	0.00	1.00

2.9.2 工程选址

1）选址原则

（1）站址应根据泵站规模、运行特点和综合利用要求，考虑地形、地质、对外交通、占地、进出水主槽位置、施工、管理等因素，经技术经济比较选定；

（2）站址应对周围建筑物影响小，占地及拆迁少，尽量利用周围已有道路、电力、电信等公用设施；

（3）站址处应交通便利，便于施工和工程管理，工程投资较少，对周边环境影响小；

（4）站址宜选择在排水区地势低洼、能汇集排水区涝水且靠近承泄区的地点。排水泵站出水口不应设在迎溜、崩岸或淤积严重的河段。

（5）站址地形、地质、水流等自然条件宜便于工程建筑物及施工场地布置，以节约工程投资。

2）站址选择

河拐站站址示意图见图 2.9-1。

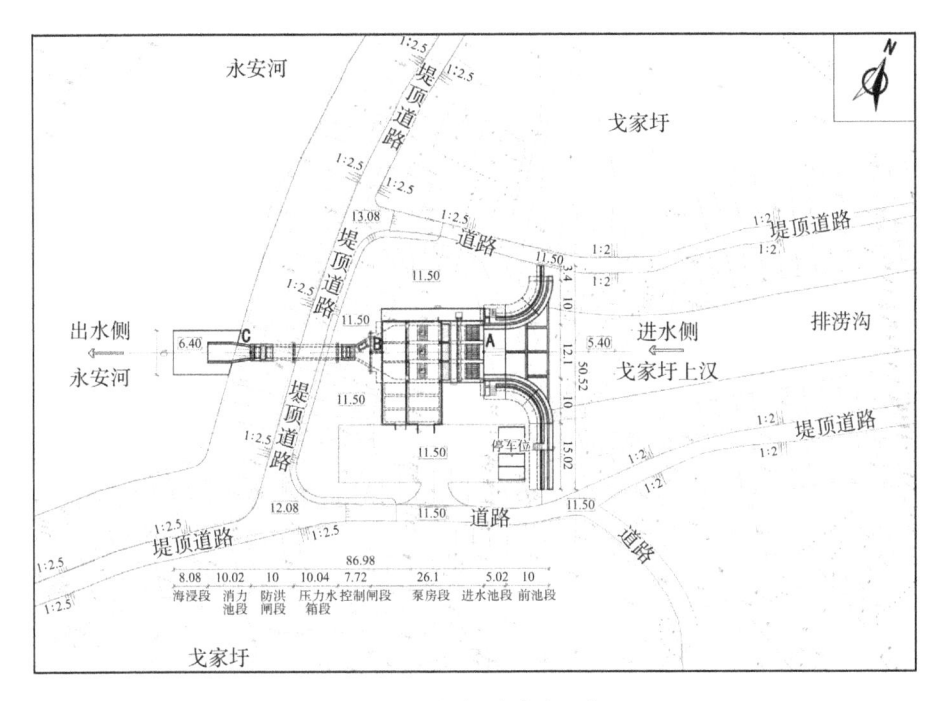

图 2.9-1　河拐站站址示意图

2.9.3　工程布置

1）总体布置原则

① 工程规模需满足片区总体排涝能力的要求。

② 工程总体布置需与站址处现有景观相融合，减少对现有景观、绿化的破坏，避免重复建设。

③ 整体布置尽量减少占地范围，同时满足防洪、排涝等功能要求，对外交通便利。

④ 泵站管理用房等布置应紧凑合理，管理调度方便，利于设备布置、安装运行及监测。

2）泵站机组台数选择

对水泵型式及水泵台数的选择应根据排涝水泵设计扬程、使用时间等因素确定，并结合当地已建工程案例以及运行管理经验，选择安全可靠的泵型和泵房结构布置型式。

(1) 机组台数

各泵站排涝标准为10年一遇,正常情况下,泵站全开的时段很短,有充裕的检修时间,故可确定本工程不必设置备用泵。

根据《泵站设计标准》(GB 50265—2022),主泵的台数应根据工程规模及建设内容进行技术经济比较后确定。

(2) 泵型选择

根据各泵站设计流量及扬程,通过对主泵运行的安全性、稳定性及灵活性的比较,并综合考虑安徽当地泵型使用情况、机组造价、维修管理等因素,确定本站主泵选用立式轴流泵。

3) 总体布置

河拐站主要建筑物由主泵房(包括副厂房)、进水池、控制闸、穿堤箱涵、防洪闸等组成。泵站根据站址处的地形条件进行布置,拟建河拐站位于永安河戈家圩堤防内侧,泵站进水池与戈家圩上汊基本顺直,穿堤箱涵轴线与永安河戈家圩堤防轴线约74°斜交。

泵房采用堤后式布置形式,由地下泵房、主厂房、副厂房及安装间组成。厂区各建筑物均在堤防内侧布置。主厂房内共设3台单机流量2.92 m³/s的立式轴流泵,按"一"字形布置,机组中心线对齐。安装间根据进场道路的布置设于主厂房南侧,基础与主泵房结构一起布置。泵室底板顶高程5.00 m,顺水流向长26.10 m,垂直水流向宽13.90 m。电机层高程11.80 m。出水箱涵底板顶面高程5.00 m,顶板顶面高程11.00 m。泵房上部设主厂房,主厂房垂直水流向长23.40 m(含安装间),宽9.50 m。主厂房内安装有一台20/5 t电动双梁桥式起重机,以满足机组安装、检修需要。

泵室分为上下两层,上层为压力水箱,与水泵出水口相连,下层为自排涵洞,上下两层采用0.5 m厚钢筋混凝土隔板分隔。压力水箱末端设置控制闸门,水泵抽排时关闭控制闸门以防止水流通过下层自排涵洞返回内河侧,闸门通过启闭机启闭,启闭机采用密封结构,防止外河水位高时漏水。

控制闸通过下层流道控制泵站的自引自排。外河水位高引水时,通过开启控制闸向内河引水;内河水位高排涝、外河水位较低时,通过控制闸进行排涝。控制闸段底板顶高程5.00 m,顺水流向长7.70 m,垂直水流向宽3.50~8.69 m,上下层隔板顶高程7.30 m,顶板顶面高程11.00 m。

控制闸后接穿堤箱涵,共长10.00 m,出水箱涵穿过永安河戈家圩堤防,外侧设一座防洪闸,既保证泵站和大堤的防洪安全,又兼做泵闸下游的事故闸门。防洪闸为1孔,孔口尺寸2.5 m×2.5 m,底板顶面高程6.40 m。

管理区内设置交通道路,对外利用现有道路进厂,交通方便灵活。

综上所述,本工程布局满足防洪、排涝等综合功能的要求,交通方便。主体占地面积较小、高度适中,布置紧凑合理,建筑风格与周边环境协调融合,兼顾景观的总体布置。防冲消能设施与上下游河道平顺连接,水流平顺。

2.9.4 河拐站主要建筑物设计

1) 设计原则

泵站水工结构设计在满足挡水、排涝功能外,结构安全可靠,布置紧凑合理,功能齐全,使用灵活方便,便于施工,施工周期较短,投资合理。

工程建筑物包括:主泵房(包括副厂房)、进水池、控制闸、穿堤箱涵、防洪闸等。

建筑物的设计按以下原则进行:

① 满足工程功能及相关设计规范要求;
② 本站结构布置合理,造价经济,管理方便;
③ 建筑风格简洁明快,与周边环境相融,并体现当地建筑特色、历史文化;
④ 满足设备布置、安装、运行及检修的要求;
⑤ 技术先进、安全可靠、管理方便、整齐美观;
⑥ 施工便利。

2) 泵房设计

(1) 泵室布置

泵房采用堤后式布置形式,由地下泵房、主厂房、副厂房及安装间组成。厂区各建筑物均在堤防内侧布置。主厂房内共设 3 台单机流量 2.92 m³/s 的立式轴流泵,按"一"字形布置,机组中心线对齐。安装间根据进场道路的布置设于主厂房南侧,基础与主泵房结构一起布置。泵室底板顶高程 5.00 m,顺水流向长 26.10 m,垂直水流向宽 13.90 m。电机层高程 11.80 m。出水箱涵底板顶面高程 5.00 m,顶板顶面高程 11.00 m。泵房上部设主厂房,主厂房垂直水流向长 23.40 m(含安装间),宽 9.50 m。主厂房内安装有一台 20/5 t 电动双梁桥式起重机,以满足机组安装、检修需要。泵室分为上下两层,上层为压力水箱,与水泵出水口相连,下层为自排涵洞,上下两层采用 0.5 m 厚钢筋混凝土隔板分隔。

泵房纵剖面如图 2.9-2 所示。

(2) 站基渗流计算

本阶段采用渗径系数法进行估算,泵房底板坐落在②层淤泥质粉质黏土上,渗透系数为 7.18×10^{-7} cm/s。

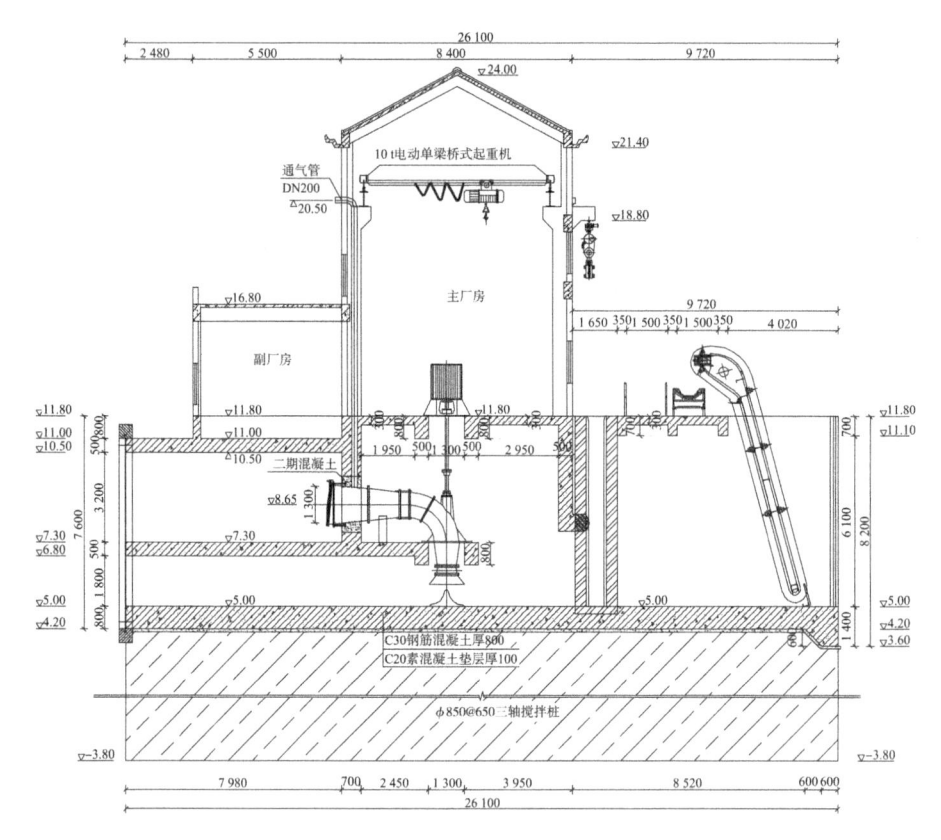

图 2.9-2 泵房纵剖面图

泵房基底的防渗长度，应不小于地基允许渗径系数与内、外河水位差之积，即 $L \geqslant C \times \Delta H$。参照《水闸设计规范》(SL 265—2016)，地基土允许渗径系数值 C 取 4。

泵房防渗计算最大水位差 $\Delta H = 2.27$ m（泵站最高运行水位），需要的防渗长度 $L \geqslant C \times \Delta H = 9.08$ m，设计泵房防渗长度为 58.88 m，防渗长度满足要求。

3) 控制闸设计

压力水箱末端设置控制闸门，水泵抽排时关闭控制闸门以防止水流通过下层自排涵洞返回内河侧，闸门通过启闭机启闭，启闭机采用密封结构，防止外河水位高时漏水。控制闸通过下层流道控制泵站的自引自排。外河水位高引水时，通过开启控制闸向内河引水；内河水位高排涝、外河水位较低时，通过控制闸进行排涝。控制闸段底板顶高程 5.00 m，顺水流向长 7.70 m，垂直水流向宽 3.50～8.69 m，上下层隔板顶高程 7.30 m，顶板顶面高程 11.00 m。

4) 泵站穿堤箱涵及防洪闸设计

(1) 结构布置

控制闸后接穿堤箱涵,共长 10.00 m,出水箱涵穿过永安河戈家圩堤防,外侧设一座防洪闸,既保证泵站和大堤的防洪安全,又兼做泵闸下游的事故闸门。防洪闸为 1 孔,孔口尺寸 2.5 m×2.5 m,底板顶面高程 6.40 m。

(2) 防洪闸稳定计算

取整个节制闸作为计算单元进行稳定计算和基底应力计算。

计算工况主要有:完建工况、防洪工况、检修工况。

闸室底板均坐落在②层淤泥质粉质黏土上,$I_L=1.01$,由《水闸设计规范》(SL 265—2016)可知,若 $I_L>1$,土呈流塑状,属软弱土。基底面与地基之间的摩擦系数按《水闸设计规范》(SL 265—2016)7.3.10 取 $f=0.2$。经过计算,地基允许承载力不满足规范要求,需进行地基处理。

2.9.5 地基处理设计

1) 方案比选

根据《建筑地基处理技术规范》(JGJ 79—2012)、《地基基础设计标准》(DGJ 08—11—2018)及《水闸设计规范》(SL 265—2016),地基加固的方法主要有换填法、预压法、深层搅拌法、高压喷射注浆法、打入桩或钻孔灌注桩法等。

换填法受换填厚度的限制一般不适合用于控制沉降。

预压法分加载预压法和真空预压法两类,适用于处理淤泥质土、淤泥和充填土等饱和黏性土地基。加载预压法必须在基坑开挖后再加载,基坑暴露时间过长,施工周期将大幅度延长。真空预压法处理地基必须设置砂井或塑料排水带。另外,真空预压法的施工周期也比较长,在已开挖好的基坑内实施真空预压,使得施工周期延长,给基坑支护、上下游临时围堰的安全度汛、施工期导流都带来了不便。

深层搅拌法适用于处理淤泥质土,施工工艺要求较高,施工质量难以控制。根据以往的工程经验,在含水量较高的淤泥质粉质黏土上用水泥搅拌桩加固地基应用较广泛,但水泥搅拌桩施工周期长。

高压喷射注浆法(按注浆形式的不同分为旋喷注浆、定喷注浆和摆喷注浆三种类型)适用于淤泥质土、黏性土、粉性土等地基,如果土层有机质等含量较多,会影响固结体的化学稳定性。在基坑防渗、挡土支护和坑底加固方面则应用广泛。

打入桩或钻孔灌注桩法的地基加固效果较好,施工方法成熟简单,施工速度快。

针对本工程地基特点,本阶段主要考虑桩基础、深层搅拌法和高压喷射注浆加固三种方法。

本工程主体结构地基均落在②层淤泥质粉质黏土上,该层物理力学性质差,承载力特征值为 55 kPa,根据近年类似工程经验,结合本工程的实际情况和闸址的地质条件及工期和造价等因素,地基处理现阶段统一采用 $\phi 850@650$ 三轴搅拌桩,泵房、控制闸、翼墙部分桩长取 8.0 m,防洪闸段桩长取 9.0 m。

2)地基处理后复核地基计算

根据《建筑地基处理技术规范》(JGJ 79—2012),经计算,复合地基承载力特征值为 124.7 kPa,故竖向承载力满足设计要求。

2.9.6 结构受力分析

利用三维有限元计算软件 ABAQUS,对泵站主体在完建期工况下进行结构内力计算,了解泵站主体结构三维应力分布规律及受力状态,用以指导泵站等结构设计(图 2.9-3)。

在进水闸和泵站主体结构中最大主应力为 2.55 MPa(图 2.9-4),最小主应力为 0.49 MPa,底板、闸墩等应力分布比较均匀,未出现应力集中现象。

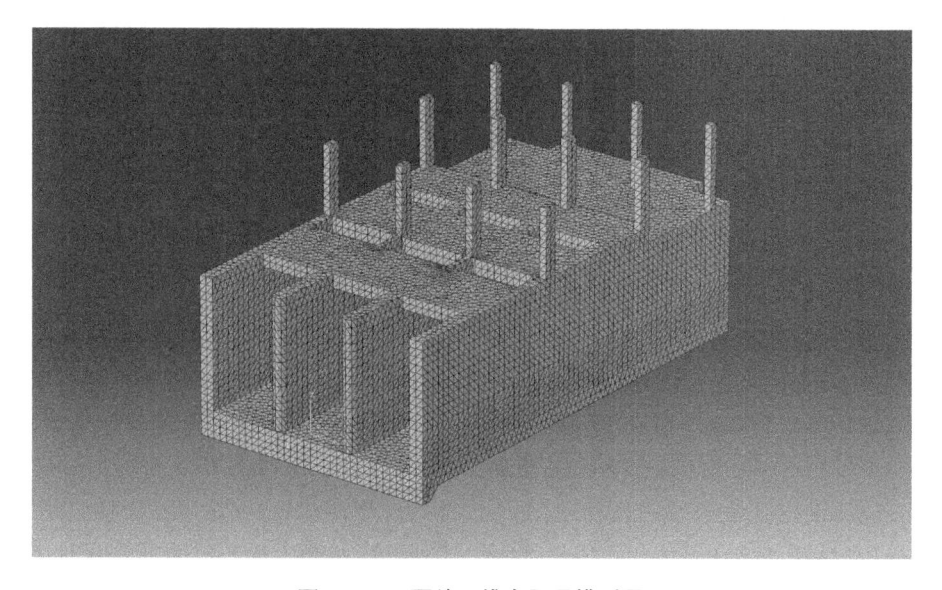

图 2.9-3 泵站三维有限元模型图

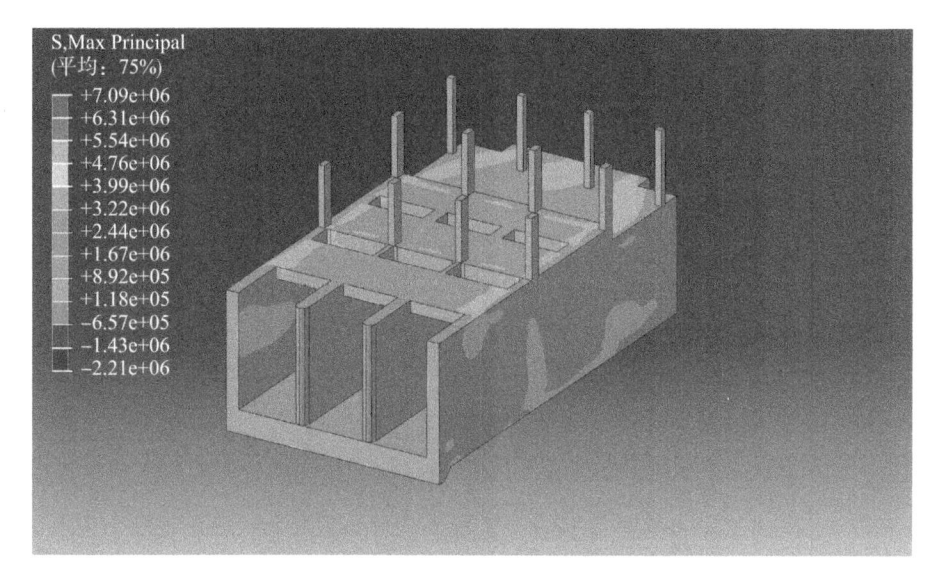

图 2.9-4　泵房主体最大主应力分布云图

2.9.7　水流流态分析

由于泵站在布置轴线时需要综合考虑出水渠道位置和内河连接渠道位置的合理性等因素，这可能造成泵站轴线和引水河道存在一定的夹角，而且根据运行调度方式的不同，导致主流在进流时往往会产生偏流、回流、吸气涡等不良流态。为了保证泵站进出水建筑物布置的合理性，尤其是保证河拐站在各调度工况下安全稳定运行，河拐站在设计过程中采用 BIM 软件建立泵站进水流域三维模型，利用 ANSYS 软件对泵站进出水流态进行有限元分析，对进出水不良流态出现的位置及成因进行分析，通过对比设计方案，优化调整泵站的进出水建筑物的布置形式和泵站运行调度方式，从而保证泵站安全高效运行。

为了保证分析结果的精确性，河拐站三维模型主要包括闸前 200 m 引河、前池、进水流道等结构。

（1）泵站运行工况流态分析结果（开 3 台泵）

泵站在承担防洪除涝任务时，需要 3 台泵全部运行。在 3 台泵同时运行期间，泵站进水流态顺直是保证泵站安全稳定运行的必要条件之一。

河拐站引河轴线沿现状圩内河道主槽布置，水泵进水轴线与河道轴线相交呈 171°，属于典型正向进水泵站，从流速云图及流速矢量图（图 2.9-5～图 2.9-7）可以分析得出，河拐站在 3 台水泵一同运行过程中主流流线基本顺直。各个进水流道

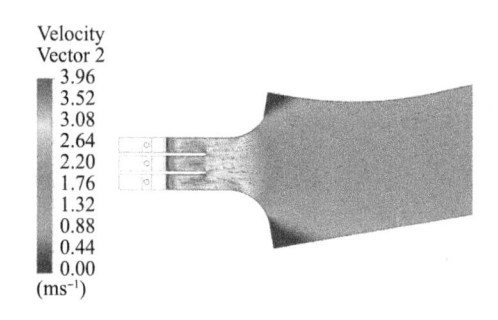

图 2.9-5　河拐站表层流场及流速矢量云图

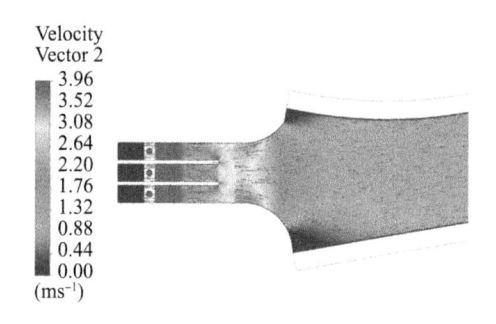

图 2.9-6　河拐站 0.6 倍水深流场及流速矢量云图

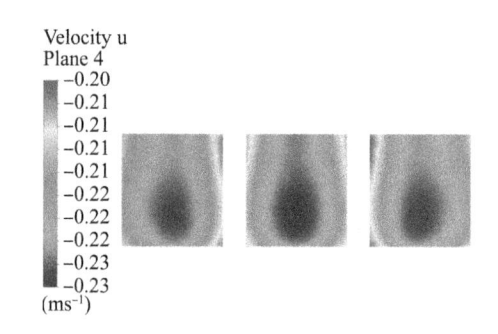

图 2.9-7　河拐站运行工况流道进口垂向流速云图

垂向流速分布均匀,高流速区基本处于流道中心位置,水泵进水流道流速均匀度可以达到 96.91%,说明河拐站在运行过程中可以保证进水流流态的安全、稳定、高效。

（2）泵站运行工况流态分析结果（开 2 台泵）

在泵站运行过程中,当泵站需要开 2 台泵进行排水时,由于进水断面缩小,主流在进入流道时会产生偏折,根据不同水泵机组开启组合,又会导致前池出现漩涡等不良流态,下面对河拐站 2 台泵不同机组组合开启方案流态进行分析（图 2.9-8、图 2.9-9）。

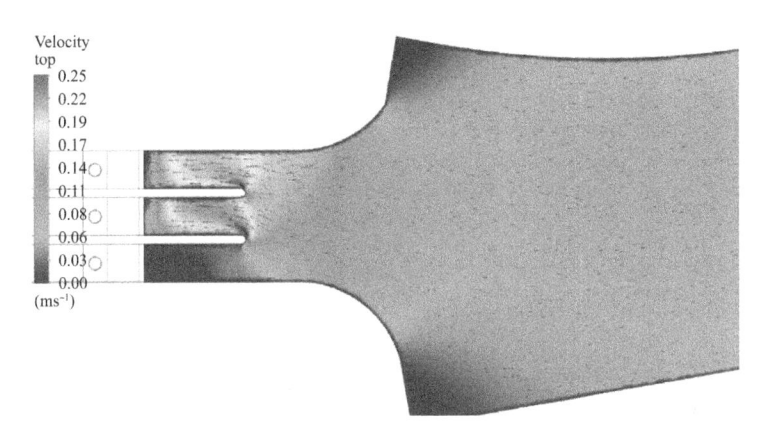

(a)方案一：1#、2#泵同时运行

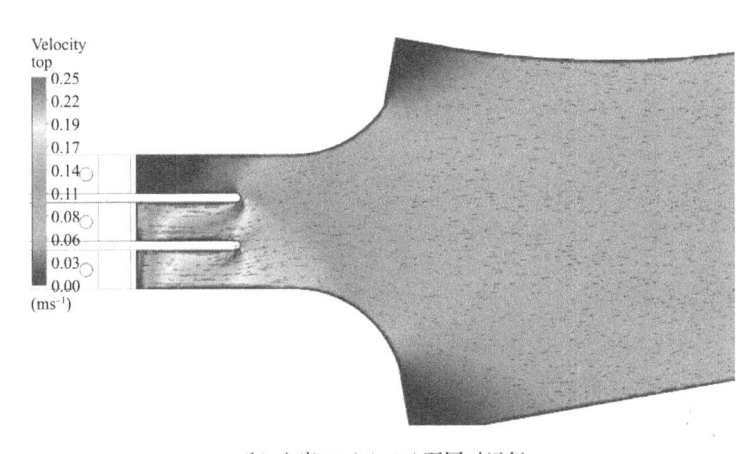

(b)方案二：2#、3#泵同时运行

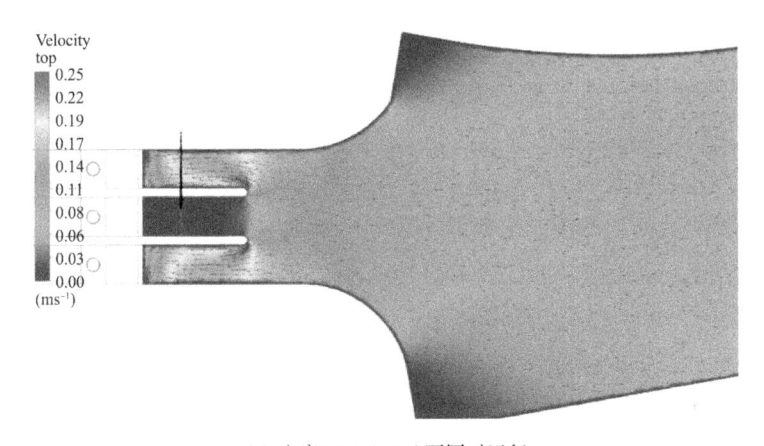

(c)方案三：1#、3#泵同时运行

图 2.9-8　河拐站表层流场及流速矢量云图(开 2 台泵工况)

(a) 方案一:1♯、2♯泵同时运行　　　(b) 方案二:2♯、3♯泵同时运行

(c) 方案三:1♯、3♯泵同时运行

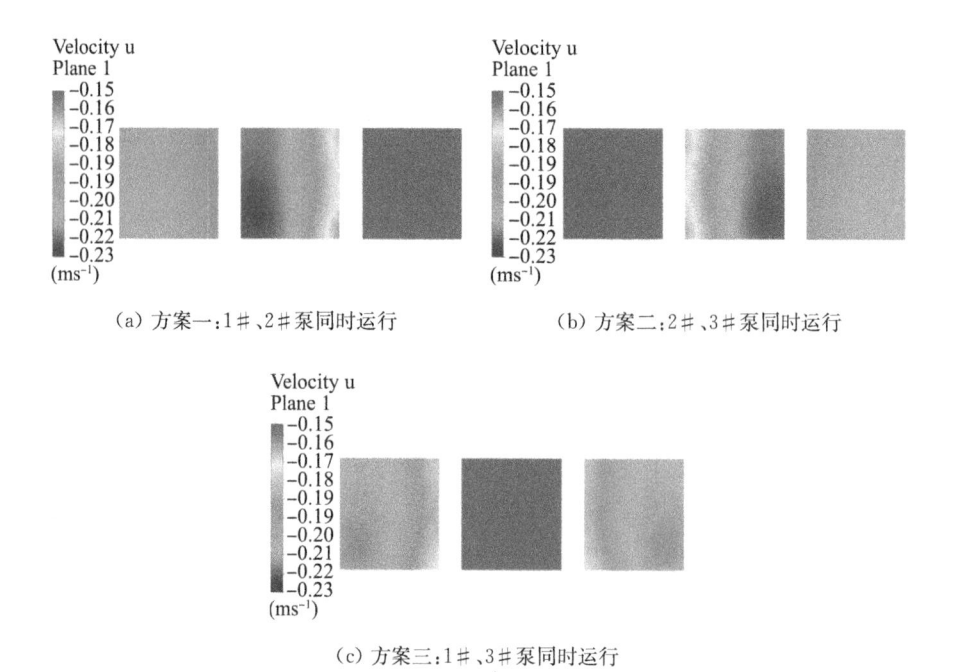

图 2.9-9　河拐站流道进口垂向流速云图(开 2 台泵工况)

由于进水断面的缩小,主流进入前池时轴线产生一定的偏移,与水泵轴线之间夹角增大,方案一由于夹角较大,水流在经过 1♯和 2♯流道闸墩时均产生脱壁流等不良流态,不利于水泵安全高效运行。方案二主流与泵轴线夹角小于方案一,但水流在经过 2♯和 3♯流道闸墩时同样产生脱壁流等不良流态,不利于水泵安全高效运行。方案三主流与泵轴线夹角小于其他两种同时开启方案,水流在经过 1♯和 3♯流道闸墩时产生的脱壁流也轻于其他两种开启方案,更利于水泵安全高效运行。相比较方案一和方案二,方案三两个流道内流速分布明显更加均匀,进流高速区也更加靠近流道中心位置,更利于水泵运行。因此,当需要开启 2 台水泵工作时,建议同时开启 1♯和 3♯水泵机组。

(3) 泵站运行工况流态分析结果(开 1 台泵)

在泵站运行过程中,当泵站需要开 1 台泵机组进行排水时,由于进水断面缩小,主流在进入流道时会产生偏折,导致前池出现漩涡等不良流态,下面对河拐站 3 台泵单独开启时的流态进行分析(图 2.9-10、图 2.9-11)。

由于进水断面的缩小,主流进入前池时轴线产生一定的偏折,与水泵轴线之间夹角增大,当 1♯泵和 3♯泵各自单独运行时,由于夹角较大,水流在经过闸墩时产生脱壁流等不良流态,并在水泵进口附近产生回旋,不利于水泵安全高效运

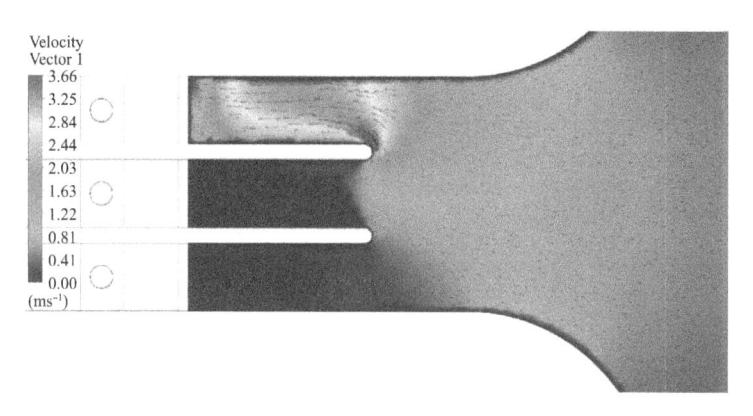

(a) 1#泵运行时表层流场及流速矢量云图

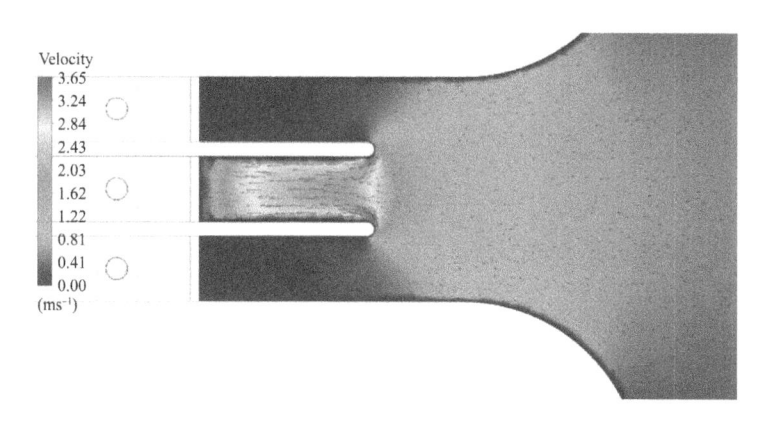

(b) 2#泵运行时表层流场及流速矢量云图

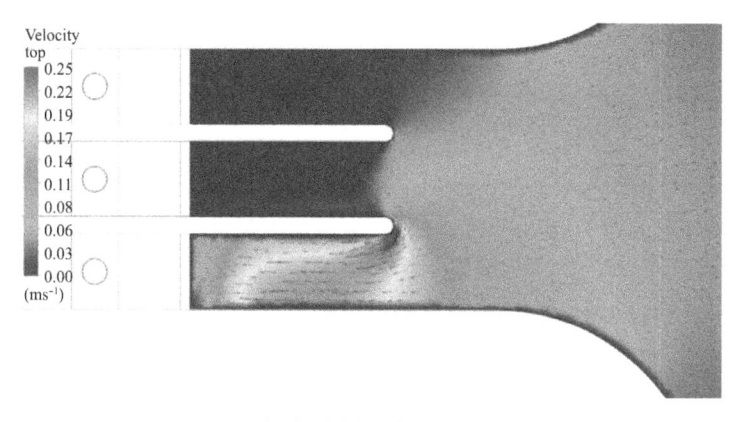

(c) 3#泵运行时表层流场及流速矢量云图

图 2.9-10　河拐站表层流场及流速矢量云图（开 1 台泵工况）

(a) 1#泵运行时流速云图　　(b) 2#泵运行时流速云图

(c) 3#泵运行时流速云图

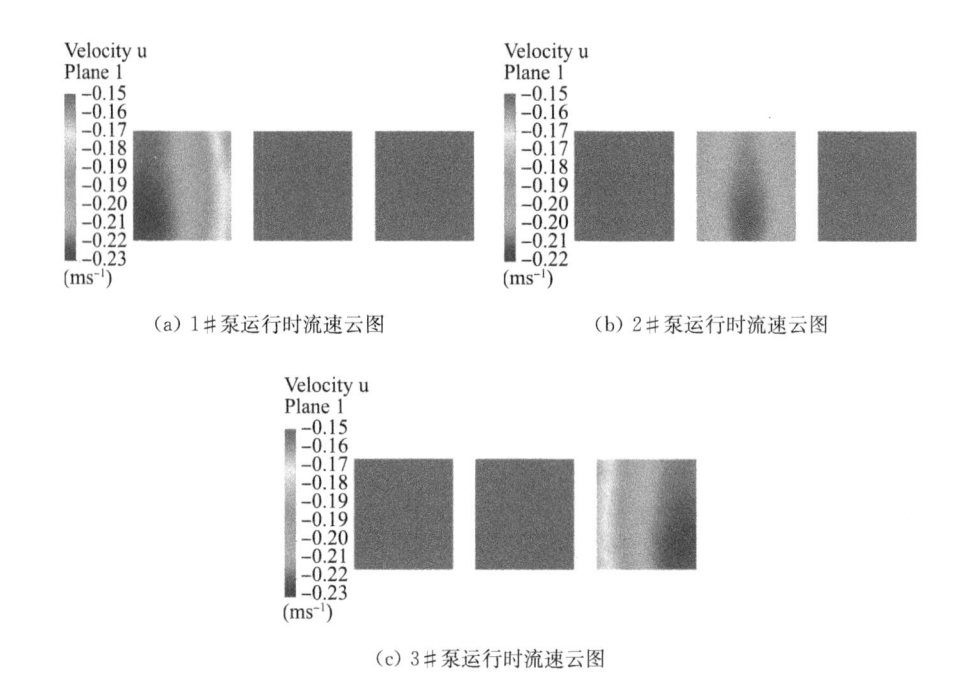

图 2.9-11　河拐站流道进口垂向流速云图(开 1 台泵工况)

行。当 2#泵单独运行时,虽然进水断面缩小,但主流与泵轴线夹角基本不变,水流仍能够平稳地进入进水流道。当 1#泵和 3#泵单独运行时,流道内进流高速区贴近闸墩,流态较差,相比之下,2#泵单独运行时,进流高速区仍位于流道中心位置,更利于水泵运行。因此,当需要开启 1 台水泵工作时,建议开启 2#泵机组。

2.9.8　建筑设计

1) 建筑设计原则

建筑设计既要体现当地文化内涵,又要体现水利工程的识别性和个性。

2) 建筑设计方案

"一水平川,古城风韵,醉入梦乡"——建筑景观体现当地文化内涵,既保持了传统建筑的精髓,又有效地融合了现代设计因素。

项目位于安徽省无为市,当地的自然景观积淀着丰富的文化内涵,"无为"取"思天下安于无事,无为而治"之意,是"有为"的最高境界,是《道德经》中的思想核心,是治国理政、修身齐家的智慧方法。

当地的建筑风格是我国成熟的古建筑流派之一徽派建筑,在中国建筑史上占有举足轻重的地位。

本项目的建筑采用仿古风格,通过利用现代建筑材料,对传统古建筑形式进行再创造,既保持了传统建筑的精髓,又有效地融合了现代设计因素,在改变了传统建筑的使用功能的同时,也增强了建筑的个性。建筑整体长 23.4 m,高 13.9 m,白墙黛瓦,歇山屋面,飞檐翘角,突出了建筑精美壮观的外在形象。

工程区域襟江带河、水清岸绿、风光秀丽,"水光万顷开天镜,山色四时环翠屏",建筑设计中同样注重与周边自然景观与人文环境的和谐与协调,体现当地水文化、水景观的内涵,将仿古风格融入泵站建筑设计中,创造出"一水平川,古城风韵,醉入梦乡"意境。

2.10 涵闸工程规划设计

设计涵闸 26 座,其中严桥镇 16 座、戈家圩 3 座、大小熟圩 7 座,具体情况见表 2.10-1。本次规划设计主要以八房 2#闸、横塘闸 2 座涵闸为例。

表 2.10-1　涵闸基本信息表

序号	圩口	名称	功能	拟建尺寸 孔宽(m)	拟建尺寸 孔高(m)	备注
1	严桥镇	胡家山闸	自排	1.5	1.8	改建
2		草庙路闸	自排	2	2	改建
3		燕龙山 1#闸	自排	2	2	改建
4		燕龙山 2#闸	自排	1.5	1.8	改建
5		燕龙山 3#闸	自排	1.5	1.8	改建
6		汪村闸	自排	2	2	新建
7		严桥镇南涵闸	自排	1.5	1.5	新建
8		高家庄 1#闸	自排	1.5	1.8	改建
9		高家庄 1#闸	自排	1.5	1.8	新建
10		钟家桥闸	自排	1.5	1.8	改建
11		仓房闸	自排	1.5	1.8	改建
12		八房 1#闸	自排	1.5	1.8	改建
13		八房 2#闸	自排	1.5	1.8	新建
14		油坊 1#闸	自排	1.5	1.8	改建
15		油坊 2#闸	自排	1.5	1.8	改建
16		油坊 3#闸	自排	1.5	1.8	改建

续表

序号	圩口	名称	功能	拟建尺寸 孔宽(m)	拟建尺寸 孔高(m)	备注
17	戈家圩	徐岗闸	自排	1.5	1.8	改建
18	戈家圩	西涵闸	自排	1.5	1.8	改建
19	戈家圩	横塘闸	自排	1.5	1.8	改建
20	大小熟圩	王石洼1#闸	自排	1.5	1.8	改建
21	大小熟圩	小熟圩闸	自排	1.5	1.8	改建
22	大小熟圩	先锋闸	自排	1.5	1.8	改建
23	大小熟圩	牛头嘴闸	自排	1.5	1.5	改建
24	大小熟圩	城门沟闸	自排	1.5	1.8	改建
25	大小熟圩	张家斗门闸	自排	1.5	1.8	改建
26	大小熟圩	范洼闸	自排	1.5	1.8	改建

2.10.1 工程选址

涵闸工程总体布置根据河段整体综合治理方案的要求、地形、地质、水流及运用条件确定,力争做到紧凑、合理、经济、协调等。水闸主要由护坦段、内河消力池段、穿堤箱涵段、水闸段、外河消力池段、海漫段等组成。考虑运行管理方便,在水闸上部根据具体情况设置启闭机室(图2.10-1、图2.10-2)。

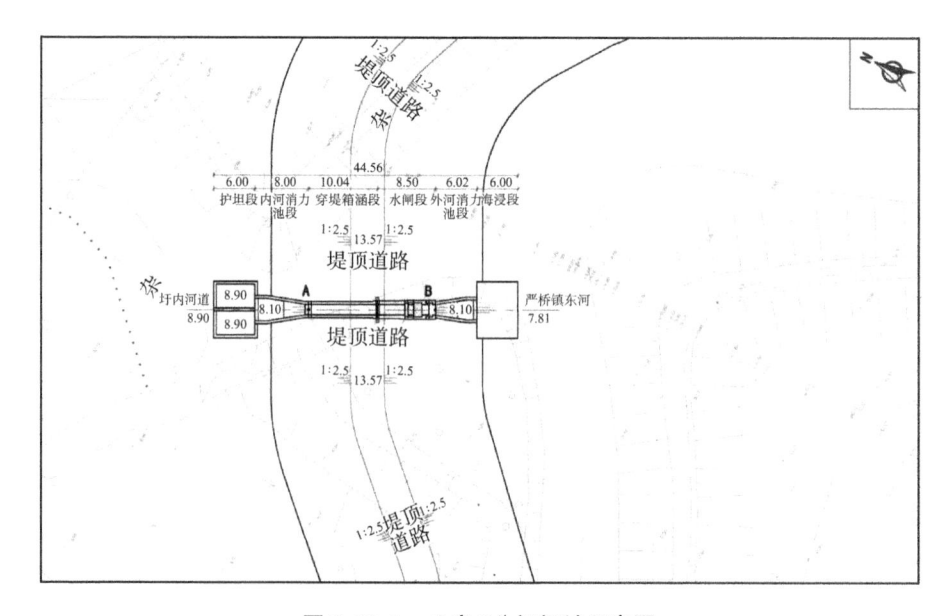

图 2.10-1 八房 2#闸闸址示意图

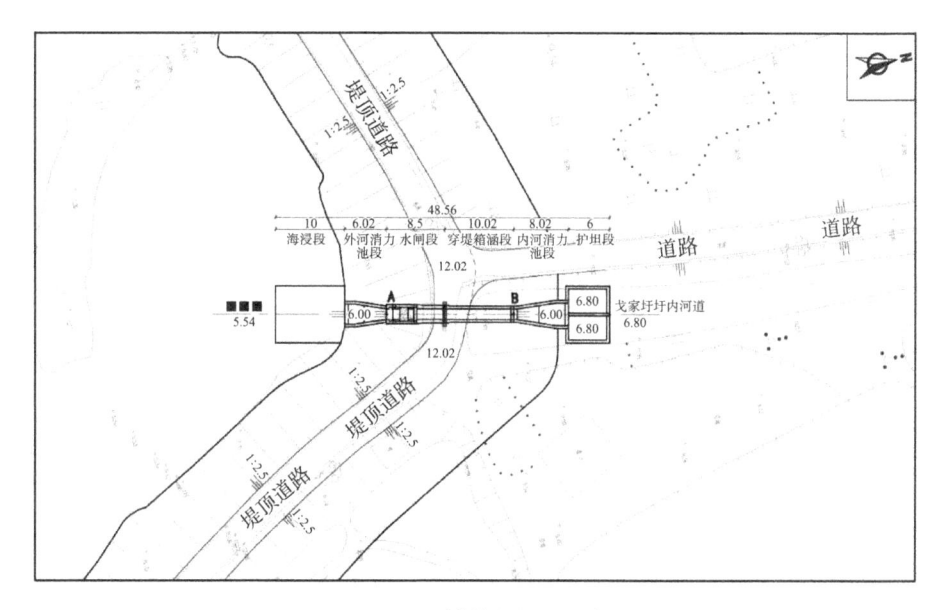

图 2.10-2　横塘闸闸址示意图

2.10.2　八房 2♯闸结构设计

1）护坦段

为防止水流对水闸基础淘刷,在内河消力池与引渠衔接处采用 35 cm 厚 C20 灌砌块石护砌,其下依次设 15 cm 厚碎石垫层、15 cm 厚中粗砂垫层和土工布一层。护砌长度为 6.0 m,护砌宽度为 8.0 m。

2）内河消力池段

内河消力池为下挖式消力池,C30 钢筋混凝土结构,长 8.00 m。消力池底板上游宽度为 4.00 m,高程为 8.10 m,以 1∶4 的坡比放至消力池底板下游高程为 8.90 m,宽度约 2.30 m。

3）水闸及穿堤箱涵段

水闸为单孔,闸室净宽 1.50 m、净高 1.80 m,采用 C30 钢筋混凝土结构,底板顶高程为 8.90 m,闸墩顶高程为 11.90 m,闸门顶高程为 10.70 m。闸室顶上设 1.50 m 宽的踏步以连接启闭机房与连通堤顶道路。

闸室底板为等厚筏式平底板,顺水流向 8.50 m,垂直水流向 2.70 m。闸墩与底板整接。边墩考虑挡土及结构受力要求,厚度为 0.6 m,闸室设一道工作闸门,闸门为平面钢闸门,启闭设备采用手电两用螺杆式启闭机。启闭机平台高程为 15.11 m。

穿堤箱涵布置在水闸上游,长为10.0 m。穿堤箱涵采用现浇钢筋混凝土结构,底板顶面高程为8.90 m。箱涵为单孔,孔口尺寸为1.5 m×1.8 m。接缝部位均设钢筋混凝土包箍,缝间贴两毡三油,缝内止水。

4) 外河消力池段

消力池为下挖式消力池,C30钢筋混凝土结构,长为6.00 m。消力池底板上游宽度为2.30 m,高程为8.90 m,以1:4的坡比放至高程为8.10 m,消力池底板下游宽度约3.62 m,下游凸槛顶高程为3.62 m。

5) 海漫段

海漫段采用抛石护砌,抛石厚1.00 m、长6.00 m、宽8.00 m,抛石自上游高程8.18 m顺接至河底高程7.81 m。

2.10.3 横塘闸结构设计

1) 护坦段

为防止水流对水闸基础淘刷,在内河消力池与引渠衔接处采用35 cm厚C20灌砌块石护砌,其下依次设15 cm厚碎石垫层、15 cm厚中粗砂垫层和土工布一层。护砌长度为6.0 m,护砌宽度为8.0 m。

2) 内河消力池段

内河消力池为下挖式消力池,C30钢筋混凝土结构,长8.00 m。消力池底板上游宽度为4.00 m,高程为6.00 m,以1:4的坡比放至消力池底板下游高程为6.80 m,宽度约2.30 m。

3) 水闸及穿堤箱涵段

水闸为单孔,闸室净宽1.50 m,净高1.80 m,采用C30钢筋混凝土结构,底板顶高程为6.80 m,闸墩顶高程为9.80 m,闸门顶高程为8.60 m。闸室顶上设1.50 m宽的踏步以连接启闭机房与连通堤顶道路。

闸室底板为等厚筏式平底板,顺水流向8.50 m,垂直水流向2.70 m。闸墩与底板整接。边墩考虑挡土及结构受力要求,厚度为0.6 m,闸室设一道工作闸门,闸门为平面钢闸门,启闭设备采用手电两用螺杆式启闭机。启闭机平台高程13.01 m。

穿堤箱涵布置在水闸上游,长为10.0 m。穿堤箱涵采用现浇钢筋混凝土结构,底板顶面高程为6.80 m。箱涵为单孔,孔口尺寸为1.5 m×1.8 m。接缝部位均设钢筋混凝土包箍,缝间贴两毡三油,缝内止水。

4) 外河消力池段

消力池为下挖式消力池,C30钢筋混凝土结构,长6.00 m。消力池底板上游宽度为2.30 m,高程为6.80 m,以1:4的坡比放至高程6.00 m,消力池底板下游宽度约 3.62 m,下游凸槛顶高程 6.80 m。

5) 海漫段

海漫段采用抛石护砌,抛石厚 1.50 m、长 10.00 m、宽 8.00 m,抛石自上游高程 6.80 m 顺接至河底高程 5.54 m。

2.11 陡湾滩地开卡切滩疏浚工程规划设计

湖塘圩外侧陡湾滩地是二十世纪六七十年代当地村民在高滩圈围而成的,现状围堤长度约 310 m,滩地顺流向长度为 180 m,垂直流向宽度为 60～80 m。滩地围堤因 2020 年洪水渗透等问题,20 余户 114 人已紧急搬迁外移。现状陡湾滩地上下游段河道弯曲,河势复杂,洲滩较多,河口宽窄不一,下游 290 m 处为独山河入汇口,因此需要采用水动力数值模型对开卡切滩疏浚河段进行专题研究。研究内容包括疏浚工程的疏浚原则、疏浚范围、平面布置、疏浚断面等,从而明确河道疏浚方案及疏浚后河道水流流场、流速的分布,避免出现大冲大淤,在防洪安全的前提下,确保疏浚对河道无影响。

河道切滩的正确与否关系后期河势变化,本次治理工程对独山河口上游约 430 m 处现状长 180 m、最宽处近 100 m 的滩面进行切滩整治,切滩宽度 40～100 m。为研究工程前后流速、流场变化,本次采用丹麦水利研究所(DHI)开发的 MIKE 21 模型软件,建立了工程所在河段的二维水动力数学模型,对本工程实施前后的流场、流速、水位及其变化进行模拟,分析工程的影响。

1. 设计洪水计算

永安河口设计洪水计算值与省厅批复值基本接近,故本次仍然采用永安河设计洪水批复成果作为永安河的设计洪水。永安河各级支流设计洪水采用水文比拟法推求。

2. 二维水动力数学模型的建立

1) 二维水动力数学模型简介

MIKE 21 可用于模拟河道、湖泊、河口、海湾等地水流、泥沙、水质等要素的模拟研究,具备丰富的前后处理工具、图形用户界面与高效计算引擎,目前已成为水文、水环境、海洋等专业技术人员不可缺少的工具。

2) 二维水动力数学模型基本方程

平面二维水流方程如下。

连续性方程:

$$\frac{\partial h}{\partial t}+\frac{\partial h\bar{u}}{\partial x}+\frac{\partial h\bar{v}}{\partial y}=hS \tag{2-1}$$

X 方向动量方程：

$$\frac{\partial h\bar{u}}{\partial t}+\frac{\partial h\bar{u}^2}{\partial x}+\frac{\partial h\bar{u}\bar{v}}{\partial y}=f\bar{v}h-gh\frac{\partial \eta}{\partial x}-\frac{h}{\rho_0}\frac{\partial P_a}{\partial x}-\frac{gh^2}{2\rho_0}\frac{\partial \rho}{\partial x}+\frac{\tau_{sx}}{\rho_0}-\\ \frac{\tau_{bx}}{\rho_0}-\frac{1}{\rho_0}\left(\frac{\partial S_{xx}}{\partial x}+\frac{\partial S_{xy}}{\partial x}\right)+\frac{\partial}{\partial x}(hT_{xx})+\\ \frac{\partial}{\partial x}(hT_{xy})+hu_sS \qquad (2\text{-}2)$$

Y 方向动量方程：

$$\frac{\partial h\bar{v}}{\partial t}+\frac{\partial h\bar{u}\bar{v}}{\partial x}+\frac{\partial h\bar{v}^2}{\partial y}=-f\bar{u}h-gh\frac{\partial \eta}{\partial y}-\frac{h}{\rho_0}\frac{\partial P_a}{\partial y}-\\ \frac{gh^2}{2\rho_0}\frac{\partial \rho}{\partial y}+\frac{\tau_{sy}}{\rho_0}-\frac{\tau_{by}}{\rho_0}-\frac{1}{\rho_0}\left(\frac{\partial S_{yx}}{\partial y}+\frac{\partial S_{yy}}{\partial x}\right)+\\ \frac{\partial}{\partial x}(hT_{xy})+\frac{\partial}{\partial y}(hT_{yy})+hv_sS \qquad (2\text{-}3)$$

式中：t 为时间，s；η 为水位，m；$h=\eta+d$ 为总水深，m；u、v 分别为 x、y 方向上的速度分量，m/s；f 是科氏力系数，s^{-1}，$f=2\omega\sin\varphi$，ω 为地球自转角速度，φ 为当地纬度；g 为重力加速度，m/s^2；ρ_0 为水的参考密度，kg/m^3；S_{xy}、S_{yy} 分别为辐射应力分量，kg/m^2；S 为源项，s^{-1}；u_s、v_s 为源项水流流速，m/s；τ_{sx}、τ_{sy} 为沿 x、y 方向上的风应力，$\text{kg/(m·s}^2)$。

3）二维水动力数学模型数值离散

计算区域的空间离散是用有限体积法（Finite Volume Method）将该连续统一体细分为不重叠的单元，单元可以是任意形状的多边形，在 MIKE 21 中只考虑三角形网格、四边形网格及混合网格。

浅水方程组的通用形式一般可以写成：

$$\frac{\partial U}{\partial t}+\nabla\cdot F(U)=S(U) \qquad (2\text{-}4)$$

式中：U 为守恒型物理向量；F 为通量向量；S 为源项。

在笛卡尔坐标系中，二维浅水方程组可以写为：

$$\frac{\partial U}{\partial t}+\frac{\partial(F_x^I-F_x^V)}{\partial x}+\frac{\partial(F_y^I-F_y^V)}{\partial y}=S \qquad (2\text{-}5)$$

式中：上标 I 和 V 分别为无黏性的和有黏性的通量。

一阶解法和二阶解法都可以用于空间离散求解。对于二维的情况，近似

Riemann 解法可以用于计算单元界面的对流通量。使用 Roe 方法时,界面左边和右边的相关变量需要估计取值。二阶方法中,空间准确度可以使用线性梯度重构技术获得,而平均梯度可以由 Jawahar 和 Kamath 于 2000 年提出的方法来估计。为了避免数值振荡,模型使用二阶 TVD 格式。

4) 二维水动力数学模型计算范围

考虑到工程所在河段的上下游关系、工程所在河段二维水动力数学模型的计算范围,上边界取至工程上游 2 km,下边界取至工程下游 1 km。

模型计算中考虑该河段现状已实施的相关工程,如新建堤防工程等。

5) 二维水动力数学模型计算网格[图 2.11-1(a)]

二维模型计算单元采用非结构网格,对模拟范围内的河道进行加密以准确反映洲滩干湿交替的变化特征,河道网格尺寸在 5~30 m,网格总数为 6 592 个。

6) 二维水动力数学模型计算地形[图 2.11-1(b)]

二维水动力数学模型计算区域的地形采用 2022 年 10 月份实测的永安河地形资料。

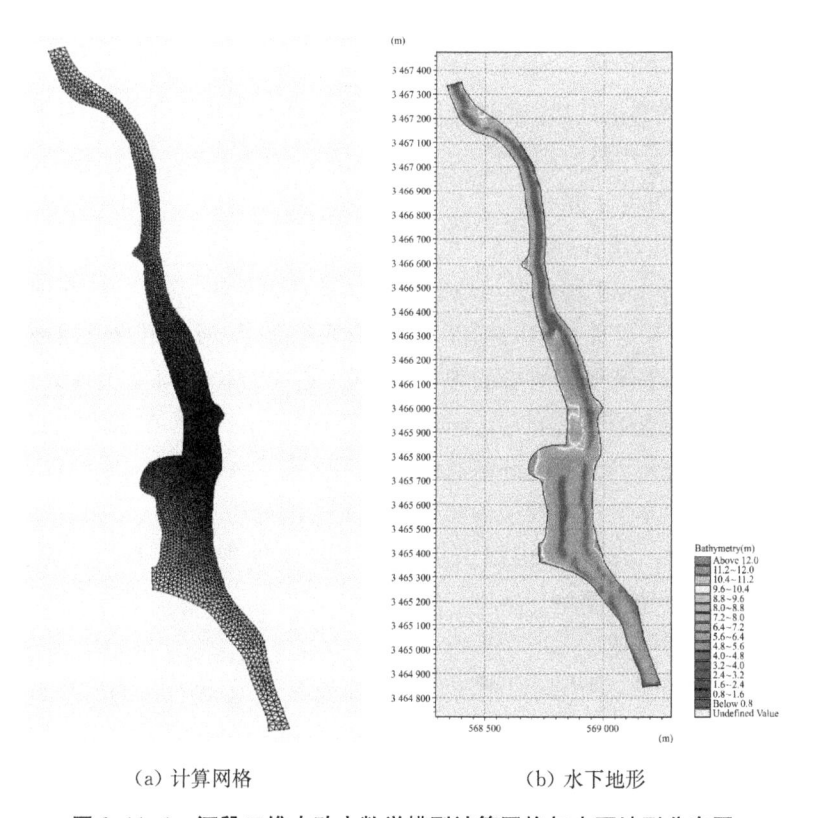

(a) 计算网格　　　　(b) 水下地形

图 2.11-1　河段二维水动力数学模型计算网格与水下地形分布图

7) 二维水动力数学模型计算边界条件和初始条件

工程所在河段二维水动力数学模型的上边界由设计洪水计算结果结合水文比拟法得到,即模型上边界以上汇水面积为 139.63 km²,10 年一遇设计洪水为 247.19 m³/s,独山河口处汇入流量 173.73 m³/s;下游边界水位根据已批复实施的堤防设计洪水位来设置。

初始水位按计算工况插值给定;初始流速取为零。

8) 二维水动力数学模型的计算参数

二维水动力数学模型计算时间步长为 15 s;紊动黏滞系数为 30 m²/s;糙率取值范围为 0.030~0.032,滩槽取值根据实际有所变化。

9) 二维水动力数学模型的率定和验证

本报告所采用的 MIKE 21 模型在我单位开展的长江干支流大量涉水工程的水动力影响分析工作中得到了广泛的应用,其精度良好,整体上看模型的结果符合相关规范的要求,可较准确地模拟、复演研究水域的水动力场,可用于研究水域的水动力的模拟计算,可以满足计算分析的需要,可用于本项目的计算和分析。

3. 二维水动力数学模型计算结果及分析

1) 模型计算方案

工程前为现状的条件(现状的地形和岸界条件),考虑上下游已实施的相关工程;工程后为工程建设后的条件。

2) 计算结果初步分析

(1) 现状水动力条件分析

计算水文条件下,工程所在河段的流场总体较为平顺,基本与所在河段的岸线走向相适应,但在局部河段的局部水域,受河床缩窄、河滩阻流及河道岸线突然转折影响,存在主流顶冲河岸的现象,工程下游至独山河口处出现旋转流场,需采取必要的措施确保堤岸的安全;现状水文条件下,工程所在水域的河道主槽流速基本在 0.6~1.5 m/s,局部水域流速最大达 1.5 m/s 以上(图 2.11-2)。

(2) 独山河口上游边滩疏浚后水动力条件影响分析

本次治理工程主要对独山河口上游约 430 m 处现状长 180 m、最宽处近 100 m 的滩面进行切滩整治。

① 方案一:切滩宽度 85~100 m

计算水文条件下,独山河口上游边滩全面疏浚后,工程所在的局部水域流场与流速大小的分布,见图 2.11-3。

可见,计算水文条件下,独山河口上游边滩疏浚后,旋转流态局部水域范围变小,水流更加平顺。

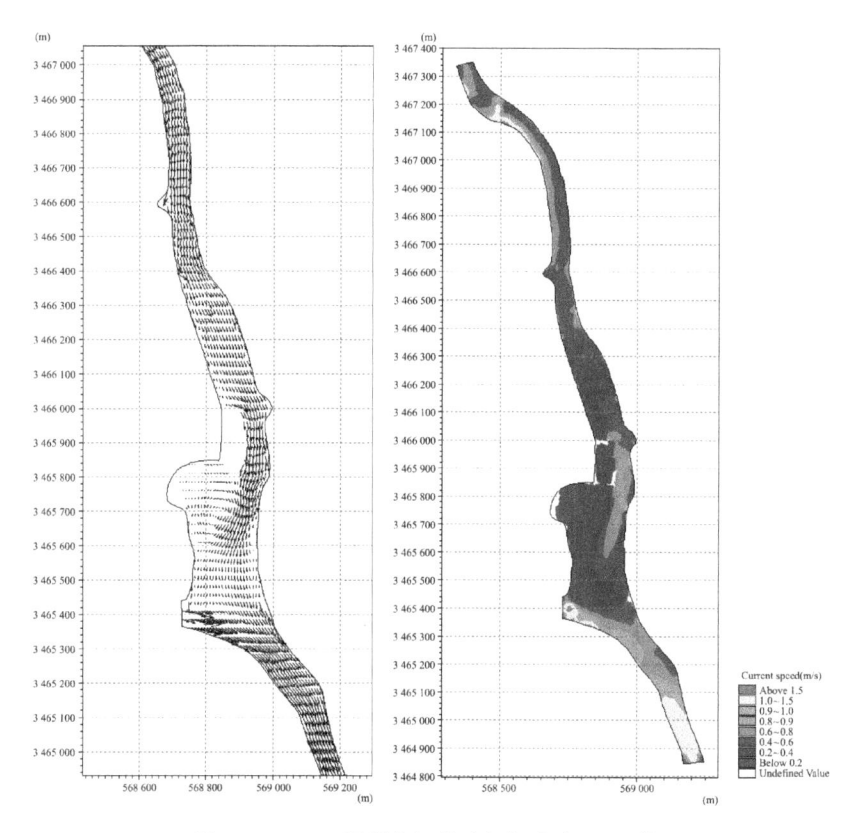

图 2.11-2　工程所在河段流场与流速图(现状)

计算水文条件下,独山河口上游边滩疏浚后,工程所在的局部水域水位的变化与流速大小的变化,见图 2.11-4;疏浚前后工程所在局部水域流场的对比,见图 2.11-5 所示。

可见,计算水文条件下,独山河口上游边滩疏浚、旧堤防拆除后,工程所在河段水位最大增加在 40 cm 以上,工程上游水域水位有所降低,最大降低约 10 cm,降低 5 cm 的范围可至工程上游约 900 m;工程河段右岸流速有所增加,最大增加约 0.4 m/s,左岸流速减小,最大减小约 0.56 m/s,有利于岸滩防护;疏浚区域上游水域流速几乎没有变化,下游水域河道主槽流速减小,最大减小 0.48 m/s,主槽近右岸方向水域流速有 0.2~0.3 m/s 的增长,近岸处流速减小,旋转流场态势减弱。工程前主流偏东,疏浚后主流有所西偏,但未顶冲右岸。

② 方案二:切滩宽度 40~50 m

计算水文条件下,独山河口上游边滩疏浚一半滩面后,工程所在的局部水域流场与流速大小的分布,见图 2.11-6。

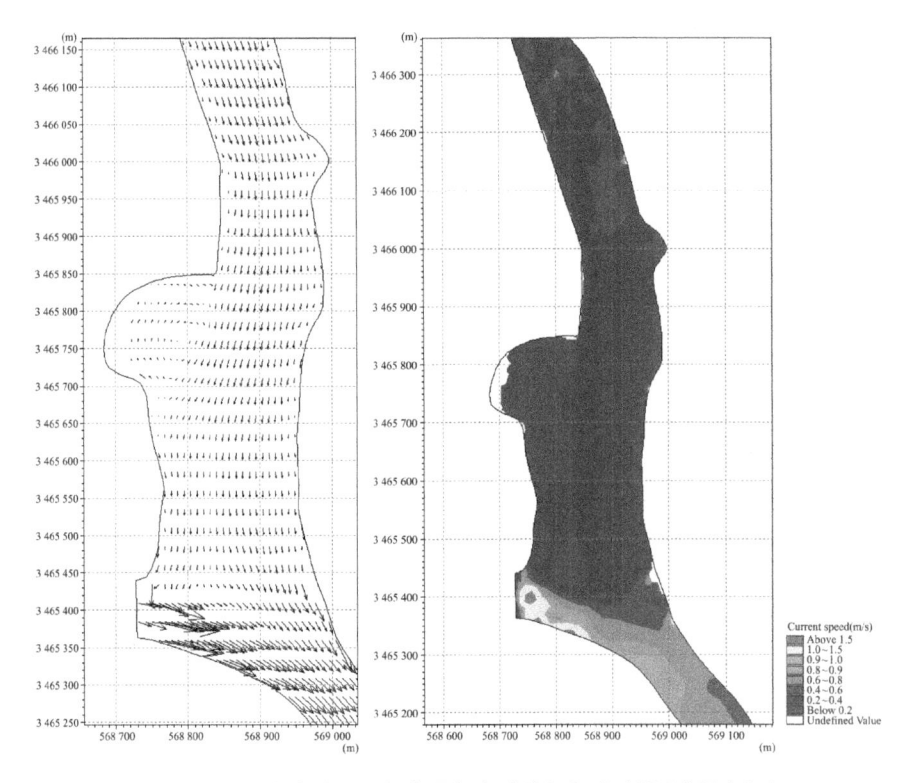

图 2.11-3　疏浚后工程所在局部水域流场与流速图（滩面全切）

可见，计算水文条件下，独山河口上游边滩疏浚一半滩面后，工程下游呈旋转流态的局部水域范围变小，但工程区域右岸剩余滩面出现旋转流，水流仍不平顺。

计算水文条件下，独山河口上游边滩疏浚后，工程所在的局部水域水位的变化与流速大小的变化如图 2.11-7 所示，疏浚前后工程所在局部水域流场的对比如图 2.11-8 所示。

可见，计算水文条件下，独山河口上游边滩疏浚半片、旧堤防拆除一半后，工程所在河段水位最大增加 40 cm 以上，工程上游水域水位有所降低，最大降低约 10 cm，降低 5 cm 的范围可至工程上游约 500 m，相对全面疏浚来说影响范围更小；切滩疏浚后的局部河段流速增加 0.5 m/s 以上，工程左岸流速减小 0.08～0.24 m/s，有利于岸滩防护，影响范围最远至下游约 600 m 处；疏浚区域上游水域流速几乎没有变化，下游水域河道主槽流速减小，最大减小 0.16 m/s，近岸处流速有一定程度减小。工程前主流偏东，疏浚后主流有所西偏，但未顶冲右岸。总体来说水流平顺程度介于工程前和方案一之间。

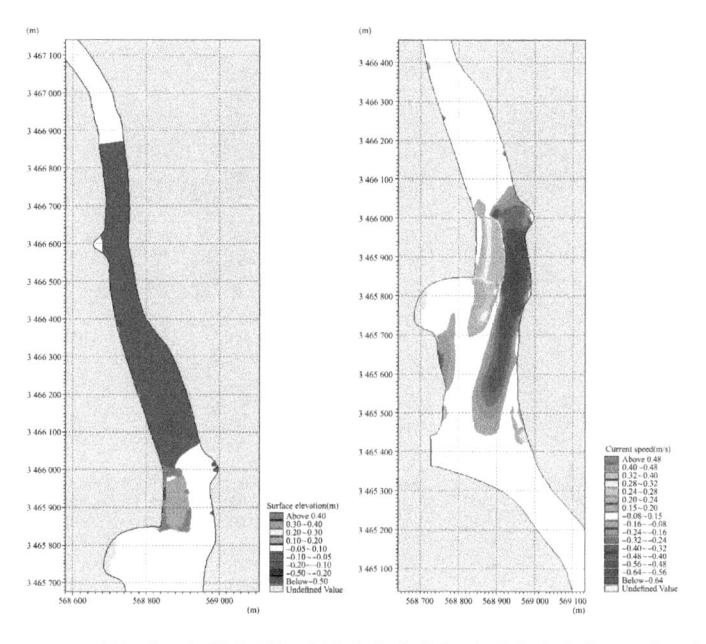

图 2.11-4　疏浚后工程所在局部水域水位变化与流速大小变化图(滩面全切)

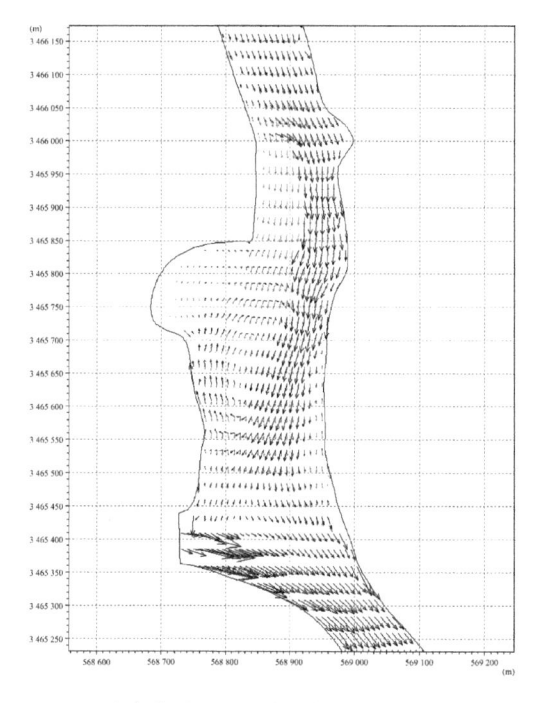

图 2.11-5　疏浚前后工程所在局部水域流场图(滩面全切)

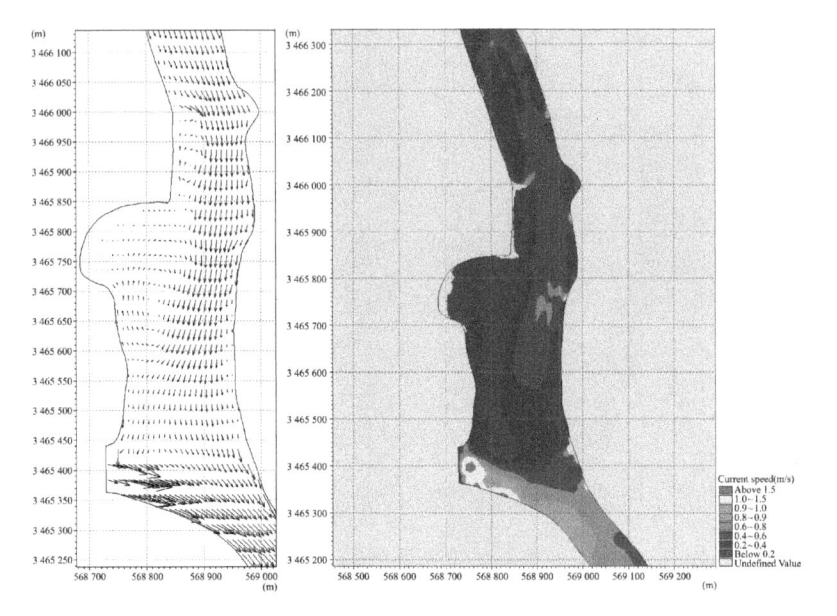

图 2.11-6　疏浚后工程所在局部水域流场与流速分布图（滩面半切）

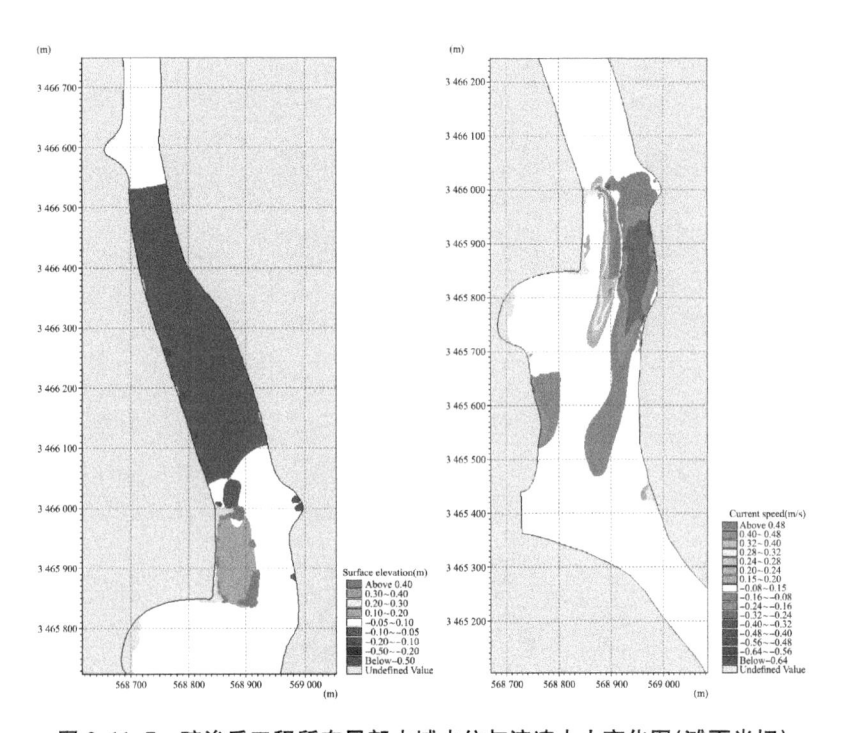

图 2.11-7　疏浚后工程所在局部水域水位与流速大小变化图（滩面半切）

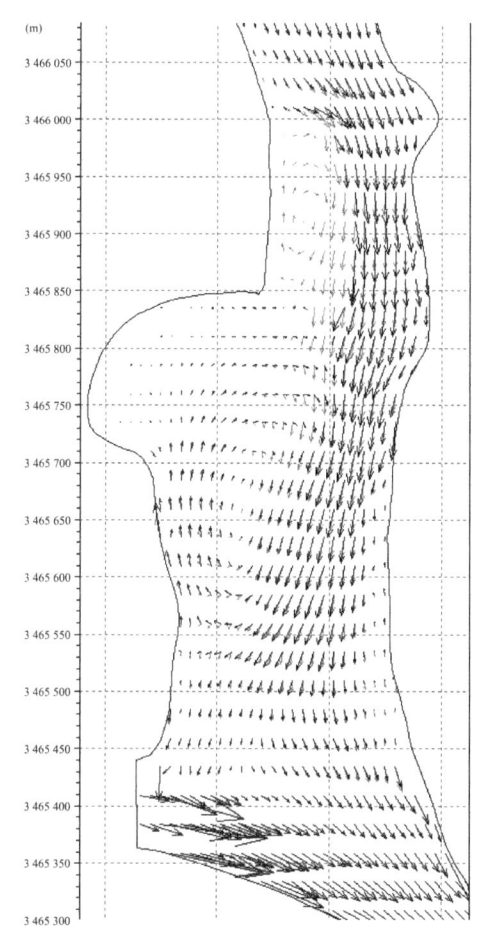

图 2.11-8　疏浚前后工程所在局部水域流场图(滩面半切)

因此,从以上计算结果分析可知,滩面半切方案对现状河道影响小,并达到预期效果。

2.12　河道清淤疏浚工程规划设计

2.12.1　清淤原则

清淤原则具体如下:

(1)纵向疏浚后河道变得更为顺畅,消除沿途纵向上的河道忽高忽低的沙坝现象。

(2)岸、堤保护,两岸有护坡或陡坎的,坎(坡)脚3~5 m内为保护范围不可清理,清理边坡为1∶4的缓斜坡。如岸边为台阶,可适当清理。

(3) 桥梁保护,梁桥墩周边10 m内不可疏浚,疏浚边坡也为1∶5的缓坡;施工便道距离桥梁的桥墩要超过10 m范围。

(4) 施工期应在枯水期,最好在10月至2月进行。

(5) 疏浚工程施工时河水会变得浑浊,影响生态环境,故应合理安排工期,在最短的时间内完成。

2.12.2　清淤疏浚计算

经测量复核,部分河段断面底槽宽度和高程不满足设计要求。采用现状实测断面计算过流能力,河床糙率参考类似河流选取为0.03,天然河流水面线采用水流能量方程式计算:

$$Z_1 + \frac{\alpha_1 V_1^2}{2g} = Z_2 + \frac{\alpha_2 V_2^2}{2g} + h_{w1-2} \tag{2-6}$$

式中:Z_1、Z_2——计算段上下游断面水位,m;

V_1、V_2——计算段上下游断面平均流速,m/s;

α_1、α_2——计算段上下游断面动能修正系数;

g——重力加速度,m/s²;

h_{w1-2}——计算段水头损失,m。

由计算可知,部分河段现状过流能力与规划流量有一定的差距,需要进一步疏挖。

清淤疏浚首先要满足泄洪要求,尽可能沿老河槽进行,以减少工程量、占地、拆迁。一般以老河槽中心线作为设计河道中心线。

根据各河段河道特性、地质条件及现有河道边坡情况,按设计除涝流量、主要节点除涝水位、水面线、河道宽度上下衔接等因素,河道拓宽河槽断面型式宜采用梯形断面,经试算综合确定拓宽河段的河道底高程、设计底宽、设计边坡等要素。

2.12.3　清淤疏浚纵断面设计

河道的设计河底高程主要根据现状河底高程、河流形态以及河道内建筑物等综合确定,确保清淤段和上下游河段平顺连接,提升清淤段河道过流能力。河底纵坡坡降集中居住区或农田段不高于1.5‰控制,山丘段维持现状。

2.12.4　清淤疏浚横断面设计

清淤横断面以恢复原河床底宽为原则并结合现状岸坡型式进行设计。当河岸为挡墙时,不再进行岸坡处理;当河岸为自然边坡时,以现状河口线为约束进行放坡。

河道疏浚断面型式均采用梯形断面。受两岸地形条件所限,岸距难以统一,需就势设计,同时结合护岸建设。疏浚边坡采用1∶4的缓斜坡,两岸有护坡或陡坎的,坎(坡)脚3~5 m内为保护范围,不可清理。

2.12.5 清淤施工方案

农村小型河道常用的清淤技术主要包括排干清淤和水下清淤。排干清淤多适用于没有防洪、排涝、航运功能的流量较小的河道。水下清淤应用比较广泛,但应注重减少开挖时污染物在水中扩散所造成的二次污染。

河道疏挖拟在枯水期施工,采用1 m³反铲挖掘机干挖清淤,清出的淤泥直接由渣土车外运或放置于岸上的临时堆放点后外运,外运点由村镇根据总体情况协调确定。该方案适合本项目区河道实际情况,同时清淤较为彻底,投资较低。

河道淤积深度在0.5~1.2 m,平均淤积深度0.4 m左右。

2.13 桥梁工程规划设计

1. 设计原则

桥梁工程的设计理念直接关系到工程的整体协调性和整体造价,通过本项目前期的调研和对本工程相关资料的研究,结合工程所在区域的情况,确定本工程桥梁设计理念为:

① 结构设计遵循适用、安全、经济、美观、施工快捷的建设方针。

② 桥梁结构在满足使用功能的前提下,方案的选择力求经济合理、技术先进、因地制宜、简洁美观,做到规格标准化、预制装配化,以期方便施工,缩短工期,降低工程造价。

③ 处理好桥面伸缩缝及桥面排水系统等满足运营阶段行车的平顺、舒适、快速、安全的要求。

④ 桥梁结构应注意景观效果。在选用结构型式时,要考虑桥位与所处的环境、地形的和谐统一。

2. 主要技术标准

① 荷载等级:公路-Ⅱ级;

② 桥面宽度:0.5 m(栏杆)+4 m(净宽)+0.5 m(栏杆)=5 m;

③ 桥面纵坡与横坡:桥面纵坡、横坡、平曲线、竖曲线按道路线型要求设置。

④ 结构抗震标准

地震基本烈度:6度;

地震动峰值加速度:0.05 g;

桥梁抗震设防类别:B类;

桥梁抗震措施设防烈度:7度。

⑤ 桥梁结构设计基准期:100年。

桥梁工程设计使用年限:主体结构50年

⑥ 设计安全等级:二级,γ_o=1.0。

⑦ 环境类别:Ⅰ类。

3. 桥梁设计

(1) 上部结构选择

简支先张法预制力空心板梁是目前公路及城市道路中广泛采用的一种桥梁结构型式。其优点是结构高度低、工厂化程度高、运输和吊装方便、工程造价低、施工便利,且施工时对周围环境影响较小,经济跨径为20~22 m,其缺点是整体性及耐久性能稍差,且适用跨径较小(≤25 m)。目前,地面跨河道小桥采用此型式较多。

本项目桥梁跨径均小于25 m,因此采用空心板梁作为主要桥型。

(2) 下部结构选择

在桥梁的建设中,最常见的基础型式就是沉入桩和钻孔灌注桩,上述两种工艺均较成熟,钻孔灌注桩施工方法简单、施工成本相对较低,对周边环境噪声污染很小。结合本工程区域环境及场地工程地质条件,选用钻孔灌注桩作为一般桥梁的基础。

(3) 桥梁附属设施

栏杆:桥梁栏杆采用混凝土防撞护栏。

结构缝:桥梁两侧桥台处设置异型钢伸缩缝。

桥梁支座:板梁桥采用板式橡胶支座,每块空心板梁下设2个橡胶支座,分别布置在空心板梁的中心线位置。板梁与两侧挡块之间设置橡胶垫块。

2.14 堰坝工程规划设计

2.14.1 工程概况

涉及堰坝17座,其中严桥镇12座、双胜圩1座、大小熟圩4座。本次设计主要针对严桥鱼鳞坝,该堰坝位于严桥西片南部,为配合无为市水利公园的建设,拟在严桥镇S220省道东侧150 m永安河西汊新建严桥鱼鳞坝,堰坝长

28.0m、宽28.8m,拦蓄水深为3.0m。

2.14.2 工程选址

1) 选址原则

① 与相关规划相协调,在确保工程区防汛排涝安全的前提下,充分考虑地区发展要求,节约、集约用地,支持和引导地区开发,实现地区的可持续发展;

② 堰坝对周围建筑物影响小,占地及拆迁少,尽量利用周围已有道路、电力、电信等公用设施;

③ 堰坝处内外交通方便,便于施工,便于工程管理,工程投资较小,对周边环境影响小;

④ 堰坝处地形、地质、水流等自然条件便于工程建筑物及施工场地布置,以节约工程投资。

2) 堰坝选址

堰坝选址应结合河道纵断面布置,同时应尽量利用现状已建堤防高度。

2.14.3 工程布置及结构尺寸

1) 坝身

坝身采用C20埋石混凝土,坝身宽度根据造型及稳定要求设计为28.8m,长28.0m,坝体挡水高度为3.0m,基础厚1.1m,坝顶高程为9.7m,基础底高程为5.6m。

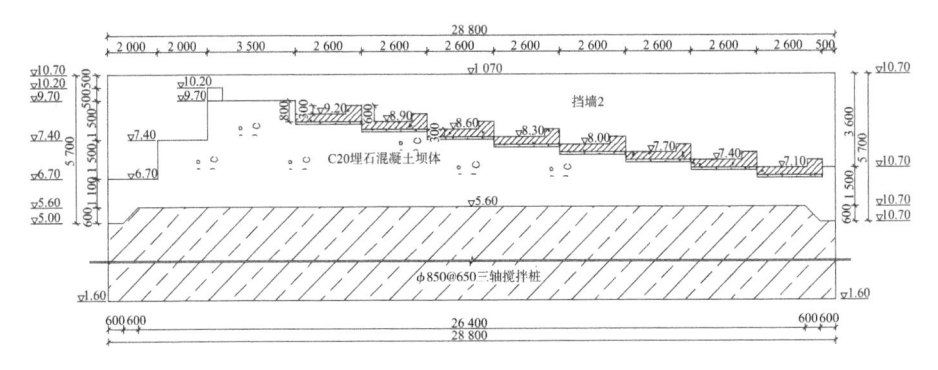

图 2.14-1 坝体纵剖面图

2) 下游消力池

消力池采用C30钢筋混凝土,顺河方向长度为12.1m,垂直水流方向长度为28.0m,基础厚0.5m,池首顶高程为7.1m,基础顶高程为6.5m,池尾顶高程为6.3 m。

3）连接挡墙

本工程在坝体、消力池与两侧堤防连接处分别布置挡墙2、挡墙3,挡墙为C30钢筋混凝土悬臂结构,结构尺寸经稳定计算确定。

挡墙2,底板顶高程为6.7 m,墙顶高程10.7 m,底板厚0.5 m,墙身宽0.4～0.6 m。墙身设2道排水孔,排水孔后设袋装碎石,通长布置。

挡墙3,底板顶高程为5.5 m,墙顶高程10.7～9.4 m,底板厚0.9 m,墙身宽0.6～1.0 m。墙身设2道排水孔,排水孔后设袋装碎石,通长布置。

4）上下游护底

为防止过堰水流冲刷河道,本工程在坝体上游、消力池下游分别布置护底,上游护底长10.4 m、下游护底长5.4 m,护底面层采用35 cm厚C20灌砌块石护砌,其下依次设15 cm厚碎石垫层、15 cm厚中粗砂垫层和土工布一层。

5）两岸护坡

堰坝南北两侧堤防护坡拟采用自锁式混凝土预制块护坡,混凝土预制块与堰坝挡墙衔接处开始护砌,直至设计(现状)堤顶。混凝土预制块护坡布置于堰坝两岸各116.2 m,共计232.4 m,护坡间隔15 m布置C20素混凝土格埂,格埂尺寸拟定为400 mm×700 mm(宽×高)。

2.15 景观及绿化规划设计

2.15.1 概况

随着社会经济的不断进步和发展,在城市现代化建设中对于改善水域环境的要求不断提高。以改善水域环境和生态系统为主要目标的"城市环境水利工程"建设,成为水利现代化建设的重要内容。

随着经济繁荣和生活质量要求的提升,人民群众对水利工程的环境影响更加关注。现在的水利设施,不但要具备基本的蓄水泄洪的功能,还要和周边的环境相结合,以构建优美的景观环境。

1）建设范围

本次景观建设工程分别位于无为市严桥镇、红庙镇和牌楼水库。

景观规划范围主要有三个:①永安河严桥镇河岸污水厂地块。②牌楼水库上游芦苇荡地块。③河拐站区的管理区地块。主要建设内容为景观建设工程、植物绿化、亮化照明工程及相关配套设施等。

2) 建设内容

本工程结合使用需求,在原有管理范围内实施景观建设,暂定景观建设总面积为 43 483 m²,场坪整理 43 483 m²,其中:

① 永安河严桥镇河岸污水厂地块:整治面积 22 958 m²,其中硬质铺装 3 350 m²,停车位 28 个共 504 m²,景墙 27 m,成品亭子 1 个,成品长廊 1 个,成品景观桥 1 座,植物绿化 19 123 m²,木栈道 340 m²;

② 牌楼水库上游芦苇荡地块:整治面积 19 083 m²,其中硬质铺装 1 090 m²,停车位 16 个共 256 m²,植物绿化 10 625 m²,木栈道 1 020 m²,堆坡面积 6 348 m²;

③ 河拐站区的管理区地块:整治面积 1 442 m²,其中硬质铺装 130 m²,成品花架 1 个,树池 4 个,植物绿化 1 312 m²,场区亮化照明 1 项。

2.15.2 设计依据

(1)《城市绿地设计规范》(GB 50420—2007)2016 修订版;
(2)《城市园林绿化评价标准》(GB/T 50563—2010);
(3)《民用建筑设计统一标准》(GB 50352—2019);
(4)《园林绿化养护标准》(CJJ/T 287—2018);
(5) 有关的国家、行业技术规范、规程及技术标准;
(6) 相关专业提供条件图纸。

2.15.3 现状概况

设计范围位于安徽省芜湖市无为市。无为市别名为濡须,"实江淮之重埠,华中之强县",历史文化底蕴深厚。

1. 庐剧

历史上无为地区曾经流行过徽剧和庐剧。后来徽剧逐渐式微,庐剧占了主要地位。无为地区的庐剧属于庐剧中的东路(又称下路),唱腔接近民歌小调,对白使用土语(方言)。传统剧目有《蔡鸣凤辞店》《王清明合同记》《孙继皋卖水》等连本台戏,还有《老先生讨学钱》《蓝桥担水》等折子戏。

2. 无为鱼灯

"鱼灯"又称"吉祥灯""太平灯""幸福灯",距今已有 1 000 多年历史。相传北宋年间,包拯到陈州放粮得胜回朝后,朝廷为大放花灯,曾普召全国各地向朝廷敬供花灯。当时无为人敬献了"八条鱼"(鱼灯),得到朝廷赞扬。就这样,无为"鱼灯"就保留下来了。

3. 剔墨纱灯

无为剔墨纱灯,又名宫灯,相传北宋米芾就任无为知军时,运用绘画技艺在灯笼壁面上绘上人物、山水、龙凤、花卉等图案,借以与民同乐。无为纱灯在借鉴吸收历代流行的蔑扎、纸糊、染色"彩灯"的基础上发展而来,将木工、雕刻、漆工和绘画艺术融为一体,经过加工、成型、油漆、绘画、剔墨等工艺制作而成。

2.15.4 景观方案:一河两堤三节点

(1) 严桥西片南部污水处理厂地块景观设计

设计主题:供人群游玩嬉戏的无为市水利公园。

结合新建泵站和污水厂的周边环境,规划设计无为市水利公园,重述水利精神,弘扬水利文化,普及河长制、水资源与水利知识,提升民众爱护水、保护水、珍惜水的意识。将打造 500 m 慢行步道、水利文化展示区、水利精神雕塑、景观桥、音乐露营大草坪、烧烤区等场景,形成高质量发展新动力,进一步助力严桥镇的旅游发展。

通过滨水景观建设,人们可以感受当代水利事业的巨大成就和水文化的深刻内涵,从而达到认识水利、热爱水利、宣传水利的目的。

为了让严桥西片区的人们更快捷地进入水利公园,也为了增加人们的游憩乐趣,以无为鱼灯为设计元素,在永安河里设计一个大型鱼鳞坝。

人们可以从乡道下到鱼鳞坝再到达公园入口,也可以通过本次新建堤顶路到达公园,本次设计的鱼鳞坝总宽 18.5 m,分为 8 级跌水,每级高度 60 cm,每片鱼鳞宽 4 m,鱼鳞池深 30 cm,大人小孩都可以在水池里安心地嬉戏玩耍。

从新建堤防路往下看,能观赏到壮观的鱼鳞坝,可以在此打造网红拍照景点以增加旅游人气。

2022 年 4 月,芜湖市海绵办组织编制了《芜湖市海绵城市建设施工图设计导则(试行)》,结合新的发展形势和要求,规范引导芜湖市建设项目海绵城市方案设计,本项目海绵城市技术拟选择下凹式绿地、透水铺装、植被缓冲带等方案。

公园里的硬质铺装采用透水性材料,沿园路外 2 m 设置一圈下凹式绿地和植被缓冲带,给景观环境带来不一样的绿化空间感受。

(2) 牌楼水库入库河口景观设计(图 2.15-1)

设计主题:田园农歌,五彩湿地。

无为历史悠久,永安河沿岸水库众多,可以以当地庐剧为设计元素,打造文化园地,也可以在沪武高速南面的牌楼水库设计湿地景观,加强湿地保护宣传,提升公众对湿地知识、湿地动植物资源保护的了解,切实推进《中华人民共和国

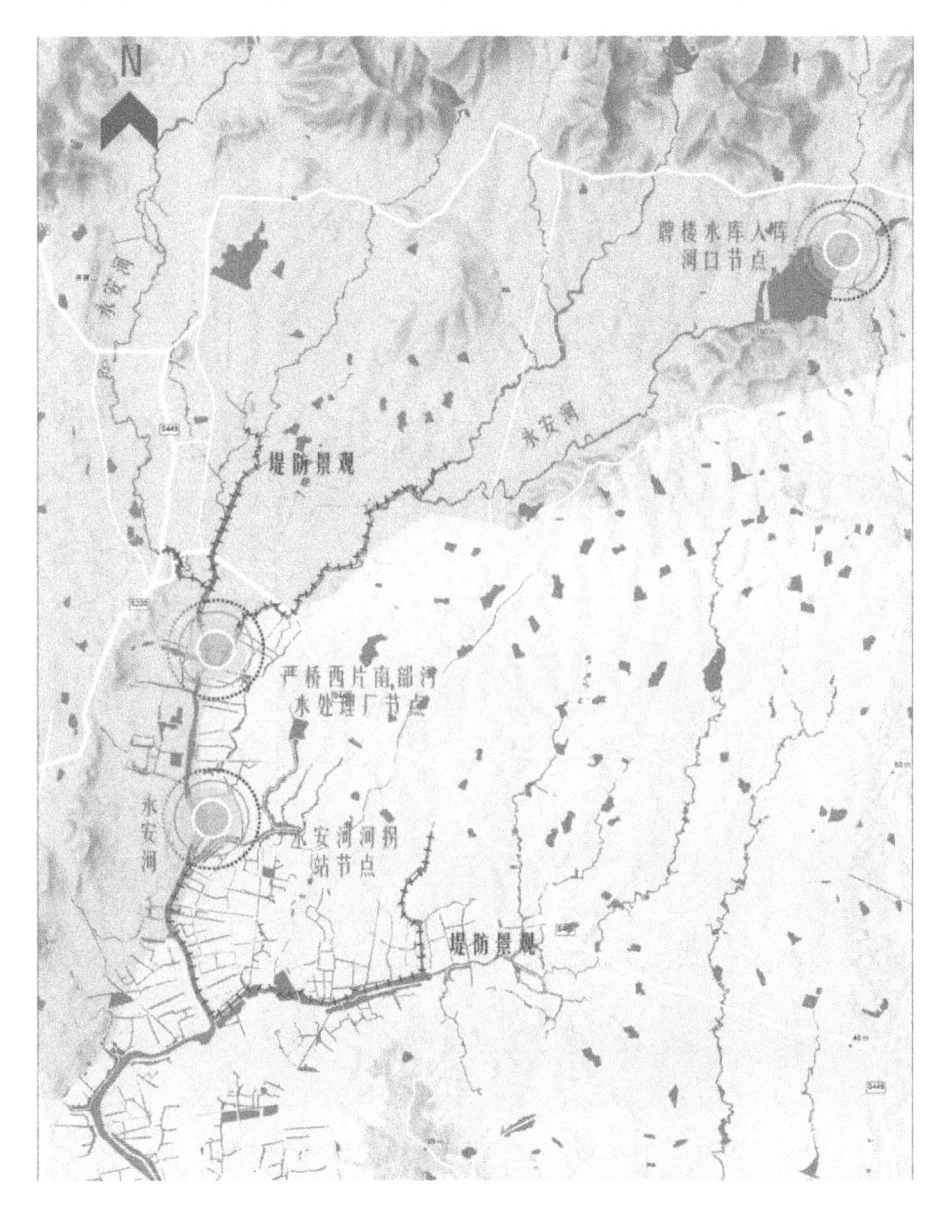

湿地保护法》的有效实施,帮助改善人居生态环境、促进乡村振兴。

图 2.15-1　景观节点布置平面示意图

田园农歌,以当地的庐剧和纱灯等特色文化为脉络,弘扬当地乡土人文。通过在亲水节点上演文化小品来展现庐剧的外在魅力,在小品旁配以文字说明,讲述民间庐剧的特点和神韵。小品既起到装点、美化环境的作用,也具有宣传当地

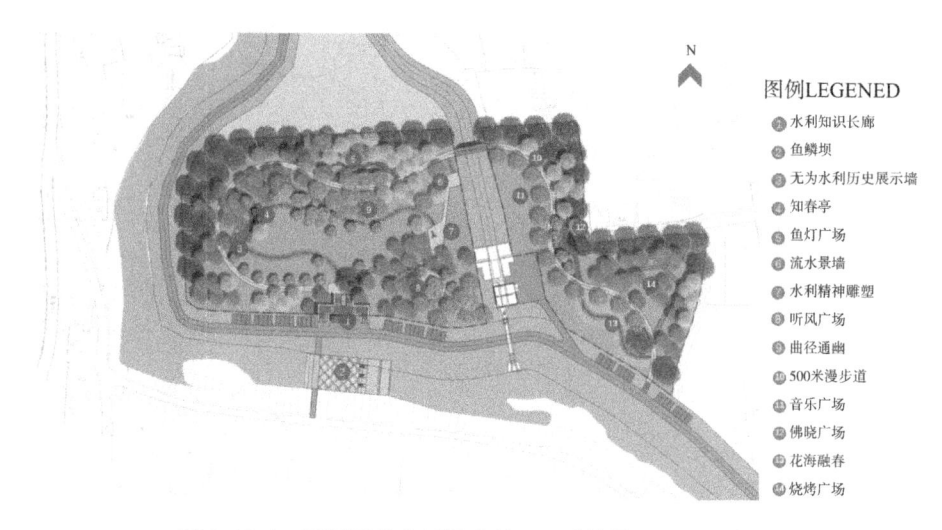

图 2.15-2　严桥西片南部污水处理厂地块景观平面示意图

图例LEGENED
① 水利知识长廊
② 鱼鳞坝
③ 无为水利历史展示墙
④ 知春亭
⑤ 鱼灯广场
⑥ 流水景墙
⑦ 水利精神雕塑
⑧ 听风广场
⑨ 曲径通幽
⑩ 500米漫步道
⑪ 音乐广场
⑫ 佛晓广场
⑬ 花海融春
⑭ 烧烤广场

图 2.15-3　严桥西片南部污水处理厂地块景观效果图

精神文明的功能。

五彩湿地，结合现状高低起伏的梯田状的湿地和水田，打造具有独特体验价值的湿地景观。在水田内种植湿地植物，具有净化水体的作用。不同的湿地植物形成了丰富的植物景观，呈现"五彩"的特征。安装植物科普牌，向广大群众普及植物具有净化自然环境的作用（见图 2.15-4、图 2.15-5）。

图 2.15-4　湿地景观效果图

打造潜流湿地和深度净化湿地。

在项目地块内保留一部分芦花草荡,将原始的"芦苇荡"作为动物栖息觅食的场所;打造潜流湿地和深度净化湿地,改造地形,形成低洼湿地,增加蓄洪能力;增加水体流动长度,增强湿地净化能力;深化竖向标高,提供更丰富的潮汐滨水空间和小型池塘,构建完善的湿地植物体系。

图 2.15-5　湿地细部效果图

(3) 永安河河拐站景观

管理区景观设计灵感来源于当地历史文化的纱灯图案,设计利用植物群落形成组团,在区域内形成生态景观空间。运用地形设计、植被修复、园路、场地硬化设计等手段，营造"色彩丰富、步移景异"的人行、车行景观，突出"生态、环保"的设计主旨。

泵站管理区主要为管理区范围内的区域。硬质铺装穿插其中，连接道路至主入口处，使得整个步行交通系统贯穿泵站管理区。沿节点布置景石和弧形花架、座凳等。

(4) 永安河堤防绿化景观设计（图 2.15-6）

结合区域规划，推进水岸生态景观带建设，打造高标准特色示范堤防。

水利工程建设应牢固树立"绿水青山就是金山银山"的理念，坚持"节水优先、空间均衡、系统治理、两手发力"治水方针，深入贯彻习近平生态文明思想，将人民群众所想所盼作为工作目标，让人民群众共享幸福生活带来的欢乐。

结合无为市旅游发展的需求，可考虑在堤身不同高度设置观景平台、慢行道、自行车道，兼顾防洪功能和景观功能。

图 2.15-6　永安河堤防景观效果图

2.15.5　植物绿化

本次景观植物设计在充分利用现有植物的基础上选用常绿的乡土植物，形成四季均有景的植物群落。三个景观节点选用的植物要能突出地域文化特色，并注重不同植物的季相特色。结合道路系统，各个组团自然穿插，使人时刻置身于一片绿意之中。整体种植注重空间层次、高低结合，做到三季有花、四季常青。

植物布局采取集中与分散相结合，栽植方法以群植、丛植、列植为主，结合孤植，设计中多以片林形成背景林，搭配前景花灌木及缀花草坪，以丰富植物多样性和季相连续性,力求表达出四季皆景的特征。

根据植物群落分布,本次设计大体植物群落可分为乔木背景植物群落、常绿荫景植物群落、观花造景植物群落、滨水沿岸植物群落、地被草皮植物群落。

树种有:香樟、广玉兰、雪松、银杏、栾树、深山含笑、樱花、女贞、桂花、海棠、红叶石楠、夹竹桃、十大功劳、云南黄馨、红叶碧桃、马尼拉草、狗牙根等。

2.16 施工组织规划设计

2.16.1 施工导流

2.16.1.1 导流标准

根据《堤防工程设计规范》(GB 50286—2013)及《水利水电工程等级划分及洪水标准》(SL 252—2017),结合同类型工程施工经验,导流建筑物级别为4级,导流标准为10年一遇。

2.16.1.2 导流时段

工程主要建设内容有:堤防达标工程、泵站涵闸工程。

(1) 堤防达标工程常水位以下部位拟在枯水期施工,导流时段为第一年11月—次年2月,常水位以上部位拟在非汛期施工。

(2) 泵闸高程±0 m以下结构拟在非汛期施工,导流时段为第一年10月—次年5月,上部结构可根据汛期情况酌情安排施工。

(3) 穿堤建筑物加固接长工程拟在非汛期施工,导流时段为第一年12月—次年2月。

2.16.1.3 导流建筑物设计

1) 堤防工程
围堰包围范围内的堤防采用干地施工方案,围堰范围内及围堰范围外堤防拟安排在枯水期组织施工,通过合理安排施工期,可不设导流建筑即可组织施工。

2) 泵站涵闸
根据工程结构,结合水文资料综合分析,泵闸平面位置位于现状主河槽内,泵闸基础及结构低于河道非汛期常水位以下。为满足干地施工条件,施工前,拟在泵闸设置纵向导流挡水建筑物(施工围堰)。

(1) 堰顶高程

根据泵闸工程规模及工程量,结合工期安排,泵闸结构高程±0 m 以下拟在非汛期进行,导流建筑设计标准拟采用 10 月—次年 4 月 10 年一遇水位。堰顶计算高程为设计水位+0.5 m 安全超高+0.5 m 波浪爬高。

(2) 围堰结构

考虑围堰挡水高度不高、使用时间较短等因素,同时为减少临时工程投资,围堰拟采用土石围堰结构。筑堰材料就近利用泵闸结构开挖土方进行填筑。围堰堰顶宽 6 m,两侧边坡坡比 1∶3,河道水流对围堰外侧边坡冲刷影响,在迎水侧坡面铺设 300 mm 厚袋装碎石进行护坡防冲。

3) 堤防加固

根据堤防加固工程设计断面及结构,结合水文资料综合分析,堤防填筑不需设置导流建筑物即可达到干地作业条件。外护坡结构主要为草坡护坡和生态连锁块护坡,常水位以下部分拟安排在非枯水期组织施工,通过合理安排施工期,可不设导流建筑即可组织施工。

4) 穿堤建筑物

根据穿堤建筑物工程任务及规模,临河侧设置施工围堰。

2.16.1.4 导流建筑物施工

1) 围堰填筑

土石围堰填筑土料采用工程开挖土方,12 t 自卸汽车运至填筑区,使用进占法填筑。围堰出水后,分层压实,修整边坡,人工配合机械铺设袋装土。

2) 围堰拆除

工程施工完毕后,为不影响河道及建筑物的排涝,需将围堰结构全部拆除。围堰水上和水下部分均采用挖掘机配合自卸车进行拆除,拆除的土料运送至弃土区。

2.16.1.5 基坑降排水

1) 初期排水

初期排水主要为堰内和泵闸基坑积水、堰体和堰基的渗水、降雨汇水等。堰内和泵闸基坑初期排水采用抽水泵或潜水泵进行排抽。

初期排水完成后,应在坑底设置排水沟和集水坑,便于后期渗水和降雨汇水汇入集水坑内,根据坑内积水情况,适当开启潜水泵进行抽排。

2) 经常性排水

经常性排水主要采取集水明排和管井降水。

(1) 集水明排

施工围堰内初期排水完成后,应在堰底四周设置排水沟和集水坑,便于后期渗水和降雨汇水汇入集水坑内,根据坑内积水情况,适时开启潜水泵进行抽排。

(2) 管井降水

泵闸基坑开挖过程中和开挖完成后,可设置管井,进行经常性排水。拟在基坑内每 20 m² 设置一个管井。管井采用无砂混凝土管,外径 50 cm,壁厚 5 cm。滤管的滤网由钢筋骨架构成,外包两层镀锌铁丝网,内层为 40 目细滤网,外层为 18 目粗滤网,滤管直径与井的直径相契合,长 4.0 m。反滤料采用级配良好的中粗砂。

2.16.2 主体工程施工

2.16.2.1 堤防加固

1) 堤防清基

堤防清基采用 1 m³ 的反铲挖掘机和 12 t 自卸汽车配合作业。清基料用于堤防工程填塘,余土外运至弃土区。

2) 土方开挖

土方开挖主要为堤防加固内培,采用 1 m³ 的反铲挖掘机开挖,堤防坡面开挖时采取台阶状开挖断面,开挖土料就近堆放至堤顶或坡脚,后期用于堤防填筑。

3) 堤防填筑

填筑土料不应夹有砂子、淤泥质土、耕植土、冰雪、冻土块和其他杂质,对于不同的筑堤土料,在填筑前应进行击实试验,确定土料的最大干容重和最优含水量。土料压实前应进行晾晒或洒水,使土料含水量接近最优含水量及碾压遍数,土料含水量处理均应在料场进行。

对老堤加培接触面上腐殖土和堤坡草皮进行清坡处理,将夯实后的底土刨毛,开始铺第一层新土,碾压后逐层上升。在新土与老堤坡接合处,应将老堤挖成台阶状,以利堤身层间接合。清基后逐层铺填碾压上升。

填筑土料尽可能采用利用料,不足部分使用 12 t 自卸车从料场直接运料上堤,由于部分料场土含水量较高,需进行翻晒。筑堤采用进占法卸料,74 kW 推土机分层铺料,堤防填筑宽度在 3.0 m 以上的部位,土料采用 74 kW 履带式拖拉机压实;宽度小于 3 m 的部分,土料由蛙式打夯机或人工压实。采用履带式拖拉机压实时,铺料宽度应超出设计堤边线 0.3 m,铺料厚度应控制在 0.25～0.3 m,土块最大粒径不大于 100 mm;人工或蛙式打夯机压实时,铺料宽度应超出设计堤边线 0.1 m,铺料厚度应控制在 0.15～0.2 m,土块粒径不大于 50 mm,压实度应满足设计规范要求,铺土厚度及碾压参数均应由现场碾压试验调整确定。碾压方向应平行于堤线方向。每层碾压后土料表层应进行刨毛处理,并洒水湿润,下层检测合格后,方可进行上层铺料碾压施工。

为减少横向接缝,填筑段长度不宜小于 100 m,相邻填筑段接合坡度不陡于1:3,高差不大于 2.0 m。为防止雨水渗入松土层,填筑面应略向堤外侧倾斜,以便雨水排出。

4) 填塘固基

堤后填塘利用清基料和围堰拆除料进行填筑,填筑前应对填筑料中的杂草、树根、垃圾进行剔除。土料采用自卸汽车运送至填筑点后用进占法卸料,推土机按设计填塘高程推平压实土料。

5) 草皮护坡

用于护坡的草皮宜选用根系发达、入土深厚、匍匐茎发达、生长迅速且成坪快的草种。采用全铺草皮法铺设。要避免采用易招白蚁的白茅根草。铺草皮前先在坡面上铺筑一层厚度为 4～10 cm 的腐殖土,移植草皮时间应在早春和秋季,铺植要均匀,草皮厚度不应小于 3 cm,并注意加强草皮养护,提高成活率。

6) 生态连锁块护坡

连锁块护坡块体采用商品护块,由厂家运送至施工现场后,对其外观、几何尺寸及质保资料进行检查验收,验收合格后投入使用。

护坡坡面整平采用挖掘机对坡面进行初步精确整理,再由人工按网格挂线进行坡面精确整平。坡面整平后,采用自卸汽车将碎石料直接运送至作业面卸料,再用挖掘机将碎石料铺设至设计高程,最后由人工精确整平。连锁块铺设时,应做好测量放样工作,砌筑第一行连锁块应从坡脚开始,砌块底边沿线对齐下边起始标高控制线,逐层铺设砌筑,砌筑时随时检查坡面平整度,达不到要求的应及时进行调整,确保坡面层外观质量。

2.16.2.2 穿堤建筑物

1) 施工程序

主体工程的施工顺序为:围堰施工→施工排水→基坑开挖→老闸站拆除→基础处理→涵闸结构施工→机电、金结安装→围堰拆除。

2) 土方开挖

土方开挖采用人工与机械相结合,其中基坑保护层以上的大部分土方采用 1 m³ 反铲挖掘机开挖,并用 12 t 自卸汽车装运,基坑保护层和局部机械难以开挖的部位人工进行。开挖土方全部用于回填,多余土方用于堤身填筑。

3) 土方回填

土方回填应在建筑物结构强度达到 70% 以上后进行。回填料就近利用结构开挖的土料,不足部分从土料场取土。土块粒径不大于 5 cm,超径土块应人工粉碎,含草皮、树根等杂物的土料应严禁用于回填,对于含水量过大或过于干燥的土料应进行晾晒或洒水,以保证回填土压实后的压实度满足要求。填筑应分层进行,每层铺料厚度控制在 15~20 cm,土块粒径不大于 10 cm。靠近建筑物附近和填筑宽度小于 3 m 的土料采用蛙式打夯机夯实。

4) 钢筋制安

各部位钢筋在现场钢筋加工棚加工成型后,在场内摆放好并进行标识。水平运输采用 10 t 自卸汽车,垂直运输使用 25 t 汽车吊。根据图纸要求及测量依据架立,摆放,绑扎,点焊。钢筋接头严格按水利水电施工规范进行绑扎。高空作业时采用脚手架配合架子车。

5) 混凝土浇筑

根据结构设计断面,混凝土工程采用竹胶模板立模,立模尺寸、垂直度、加固强度应达到相关规范要求。

混凝土采用商品混凝土,用混凝土搅拌运输车运至现场,混凝土浇筑泵车浇筑。混凝土浇筑采用人工平仓、插入式振捣器振捣。

2.16.2.3 泵闸工程

主体工程的施工顺序为:围堰施工→施工排水→基坑开挖→地基处理→基础结构→泵闸结构→机电、金结安装→附属设施→围堰拆除。

1) 基坑工程

(1) 基坑围护

泵闸基坑采取自然放坡开挖+拉森钢板桩围护结构。放坡开挖坡比为 1:3,在 2.0 m 高程处设放坡平台,平台宽 3 m,坡面采取挂网喷素混凝土进行防护。钢板桩桩长 12 m。

箱涵段采取一级自然放坡开挖,放坡开挖坡比为 1:3。

(2) 基坑开挖

根据泵站结构形式,遵循先低后浅的施工顺序。开挖顺序为泵房段、进水池段、进水闸段、箱涵段、防洪闸段、外河侧消力池段、内河护底段、外河海漫段。基坑开挖采用 1 m³ 反铲挖掘机分层开挖，12 t 自卸汽车运输，可用作回填土的开挖料就近堆放至临时堆土区，其他土方外运。开挖至建基面时，预留 0.3 m 厚保护层，人工开挖，胶轮车运输。开挖后立即浇筑素混凝土垫层，避免坑底长时间外露。

（3）基坑回填

基坑回填工程应根据泵闸结构升高，逐步开始回填。泵闸结构应在汛前完成至 ±0 m 高程，并相应完成基坑回填工作。基坑回填应在泵闸结构强度达到 70% 以上后进行。填筑应分层进行，每层铺料厚度控制在 15～20 cm，采用蛙式打夯机夯实。

2）灌注桩施工

钻孔灌注桩施工采用原浆护壁，正循环成孔施工工艺，水下浇筑混凝土形成。在钻架就位之后检查钻机平台平整和稳固情况，确保桩身成孔垂直度。控制钻杆钻进速度，应不大于 1 m/min，护壁泥浆相对密度控制在 1.2～1.3。清孔时进行泥浆密度复验，相对密度控制在 1.15～1.2。成孔之后对孔径、孔深和沉渣等检测指标进行复验，必须达到设计和施工规范要求后方可进行下道工序施工。

钻孔作业需连续进行，不得中断。因故停钻，则在孔口加盖防护罩，并且把钻头提出孔道，以防埋钻，同时保持孔内泥浆面高度和泥浆比重、黏度符合要求；钻进过程中及时补充损耗、漏失的泥浆，使之高出孔外水位或地下水位 1.5～2.0 m；保证钻孔中的泥浆浓度，防止发生坍孔、缩孔等事故。

钻孔过程中用自制的检孔器随时检查孔的情况，防止发生弯孔等事故；当钻孔距设计标高 1 m 时注意控制钻进速度和深度，防止超钻，并核实地质资料判断是否进入设计持力层。

钻孔的同时加工钢筋笼，钢筋采用双面焊接，焊缝长度不小于 5 d；钢筋笼对接时采用单面焊，焊缝长度不小于 10 d，焊缝长度不包括 10 mm 的起弧和 10 mm 的落弧长度；焊缝宽度不小于 0.8 d，焊缝厚度不小于 0.3 d（d 为钢筋直径）。钢筋笼保护层采用中孔圆柱形混凝土垫块，垫块强度不小于桩基混凝土设计强度，垫块直径应大于设计净保护层厚度 10 mm，中孔直径大于所穿钢筋直径 2 mm，中心穿钢筋焊在主筋上。隔距竖向 2 m 设一道，每道沿圆周对称设置，不小于 4 块。安装钢筋笼骨架时，要将其吊挂在支设于孔口护筒外地面上的方木上，不得将方木支设在护筒上；不得将钢筋笼骨架吊挂在护筒上。

采用商品混凝土，水下混凝土必须具有良好的和易性，控制坍落度在 180～220 mm。采用导管法进行浇筑。

3）三轴搅拌桩施工

施工具体流程：施工准备→测量放线→清除地下障碍物、平整场地→开挖沟槽→设置导架与定位→搅拌桩机就位→水泥浆配置→成桩钻进与搅拌（压浆注入）→弃土处理→钻机移位至下一孔位。

测量放线完成后开挖工作沟槽，在沟槽两侧铺设导向定位型钢，按设计要求在导向型钢上画出钻孔位置，操作人员根据确定的位置严格控制钻机桩架的移动，确保钻孔轴心就位不偏。下钻时严格控制下钻深度，搅拌桩在下沉和提升过程中均注入水泥浆液，同时严格控制下沉和提升速度，下沉速度不大于 1 m/min，提升速度不大于 2 m/min，在桩底部分适当持续搅拌注浆，做好每次成桩的原始记录。

4）钢筋工程

各部位钢筋在现场钢筋加工棚加工成型后，在场内摆放好并进行标识。水平运输采用 12 t 自卸汽车，垂直运输使用 25 t 汽车吊。根据图纸要求及测量依据架立，摆放，绑扎，点焊。钢筋接头严格按水利水电施工规范进行绑扎。高空作业时采用脚手架配合架子车。

5）混凝土工程

主体结构混凝土采用商品混凝土。混凝土使用混凝土搅拌运输车运至现场，溜槽运送入仓，插入式振捣器振捣密实。

施工时应确保线条平直、美观。垫层及底板采用木模，墙身立模采用定制钢模板。压顶用平板式振捣器拖振，墙身用插入式振捣器振捣密实，振捣器插入平面布点和振捣时间要达到规范的要求，确保振捣充分。然后人工进行抹平修光。混凝土浇筑完毕后，及时用麻袋覆盖，以防日晒，面层凝固后，立即进行洒水养护，使混凝土面和模板经常保持湿润状态。

6）闸门及其门槽埋设件的安装

应按施工图纸的规定进行。闸门主支承部件的安装调整工作应在门叶结构拼装焊接完毕，经过测量校正合格后进行。闸门吊装采用 100 t 汽车吊配合人工进行吊装。

7）启闭机安装

启闭机安装前，启闭机安装位置的土建工作应全部结束，启闭排架混凝土达到允许承受荷载的强度，通往启闭机安装地点的运输线路畅通及吊装启闭机用的起吊设备已布置就绪。

8）机电安装

（1）泵组安装

泵机采用厂家定制，出厂前应对设备进行检查验收。安装时应按以下顺序吊入水泵泵体部分:泵工作轮、叶轮外壳、底座、固定导叶体、出水弯头及出水直管等,初步找正,再连接出水直管、伸缩管、穿墙管及止水环等。出水直管下支撑点要做好支撑。整体校正水平度及垂直度,检查工作轮室的轮壁与轮叶的间隙是否控制在设计规范以内。机组总体微调时,校核水泵与电机的同心度、水泵机座水平,检查叶片与工作轮室的间隙是否均匀,手动盘车时轻松自如,无卡死或摩擦现象。

(2)电气设备安装

电气设备安装前,土建工程应基本完工,屋顶、楼板、室内地面施工基本完毕。混凝土达到养护期并拆模,安装场地清扫干净,室内装饰地面抹灰都已完成,屏柜等电气设备场地应清洁干燥。主要设备安装前,应仔细校对现场埋件、基础、构架的尺寸、中心、标高、水平、距离在产品或设计要求范围内,以保证安装误差在规范内。所有设备、仪器、仪表附件、材料等应按有关标准及制造厂家要求进行试验、检验和整定。

2.16.2.4 雨天与低温施工

1) 土方工程施工

雨前应及时压实作业面,并防止作业面积水,当降小雨时应停止黏性土填筑;下雨时注意保护填筑面,不宜行走践踏,严禁车辆通行;雨后恢复施工,填筑面应经晾晒、复压处理,必要时应清理表层,待检验合格后及时复工。土堤不宜在负温下施工,在具备保温措施的条件下,允许在气温不低于－10℃的情况下施工,但土料压实时的气温必须在－1℃以上;负温施工时应取正温土料,装土、铺土、碾压、取样等工序均应快速连续作业,要求填土中不得夹冰雪,黏性土的含水量不得大于塑限的90%,砂料的含水量不得大于4%,铺土厚度应适当减薄或采用重型机械碾压。

2) 砌石、混凝土工程

小雨中施工应适当减小水灰比,并做好表面保护,遇中到大雨应停工,并妥善保护工作面;雨后若表层砂浆或混凝土尚未初凝,可加铺水泥砂浆后继续施工,否则应按工作缝处理;浆砌石在气温0~5℃施工时,应注意砌筑层表面保温,在气温0℃以下又无保温措施时应停止施工;低温时水泥砂浆拌和时间宜适当延长,拌和物温度应不低于5℃;浆砌石砌体养护期气温低于5℃时应采取保温措施,并不得向砌体表面直接洒水养护。

第3章
永安河流域系统治理研究重难点分析

永安河流域防洪排涝系统治理规划设计研究需要对流域进行多次现场勘察和讨论。在认真研究分析资料的基础上,进一步加深对系统治理的理解,提出规划设计研究的重难点及关键问题的对策。

3.1 防洪标准及建筑物级别的确定

1) 重点、难点

本次治理工程涉及永安河万亩以下圩口——大熟圩、小熟圩、双胜圩、严桥集镇东片区、严桥集镇西片区及上游村庄、农田等河段,类型较多,如何合理确定各片区各河段的防洪标准及堤防级别是本工程的重点,也直接影响整个流域的防洪布局。

2) 对策

在充分研究《巢湖流域防洪治理工程规划》《无为县城市总体规划(2013—2030)》《无为市"十四五"水利发展规划》等规划的基础上,根据《安徽省芜湖市永安河治理方案》、《防洪标准》(GB 50201—2014)等相关规定,本项目保护范围涉及河道沿岸城镇及农田,重要城镇防洪标准按 20 年一遇设防;流域万亩以下中小圩口防洪标准采用 10 年一遇,村庄段采用 10 年一遇,其他段维持现状。堤防等级为 4～5 级。

排涝标准:采用 10 年一遇。严桥集镇西片区排涝标准为 10 年一遇,最大 24 h 暴雨 24 h 排除至地面不积水。其他农排区设计排涝标准为 10 年一遇,3 d 暴雨 3 d 排至作物耐淹深度。

3.2 软土地基对工程设计的影响分析

1) 重点、难点

本工程地基土层主要为②层淤泥质粉质黏土、③层粉质黏土、④层粉质黏土、⑤层重粉质壤土、⑥层粉质黏土。②层淤泥质粉质黏土和③层粉质黏土的力学强度低，承载力极低，抗冲刷能力差，不利于河道堤防边坡稳定，也不宜作为泵闸基础持力层。因此，工程设计方案对软土地基的针对性处理是确保工程实施安全的重点。

2) 对策

为控制软弱层易滑坡的问题，堤防、泵闸等工程设计主要采用以下对策：

(1) 堤防、泵闸等工程范围内浅层约 0~2 m 厚淤泥层全部清除。

(2) 堤防外坡脚设抛石护岸，做好堤前固脚稳定，确保堤身安全。

(3) 堤身填筑时严格控制分层填筑的厚度及填筑速率，严格控制压实度指标要求，确保堤身填筑质量。

(4) 泵闸主体结构地基处理采用承载能力强的水泥土搅拌桩基础。

(5) 严格控制基坑开挖范围内的施工堆载问题，要求基坑开挖面 10 m 范围内禁止任何堆载，确保基坑安全。

(6) 在详勘阶段对软弱土层进行进一步分析，为设计提供精确指标及指导建议。

3.3 河拐排涝泵站水动力及结构分析

1) 重点、难点

受永安河红庙镇戈家圩片区排涝需求的影响，泵站规模和平面布置需要进一步分析论证，合理的泵站规模及泵房、厂房、管理房、进出水流道等布置，对排涝功能的发挥、保障结构安全及提高工程建设经济效益都至关重要。

2) 对策

进一步研究排涝片区现状，充分调查研究，本着统筹协调、洪涝兼治的思想，充分论证排涝泵站规模，在此基础上，通过 BIM 软件建立泵站三维模型，利用 ANSYS 和 ABAQUS 软件分别进行水流流态和结构应力应变有限元分析，确定新建泵站的合理规模和各功能段结构尺寸，确保经济合理，并通过专家和主管部门的技术审查。

3.4 泵闸建筑物不均匀沉降控制措施

1) 重点、难点

由于泵闸工程建设于河道软弱土层上，土体压缩量大，并且部分管理区为回填成陆，主体结构沉降和边荷载导致沉降控制难度大，工程中出现不均匀沉降问题较为常见，因此对泵闸相邻建筑物不均匀沉降的控制是泵闸设计的重点。

2) 对策

借助先进的数字化模拟程序,对整个泵闸结构采用 MIDAS 软件进行沉降计算,确保沉降计算精确合理。

在地基处理中,根据建筑物不同的受力情况,采用针对性的地基处理方式,河拐站等较大泵闸主体结构和主副厂房采用双轴搅拌桩,进出水池与其他较小泵闸等采用单轴搅拌桩,保证不均匀沉降得到有效控制的同时,也更为经济合理。

3.5 陡湾滩地开卡疏浚分析研究

1) 重点、难点

湖塘圩外侧陡湾滩地束窄永安河干流最大处接近 60%,导致滩地上下游也形成宽窄不一的河滩地,严重影响河道行洪安全,亟须开卡疏浚。该段被列为永安河防洪治理的重要工程任务之一,但现状陡湾滩地上下游段河道弯曲,河势复杂,洲滩较多,河口宽窄不一,同时下游 290 m 处为独山河入汇口,因此需要采用水动力数值模型对开卡疏浚河段进行专题分析研究,从而明确河道疏浚方案及疏浚后河道水流流场、流速的分布,避免出现大冲大淤及水流顶冲河岸。在防洪安全的前提下,确保开卡疏浚对干支流河道无不利影响。

2) 对策

首先对河滩地地形和纵横断面进行测量,获得原始数据,然后通过丹麦水利研究所(DHI)开发的 MIKE 11 和 MIKE 21 建立永安河一维河网数学模型及二维水动力数学模型。在丰水年、平水年、枯水年水文条件下,计算分析开卡疏浚方案实施后流场、流速、水位及其变化趋势的影响。

通过建立数值模型,进行两个开卡方案模拟计算分析,采用滩面半切方案进行开卡疏浚。

3.6 严桥集镇西片房屋贴岸的南段堤防设计

1) 重点、难点

严桥集镇西片南部部分河段岸后紧邻房屋,共计 17 处,现状堤顶高程为 10.7～11.5 m,欠高 0.5～1.9 m。现状河底高程 7.9～8.7 m,河道局部淤积,杂草丛生(见图 3.6-1)。在堤防结构选型、堤线位置及护岸护坡方案设计时,如何保证邻近房屋建筑物的安全,防止沉降和位移,降低社会稳定风险,满足施工机械进出场、土方运输便捷,同时控制施工周期和工程建设成本,是本工程的重难点。

图 3.6-1 严桥集镇西片区南段房屋贴岸现状照片

2) 对策

本工程因房屋紧贴河岸，常用的内培、外培方案均不可行，本次拟采用波浪桩挡墙进行挡水和护岸加固。波浪桩挡墙按 M 形排列，桩长 6~9 m，桩身入土深度不小于 4~7 m，桩底进入④层粉质黏土中。同时施工时采用静压桩工艺，避免锤击打桩所产生的振动、噪声和污染。桩身下部土层为③层和④层粉质黏土。③层土（Q_4^{al-pl}）力学强度低，厚 0.4~5.5 m，场地局部分布；④层土（Q_4^{al-pl}）层厚 0.7~13.0 m，场地大部分分布，力学强度较高，对基坑边坡抗滑稳定有利。因该河段位于镇区主要道路石凤路两侧，考虑美观效果，可在桥梁两侧局部采用刮板等建材进行外立面景观效果提升。

3.7 施工组织设计中的土方平衡控制

1) 重点、难点

主体工程区分为三大块，平面最大跨度达 25 km，根据初步估算，土方缺口量较大，现状三大主体工程区需求不一，且本工程主要为 4~5 级堤防加固，堤顶道路较窄，位于山丘区，交通运输条件较差，制约外来土的运输，因为土方平衡是本工程的一项重点内容。

2）对策

（1）做好工程区土方的高效利用

泵闸结构开挖土方土质较好，可利用于相应区域的堤防达标；陡湾滩地整治土方和上游河道疏浚砂石料，可用作河道整治及填塘固基，实现土方合理利用和减少堆土场面积双赢。

（2）严桥西汊水上清淤

严桥西汊下游段房屋邻近河道，如果采用传统的断流河道，水力冲挖机组冲挖，将会对房屋及岸坡稳定产生不利影响，推荐不断流河道，采用绞吸式挖泥船或浮式小型挖机进行疏挖。疏浚土方外运至排泥场，排泥场根据实际情况布置在河道两侧。

疏浚土方经排泥场晾干后，在本工程范围内就地平衡。

（3）做好土方量的精确计算

土方计算采用土方计算地形分析软件 HTCADV 10.0 进行计算，HTCADV 10.0 是基于 CAD 2004—2020 平台开发的一款土方计算软件，针对各种复杂地形以及场地实际要求，提供了多种土石方量计算方法，对于土方挖填量的结果可进行分区域调配优化，满足就地土方平衡要求，动态虚拟表现地形地貌。软件广泛应用于居住区规划与工厂总图的场地土方计算、机场场地土方计算、市政道路设计的土方计算、园林景观设计的场地改造、农业工程中的农田与土地规整、水利设计部门的河道堤坝设计计算等。

3.8 征地拆迁及移民安置的实施

1）重点、难点

永安河堤防加固工程沿线共涉及严桥镇、红庙镇等 4 个乡镇，需拆迁房屋 95 户 251 人，征占地 464 亩。本工程征地移民工作量大，征地手续的办理和移民搬迁的落地情况直接影响本工程达标堤防实施。征地移民的落实是本工程项目推进的重点，也是难点。

2）对策

在后续设计阶段根据合理的工程布置方案，对工程征地范围内土地的性质进行详细调查，对移民搬迁数量进行精确调查及核算，在此基础上编制好移民安置规划报告，确保报告方案的可落地性。在项目建设前期，落实好移民安置中心村建设及相关补偿经费，由地方政府设立专班落实好移民搬迁安置具体工作，保障移民安置过程的社会稳定。

3.9 对高压天然气管道的影响控制

1）重点、难点

严桥集镇东片区桩号YK400处河段存在深埋穿河燃气管线——"合肥高压天然气管道"。根据《城镇燃气管理条例》《中华人民共和国刑法》《中华人民共和国石油天然气管道保护法》等规定，在燃气设施保护范围内，有关单位从事敷设管道、打桩、顶进、挖掘、钻探等可能影响燃气设施安全活动的，应当与燃气经营者共同制定燃气设施保护方案，并采取相应的安全保护措施。

根据《城镇燃气管理条例》，本工程为埋地高压管道，在燃气管道设施周边实施一般建设行为的保护范围为埋地高压管道的管壁外缘两侧5米范围内的区域。该河段堤防加固设计方案应分析施工对管线的影响，满足安全施工要求。

2）对策

根据区域防洪需求，为确保地区社会经济发展安全，提升地区防洪能力，在严桥集镇东片区进行新建或加高加固堤防，形成防洪封闭圈。根据工程设计及布置方案，燃气管线河段堤防拟增加高度1 m，堤顶宽度5 m。本工程不涉及打桩、顶进、挖掘、钻探等可能影响燃气设施安全的活动，同时根据PLAXIS沉降计算可知，本工程河段堤防加固对燃气管线影响很小。

在工程勘察设计方面，采取优化堤防土方填筑方式、枯水期施工不设置施工围堰、管线保护范围内无桩基、钻探施工等措施，并做好施工期的安全防护和安全警示预防，确保工程实施无不利影响。后续如本单位中标，将在工程设计方案阶段与燃气经营及管理部门对接，收集资料并开展安全论证。提醒施工单位在施工前应严格向有关部门和单位申请，确定施工区域的燃气管线位置，做好交底工作。

3.10 严桥西片南部污水处理厂地块景观绿化设计

1）重点、难点

地块位于严桥镇严红路以南、永安河西汊北侧，规划面积2.3万 m^2，现状景观绿化设计主要有以下重难点：

（1）地块被规划建设的严桥1#排涝站分为左右两个区域，排涝站和排涝沟给地块的完整性带来了比较大的影响。

（2）距离东侧180 m处的污水处理厂可能会对地块产生气味、噪声等影响。

（3）需结合当地历史人文进行景观深化。

2）对策

水利工程景观绿化设计要结合时代特色和所处环境，既要表现出景观特有的"个性",也要与建筑周围的环境相协调,还要符合时代的特点。

(1) 依托严桥1♯排涝站的建设,在地块上规划一个与水利相关的公园——无为水利公园,旨在重述水利精神,弘扬水利文化。在排涝沟上规划一座人行景观桥,连接左右两个地块,同时也自然地把空间分为动静两个分区。

(2) 在地块靠近污水厂的区域规划合适的地形和植物品种进行优化设计。

(3) 无为市"鱼灯"又称"吉祥灯""太平灯""幸福灯",距今已有1 000多年历史。相传北宋年间,包拯到陈州放粮得胜回朝后,朝廷为大放花灯,曾普召全国各地向朝廷敬供花灯。当时无为人敬献了"八条鱼"(鱼灯),得到朝廷赞扬。就这样,无为"鱼灯"就保留下来了。

本次设计中提取鱼灯的元素,在规划水利公园的同时,为丰富人们参与水利设施的需求,在公园入口设计了一个鱼鳞坝。

3.11　牌楼水库入库河口生态湿地设计

1) 重点、难点

牌楼水库位于无为市西北永安河上游,牌楼水库库容量为750万 m^3,现有资料显示,水库水位浮动区间在7.5~8.0 m,从而在项目范围内产生了水岸消落带。入库河口景观地块位于水库上游的消落带内,由于水位的剧烈波动,消落带湿地的生物多样性通常较低,植被也比较单一。驳岸表层土壤长年累月遭受洪水冲蚀,消落带湿地的大坡度区域基本上没有植被分布。

2) 对策

根据区域的淹没时长来进行水生植物景观营造,规划高低起伏的梯田状湿地和水田,打造具有独特体验价值的湿地公园景观,结合人们游览的要求,规划木栈道串联湿地空间。通过在水田内种植湿地植物,净化水体。不同的湿地植物同时也形成了丰富的植物景观,呈现"五彩"的特征。安装植物科普牌,向广大群众普及植物具有净化自然环境的作用。

打造潜流湿地和深度净化湿地,改造地形,形成低洼湿地,增加蓄洪能力;增加水体流动长度,增加湿地净化能力;深化竖向标高,提供更丰富的潮汐滨水空间和小型池塘,构建完善的湿地植物体系。

3.12　投资控制重难点及对策

1) 重点、难点

投资控制是工程项目管理的关键环节,控制得当,就会降低成本,提高经济效益。建设项目的投资控制始终贯穿于项目的全过程,而工程设计阶段的投资控制是整个项目投资控制的先导,需具有前瞻性和规划性。

2)对策

采用技术与经济相结合的管理手段,对项目进行主动控制,即从组织、技术、经济等多方面采取措施。

(1)从组织上采取措施,包括明确项目组织结构,明确投资控制者(设计及造价人员)及其任务,明确管理职能及分工。

(2)从技术上采取措施,包括重视设计多方案比选,严格审查监督初步设计过程,深入技术领域研究节约投资的可能。进行方案比选,通过设计阶段进行多方案的技术经济比较,择优确定最佳建设方案,择优选择最佳方案。按批准的初步设计总概算控制施工图设计。

(3)从经济上采取措施,包括动态地比较造价的计划值和实际值,采取对节约投资有效的奖励措施。

第4章
永安河流域系统治理研究建议

为减轻流域防洪压力,提高永安河防洪标准,提升流域排涝能力,整治部分河段河槽及滩地,促进地区社会经济可持续发展,应进一步实施永安河流域防洪排涝系统治理规划设计研究工作,因此有针对性地提出以下建议。

4.1 尽快推进与当地政府及相关部门的沟通,保证项目顺利实施

本次永安河防洪排涝治理工程拟通过堤防加固,新建护岸护坡,新改建穿堤建筑物与排涝站,新改建堰坝、桥梁及河道清淤疏浚等工程措施,提高河道沿岸防洪能力,规划设计的大熟圩、小熟圩、双胜圩及严桥集镇东、西片的防洪封闭圈堤线走向和堤防加固方式需与当地镇政府、村委会及居民积极沟通协调,确保工程措施能落地。

(1)征地拆迁对接

工程沿线共涉及严桥镇、红庙镇等4个乡镇,需拆迁房屋,征占土地,涉及的大量征地拆迁,尤其是阻水严重的陡湾滩地,直接影响项目的实施推进,建议尽快组织开展项目用地范围征地拆迁工作的预沟通与协调,尽早与有关部门协调确认,以落实项目建设的基本条件,推进项目顺利实施。

(2)天然气管线对接

严桥集镇东片区河段存在穿河燃气管线——合肥高压天然气管道,建议提前与相关部门沟通核实,协商保护要求,以确保项目实施与相关政策法规及行业管理要求相符。

(3)桥梁问题对接

本工程大熟圩河段因桥梁严重阻水或泵闸施工涉及机耕桥改建共计9座。根据中小河流治理实施方案指导意见,桥梁工程一般不纳入中小河流治理工程中,建议尽早联系市政道路部门,协商确认相关的建设程序要求,以确保项目实施与相关政策法规及行业管理要求相符。

（4）新建堤防走向与河道管理范围线关系确定

严桥镇西片南部、严桥镇东片西北部等新建堤防的堤内脚线超出河道管理范围线，涉及管理范围线调整事宜。新建堤防堤内角线与河道管理范围线关系见图4.1-1。需尽快对接管理范围线行政审批部门，明确用地范围。如需调整管理范围线，需满足水面积、槽蓄量等占补平衡，并办理相关手续。

图4.1-1　新建堤防堤内脚线与河道管理范围线关系

（5）红庙镇意见协调

经初步调查，本次治理工程的严桥镇东汊的左岸为红庙镇陶圩，随着严桥镇东汊的右岸形成防洪封闭圈后，红庙镇及相应村委希望对东汊左岸进行堤防达标加固，主要内容为防汛道路改造和穿堤建筑物重建。后续应进一步详细调查和分析，与相关部门进行密切沟通。

本工程总体布局与芜湖市永安河防洪治理方案一致，但仍需进一步与自然资源和规划局、农业农村局等行政审批部门对接生态红线、基本农田、三区三线及林地等事宜，及时听取各部门指导性建议和意见，确保工程方案的合理性。

4.2 建议按照流域系统治理的要求,进一步梳理支流治理内容

4.2.1 以流域为单元统筹推进中小河流治理

开展中小河流治理工程设计时,应在准确把握新阶段中小河流治理重点的基础上,结合水利部、财政部印发的《中小河流治理工程初步设计指导意见》(水规计〔2011〕277号)、《关于进一步提高中小河流治理勘察设计工作质量的意见》(水规计〔2013〕495号),重点关注以下几方面的工作。

(一)工程规划

1. 复核治理标准。以流域为单元,在满足中小河流治理方案确定的治理标准基础上,结合中小河流防洪保护区现状,根据经济社会发展新需求,统筹区域与流域的关系,复核防洪保护区的防洪标准和堤防的建设标准;确需提高标准的,应充分论证提高的必要性和合理性。

2. 复核现状及设计水面线。以中小河流治理方案初步确定的重要节点设计水位为基础,采用已有洪水资料和近期实测河道断面资料,以干支流汇合口、水文站及水库、拦河闸站、桥、省市县界断面等为重点,结合河道整治方案,考虑计算河段内已建和规划建筑物对设计水位的影响,复核治理河段的现状及设计水面线成果。

3. 合理确定堤线布置。应尽量维持河道自然形态,避免裁弯取直、缩窄河道,并根据规划行洪能力和管控要求,合理确定治理河宽和堤距。对于现有堤防满足行洪宽度要求的河段,原则上沿老堤线加固;对于拓卡及现有堤防加高后仍不满足行洪要求的河段,宜拆除现有堤防,退堤或疏浚河道以满足行洪要求;对确需新建堤防的河段,以不侵占河道行洪通道为原则,统筹好防洪治导线、河湖岸线与堤线的关系,合理布置新建堤线。

4. 加强河道整体治理方案比选论证。按照"多规合一"要求,宜统筹行业间治理需求,做好中小河流防洪治理方案比选论证。在新建(改建)堤防(护岸)、现有堤防(护岸)加固、河道疏浚、支流河口建闸与筑堤等河道单项防洪治理方案技术经济比选的基础上,进行防洪整体治理方案的比选论证,并统筹好与非防洪类治理要求的关系。根据方案比选推荐方案,梳理建设内容和规模。

(二)工程设计

1. 合理确定堤防及穿堤建筑物级别。堤防级别划分应根据保护对象防洪标准,按《水利水电工程等级划分及洪水标准》(SL 252—2017)和《堤防工程设计规范》(GB 50286—2013)等有关规定执行。确需提高或降低堤防级别时,应充

分论证其必要性和合理性。

2. 加强河道单项工程治理方案比选论证。河道整治方案比选应以防洪保安全为首要目标，可适度营造滩、洲、潭等多样化的生态空间。针对河流工程现状和主要问题，在满足防洪保安全的前提下，在综合考虑河流特点、地形地质条件、填筑材料、施工条件、环境影响、占地移民等因素的基础上，加强单项工程治理方案技术经济比较。

3. 堤防（护岸）及河道断面设计。堤身断面宜综合考虑填筑材料、生态景观、交通等因素综合确定。堤身填筑材料宜就地取材，通过工程措施满足堤身填筑要求，少占或不占耕地。有条件的河段，可结合亲水景观要求，采用复式河道断面。堤防（护岸）护坡型式应综合考虑工程安全、生态景观和当地工程经验等因素，经技术经济比较确定；迎流顶冲或流速较大河段临水侧护坡应采用混凝土板、格宾石笼等护坡型式，确保工程安全；临水侧常水位以上和背水侧应考虑生态护坡型式。堤防渗控措施宜综合考虑占地、生态保护等因素确定，尽量少占地，避免阻断河道内外地下水补给。

4. 山丘区河流治理工程设计。坡度大于1‰，河床质较粗，具有跌水、深槽等形态特征的，可认为属于山丘区河流范畴。山丘区河道，要结合村镇和集中连片耕地分布，宜以护岸为主，尽量少建堤防。方案设计时，应注意河流自然形态及生境多样性的维护，结合山村环境改善，采用生态友好型工程措施。

5. 平原河网地区河流治理工程设计。平原河网地区要以畅通水系为原则，确保河道行洪通道顺畅，加强河道的疏浚拓卡和堤防工程建设。城镇段在保障防洪功能的基础上，有条件的地方可整合各类建设资金，协调河流水系与城镇亲水景观的关系，但要避免过度景观化；农村段以保护乡村和农田为主，可借鉴农村水系综合治理的经验，尽量维持河道自然形态和自然岸坡，在保障防洪安全的基础上，结合拦蓄水工程，提高洪水资源化利用水平，增加农业灌溉用水，改善水生态环境和乡容村貌。

6. 河道治理工程生态化设计。强化系统规划、整体设计理念，在保障防洪安全的前提下，统筹考虑与湿地涵养、水质净化、景观休闲、城市交通、当地文化传承等多功能的结合，充分尊重当地河流自然特征、居民生产生活方式和城乡风貌，把握好自然景观特征和区域历史文化风貌的融合，因地制宜、分类施策，从堤线堤型选择、堤身断面和河段断面设计、防护材料、当地文化传承、生态与景观设计等方面，合理选取适宜的工程技术措施，将防洪岸线打造为绿色生态廊道。

（三）环境保护和移民征地

1. 严格落实环评要求，开展环境保护设计。工程环境保护措施设计应落实相关规划和项目环评批复要求,并符合有关规程规范。

2. 兼顾河湖复苏任务,统筹工程设计。对于兼顾河湖复苏治理任务的中小河流,结合河湖复苏目标所采取的工程措施进行统筹设计。

3. 合理确定建设征地范围。统筹考虑治理各单项工程之间、拟建工程与已(在)建工程之间的关系,统一上下游、左右岸、干支流处理原则,合理确定建设征地范围。

4. 合理编制征地移民补偿投资。按照相关规定足额计列并纳入工程总概算,避免征地移民补偿投资与实际需求差别较大,影响工程建设进程。征收(征用)已完成水利工程划界确权工作的土地,原则上不得重复补偿。

4.2.2 推进全流域支流治理,完成全流域治理任务

目前中小河流治理工作仅针对干流,沿线支流未纳入治理范围,支流治理标准低,防洪问题突出,这将成为水安全问题的严重隐患。按照水利部关于中小河流系统治理的精神,建议对流域内未治理的重要支流——独山河和花桥河加快建设,全面提升河道全流域的防洪减灾能力,确保区域防洪安全。

根据2022年11月安徽省水利厅通过审查的《安徽省芜湖市永安河治理方案》,明确了独山河和花桥河治理内容:独山河防洪治理长度10.2 km,堤防加固长度11.3 km;花桥河防洪治理长度13.9 km,堤防加固长度15.6 km。

4.2.3 加快水环境景观建设进度,达到系统治理任务

《中共中央 国务院关于做好2023年全面推进乡村振兴重点工作的意见》明确提出扎实推进宜居宜业和水美乡村建设,同时中小河流系统治理对水景观、水文化建设也有所要求,但是本次永安河整治的重点为提升河道防洪减灾能力,对水环境、水景观的提升尚未达到系统治理要求。建议结合水美乡村建设加快推进水环境及两岸陆域环境提升,服务乡村振兴。

4.3 建议按照标准化原则,对工作闸门、检修闸门、水泵、拦污栅、穿堤涵等结构、设备的类型与尺寸进行归并设计

本次规划设计堤防战线较长、区域分散,点多面广,工程内容涉及7座泵站、22座涵闸、14座堰坝、4座泵站设备更换等。从设备招标采购成本、工期、施工难易度及工程质量效率、后期运行管理维护成本等角度出发,建议按照标准化、规模化的原则,对水工结构涉及的穿堤箱涵、挡墙、进出水池、门槽尺寸等,金属结构(简称金结)专业涉及的工作闸门、检修闸门、拦污栅、金属预埋件、清污机

等,水机专业涉及的水泵型号、流道宽度、吊车梁等,电气专业涉及的电灯、电缆、支架等,均可以根据实际需求进行相应设备、结构的类型尺寸归并设计,做到"类型减少、尺寸相同",便于采购、施工及运维,降低全生命周期工程建设成本。

4.4　建议推进水岸生态景观带建设,展现无为水文化的内涵

水利工程建设应牢固树立"绿水青山就是金山银山"的理念,坚持"节水优先、空间均衡、系统治理、两手发力"治水思路(简称"十六字"治水思路),深入贯彻习近平生态文明思想,将人民群众所想所盼作为工作目标,让人民群众共同享受幸福生活带来的欢乐。

现代水利工程以水利功能性措施为载体,融入当地水文化、水景观,科普水利工程知识,凝练水利工程内涵,提升水利工程品质。让特色水利工程成为当地民众的休闲之地,成为八方游客的游览胜地。

本项目位于安徽省无为市,当地自然山水沉淀着丰富的文化内涵,工程区域水清岸绿、风光秀丽,景观设计注重与周边自然景观、人文环境的和谐与协调,体现当地水文化、水景观的内涵。

永安河规划的堤防路宽度 4～5 m,总长 23 km。可考虑在堤身不同高度设置观景平台、慢行道、自行车道,堤身兼顾防洪功能和景观功能。有条件营造可漫步、可穿行、有温度、有活力的魅力水岸空间,培育留得住乡愁的美丽乡村。

永安河系统治理在保证水安全的前提下,融入水文化、水景观协同治理理念,发掘河道潜力与亮点,以永安河防洪治理建设为依托,配合生态护岸、景观堰坝及廊亭等小品建设,打造"一步一风景"的美丽乡村景象。在两个主要公园和河拐闸景观设计方案中建议充分融入当地历史文化,如庐剧、鱼灯、无为纱灯等,打造"一景一主题",提升当地民众的获得感和幸福感,促进乡村振兴。

4.5　建议合理统筹、实现工程区土方的高效利用

本次研究堤防战线较长、点多面广,土方开挖和土方回填方量较大,主体工程区分为三大块。根据土方初步估算,土方缺口量较大,现状三大主体工程区需求不一,且规划工程主要为 5 级堤防加固,堤顶道路较窄,位于山丘区,交通运输条件较差,严重制约外来土的运输强度,因此需要统筹协调各个工程区土方平衡。目前方案中泵闸结构开挖土方和陡湾滩地整治土方及上游河道疏浚砂石土方基本拟用于河道整治和堤防加固回填。由于弃土区土方量大,建议尽早开展土质情况试验调查,若弃土区存在较好的土质,完全可利用于堤防达标和护岸回填,实现土方高效利用。

4.6 控制工程造价的合理化建议

工程设计阶段的造价控制是整个项目造价控制的先导,具有前瞻性和规划性。控制工程造价的方法如下:

严格执行项目可研批复的工程等级和设计标准;按批准的可研投资估算推行量财设计,积极合理地采用新技术、新工艺、新材料,优化设计方案,编好投资概算;在保证设计质量的前提下,推行设计方案的限额控制,确保设计概算不突破限额目标,重大决策应有多方案比较,以保持投资控制的主动性;在对方案进行技术经济优化的过程中,对不同方案的总体布置、结构方案、施工方案等要充分论证,结合不同方案的投资,合理确定推荐方案,以实现对项目造价的有效控制。

以工程初步设计文件为依据,用审定的初步设计概算造价控制施工图预算,将审定的初步设计控制工程量作为施工图设计工程量的最高限额,不得突破。

工程施工阶段要严格控制设计变更,尽可能将设计变更控制在设计阶段。建立健全相应的设计管理制度,对影响工程造价的重大设计变更,需进行由多方人员参加的技术经济论证,使建设投资得到有效控制。

4.7 建议开展数字孪生及 BIM 应用,实现降本增效,提质赋能

数字孪生是一种超越现实的概念,可以被视为一个或多个重要的、彼此依赖的装备系统的数字映射系统。水利部在《关于大力推进智慧水利建设的指导意见》中提出,到 2025 年,通过建设数字孪生流域、"2+N"水利智能业务应用体系等建成智慧水利体系 1.0 版。所谓数字孪生,主要是基于水利信息基础设施,利用三维仿真技术,对江河湖泊、水利工程、水利治理管理对象、影响区域等物理流域进行数字映射,利用模型平台和知识平台实现智慧模拟、仿真推演,支撑水利业务应用。

BIM(Building Information Modelling),即建筑信息模型,是近年来发展迅速的一种建筑工程信息管理技术,可改善设计生产工具,提高工程管理效率,降低决策风险,有助于提高产品运行性能,显著促进建成项目的可持续性。从全球应用进展来看,BIM 技术已经成为一种革命性的工程技术,在信息共享、可视化设计、参数化建模、数据集成等方面有着强大能力,可以大大减少重复工作,提高项目质量。

根据水利部正在推行的数字孪生水利工程相关工作部署要求,建议开展数字孪生及 BIM 应用,实现降本增效,提质赋能。

4.8　建议加强监测预警及智慧化建设

以依法守法、安全生态为基本要求,推动大数据运用与管理,加大监管力度,加强河道治理标准化,确保河道管理长效化。

(1) 河道管理智能工程

一是对标先进,推动数字化转型工作,通过数据中心、应用系统、网络改造、智能化建设、网络安全、标准化建设等六大工程,推动核心业务模块运行使用,强化各个系统、平台融合集成,深化掌上办公、掌上办事一体化应用,实现"互联网+政务服务""互联网+监管",争创水管理平台试点。

二是推进水文感知系统建设,完善水雨情监测和预报管理体系。

(2) 河道管理科技创新工程

河道管理的日常工作中必须融入新时代的高端科技,运用 5G 技术,将科技运用到河湖长制工作中,推进电子河长建设,使河道管理工作科技化、智能化、信息化。

4.9　其他建议

4.9.1　建议开展严桥镇城市总体规划编制

为科学指导严桥集镇发展,确定集镇城市发展边界、发展规模和发展目标,建议开展严桥镇城市总体规划编制。其中,明确整个镇区的城乡水体生态功能,提高水系连通性,加强水环境生态修复,提高骨干河道水质,强化城镇内河和农村地区中小河道治理跟本次永安河系统治理密切相关。同时可以划分出河道、林地、农田等元素空间分布区域,指导水利工程建设。

4.9.2　建议提升严桥集镇污水厂水质

目前严桥集镇污水厂位于严桥集镇西片区南部,随着污水厂设施的长期运行,出水水质虽然为一级 A 标准,但是仍有提升空间,应加强检测频率,采取水资源二次利用措施。同时结合水利公园,考虑生态湿地净化措施来进一步提升水质,满足幸福河湖的需要。

第5章
黄陈河流域系统治理研究概况

5.1 黄陈河流域概况

黄陈河是巢湖流域裕溪河右岸支流，位于无为市东北部，主源发源于无为市无城镇凌井村，经三闸圩、黄佃圩、港埠圩，于黄雒（黄家嘴）处汇入裕溪河，河道全长24 km，流域面积208 km²，主要支流有青苔河、童家湾汊河等。黄陈河所在行政区域地理位置图见图5.1-1。

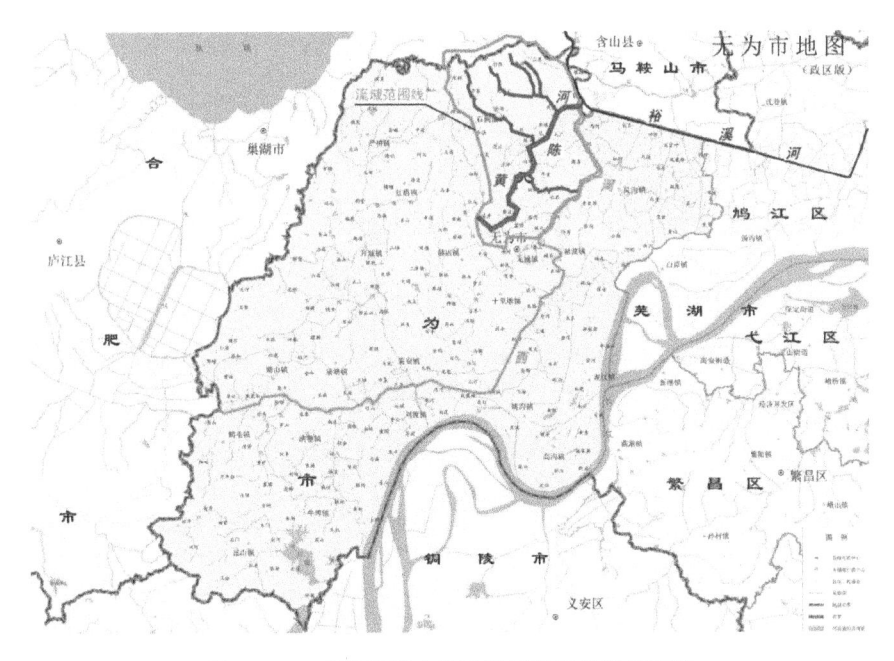

图5.1-1 黄陈河所在行政区域地理位置示意图

二十世纪六七十年代，在黄陈河杨埂坝处兴建了陈家闸（站），将黄陈河分割成内、外两段。杨埂坝以上称为"黄陈河上段"，为三闸圩内河。杨埂坝以下称为

"黄陈河下段",为直通裕溪河的外河。

黄陈河上段从起点老巢无路至陈家闸(站)全长16 km,为三闸圩内部主要水系,集水面积103.2 km²,地势东、西、南三面高,中部及北部低,地面高程一般6~10 m,最高海拔16.9 m(朱庄),河道上口宽10~100 m,河底高程7~5 m,河道比降0.12‰。

黄陈河下段从陈家闸(站)至裕溪河口,全长8 km,出口集水面积208 km²(其中:山丘区面积81 km²,占比39%;圩区面积127 km²,占比61%),河道上口宽度50~350 m,河道平缓。黄陈河流域水系详见图5.1-2。

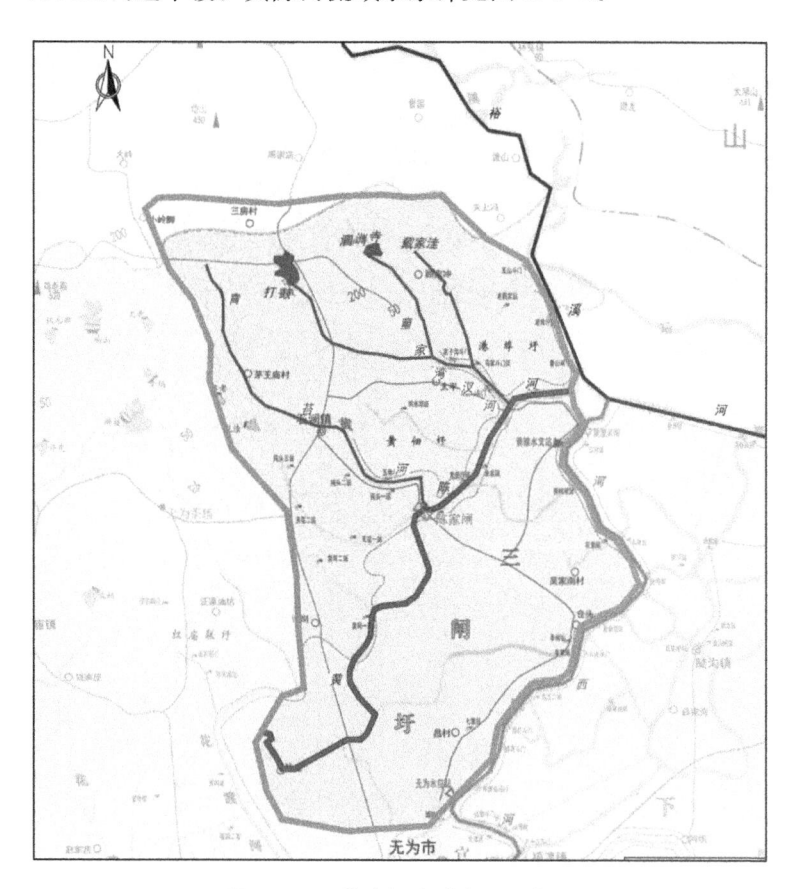

图5.1-2 黄陈河流域水系示意图

历史上黄陈河流域洪涝灾害频繁,如2016年受持续强降雨影响,黄陈河港埠圩、黄佃圩等多个圩口溃破,损失严重,受灾人口1.0万人,受灾农作物面积1.7万亩,直接经济损失8 900万元;2020年西河流域梅雨期4次暴雨量达1 012 mm,为常年同期2倍,受持续强降雨影响,西河、裕溪河全线超保证水位或超历史最高水位,西河缺口站、无为站仅次于 1954 年历史最高水位,截至当年黄陈河受灾人口 1.1 万人,受灾农作物面积 1.5 万亩,直接经济损失 12 000 万元。黄陈河 2016 年和 2020 年洪灾照片见图 5.1-3 和图 5.1-4。

图 5.1-3　黄陈河 2016 年洪灾照片

图 5.1-4　黄陈河 2020 年洪灾照片

黄陈河流域圩区防洪排涝能力不足，堤防存在众多安全隐患，整体防洪排涝标准尚低，一旦遭遇裕溪河水位长期顶托，大量超额洪水滞留在流域内部，必然导致大范围严重洪涝灾害。

为深入贯彻落实习近平总书记"十六字"治水思路，聚焦新阶段水利高质量发展，针对中小河流防洪面临的新形势、新挑战，根据《安徽省芜湖市黄陈河治理方案》《巢湖流域防洪治理工程规划》《无为市"十四五"水利发展规划》等上位规划，针对黄陈河流域突出的洪涝问题和防洪薄弱环节，以保障人民群众生命财产的安全为根本，以提高防汛减灾能力为目的，通过堤防加固、河道疏浚、穿堤建筑物新改建、排涝站改建、护坡护岸、防汛道路新改建等措施提高黄陈河流域整体防洪能力，保障该地区人民生命财产安全，促进地区社会经济健康、可持续发展，适应人民日益增长的美好生活需要。因此，实施黄陈河防洪治理工程是十分紧迫、十分必要的。

5.2 系统治理认识和目标

以习近平生态文明思想为指导，立足新发展阶段，贯彻新发展理念，按照构建高质量发展的国土空间开发利用保护格局和支撑体系的新要求，完善流域防洪工程体系、复苏河湖生态环境，坚持以人民为中心，深入践行"节水优先、空间均衡、系统治理、两手发力"的治水思路，坚持系统观念，强化底线思维，遵循水流演进和河流演变的自然规律，有力有序有效推进中小河流治理，为建设造福人民的幸福河提供有力支撑，实现河道与区域发展有机共生。

本工程设计以中小河流治理政策和要求为背景，以《安徽省芜湖市黄陈河治理方案》《无为市"十四五"水利发展规划》《巢湖流域防洪治理工程规划》等文件为指导依据，开展详细设计。切实落实减轻区域防洪压力，提高黄陈河堤防防洪标准，提升区域排涝能力，整治部分河段河槽，促进地区社会经济可持续发展等综合要求和任务。通过对现场情况、基础资料的解读研究，对工程防洪布局、堤防结构、泵闸结构、河道结构、清淤疏浚等内容开展精细化设计，着力完善黄陈河防洪排涝体系。通过加强智慧化管理手段、凝练文化特色，全面提升黄陈河系统治理的理念和品质。

现代水利工程日益注重与周边自然景观与人文环境的和谐与协调。在确保本项目运行安全可靠、维修管理方便，投资经济合理等基本要求的前提下，充分体现当地水文化、水景观的内涵，与周围自然环境密切融合，将生态文明理念融入本项目规划、建设、管理的各环节，加快推进水生态文明建设；努力建设美丽中国，与国内外先进的设计水平相接轨。打造水利新景象，升华设计理念，努力将该工程塑造成与无为人文、生态、环境相互交融的一道绚丽的风景。

5.3 对核心问题的理解

5.3.1 对黄陈河已建项目及治理需求的理解

黄陈河是巢湖流域裕溪河右岸支流,位于无为市东北部,主源发源于无为市无城镇凌井村,经三闸圩、黄佃圩、港埠圩,于黄雒处汇入裕溪河,河道全长 24 km,流域面积 208 km²,主要支流有青苔河、童家湾汊河等。

二十世纪六七十年代,在黄陈河杨埂坝处兴建了陈家闸(站),将黄陈河分割成内、外两段。杨埂坝以上称为"黄陈河上段",为三闸圩内河。杨埂坝以下称为"黄陈河下段",为直通裕溪河的外河。

黄陈河上段从起点老巢无路至陈家闸(站)全长 16 km,为三闸圩内部主要水系,集水面积 103.2 km²,地势东、西、南三面高,中部及北部低,地面高程一般 6~10 m,最高海拔 16.9 m(朱庄),河道上口宽 10~100 m,河底高程 7~5 m,河道比降 0.12‰。

黄陈河下段从陈家闸(站)至裕溪河口,全长 8 km,出口集水面积 208 km²(其中:山丘区面积 81 km²,占比 39%;圩区面积 127 km²,占比 61%),河道上口宽度 50~350 m,河道平缓。

青苔河发源于石涧镇北部山丘区,河道长度 14.2 km,集水面积 36 km²,地势北高南低,最高海拔 350 m(高家山),下游地面高程 7.2 m,河道上口宽 5~170 m,河底高程 5~110 m,河道平均比降 7.4‰。

童家湾汊河发源于石涧镇北部山丘区,上游建有泗洲寺水库、打鼓水库,河道长度 13.4 km,集水面积 45 km²,地势北高南低,最高海拔天池庵 367 m,下游地面高程 8 m,河道上口宽 5~160 m,河底高程 4~80 m,河道平均比降 5.7‰。

2009 年以来,历次中小河流治理中均未安排黄陈河项目,且局部除险加固段受地方财政资金限制,属于"头痛医头脚痛医脚",因此,黄陈河存在治理不系统、不平衡、不充分等问题。为深入贯彻落实习近平总书记"十六字"治水思路、防灾减灾救灾新理念、关于防汛工作的重要指示批示精神和党中央、国务院有关决策部署,聚焦新阶段水利高质量发展,针对中小河流防洪面临的新形势、新挑战,水利部提出坚持以流域为单元,逐流域规划、逐流域治理、逐流域验收、逐流域建档立卡,一条河一条河地治理,确保"治理一条、见效一条"。

目前,黄陈河现状河道存在以下问题:

(1) 黄陈河上段河道行洪能力不足,洪水排泄不畅

黄陈河上段老巢无路至陈家闸段河道断面狭窄,弯道较多,存在局部阻塞以

及河道狭窄段,排水不畅,急需开挖疏浚,恢复河道排洪排涝能力。

(2) 堤防高程欠高,防洪能力不足

三闸圩为5万亩以上圩口,防洪标准为20年一遇,部分堤顶欠高0~0.61 m;黄佴圩和港埠圩为0.5~1.0万亩,防洪标准为20年一遇,黄佴圩部分堤防堤顶局部欠高0.31~1.12 m,港埠圩部分堤防堤顶局部欠高0.25~1.10 m。

(3) 堤后渊塘多,堤防存在险工险段

黄佴圩和港埠圩等圩口内堤脚处因堤防加固或堤防溃口形成的沟塘连片,且沟塘较深。同时,因汛期河道流速较大、河道弯曲狭窄,局部堤段外边坡较陡,边坡稳定性较差,汛期易出现不同程度的渗透、散浸、滑坡等险情。

(4) 防汛道路建设标准低

黄佴圩和港埠圩等圩口堤顶宽度3.5~5.0 m,堤顶道路大部分为泥结碎石路面;三闸圩堤顶宽度4.5~7.0 m,部分为泥结碎石路面。汛期雨季,泥结碎石道路泥泞难行;同时现状部分堤顶存在违章建筑,妨碍防汛物资及时运输,对防汛抢险安全不利。

(5) 穿堤建筑物和排涝站标准低,结构老化,存在安全隐患

部分穿堤建筑物由于建成期较早,设计标准普遍偏低,多为圬工、涵管结构,年久失修,渗漏严重,存在不同程度的安全隐患;部分排涝泵站建设年代较早,标准偏低,超期运行,设备故障率高,整体运维成本高;部分涵闸闸门、启闭机结构老化,非钢闸门,迫切需要更新。

因此,为提高黄陈河整体防洪能力,保障当地人民群众生命财产安全和社会经济持续发展,实施黄陈河系统治理工程是十分紧迫、十分必要的。

5.3.2 对工程建设任务的理解

2023年1月安徽省水利厅通过了《安徽省芜湖市黄陈河治理方案》审查,明确了治理范围,治理标准、防洪布局等主要内容,并作为后续工程建设开展的指导性文件。

本项目以《安徽省芜湖市黄陈河治理方案》《无为市"十四五"水利发展规划》《巢湖流域防洪治理工程规划》等规划方案为依据,针对存在的问题,拟治理范围如下:

(1) 河道疏浚整治总长度16 km,对黄陈河上段(老巢无路至陈家闸)进行清淤疏浚。主要建设内容有清淤疏浚、护坡护岸等。

(2) 堤防加固总长度约26.5 km,包括三闸圩段8.52 km、黄佴圩段11.78 km、港埠圩段6.18 km,主要建设内容有:堤身加培、填塘固基、护坡护岸、

堤顶道路等。

（3）新改建穿堤建筑物涵闸14座、排涝泵站5座。其中涵闸及排涝泵站拆除重建共13座，具体为金龙站、陈闸站、孙家墩站、季村站、黄佃圩站、纯头闸、常丰斗门、孙家斗门、苗庄闸、童墩闸1、童墩闸2、许闸、菜籽沟闸；新建涵闸3座，分别为南庄闸、黄图闸及西庙闸；涵闸设备更新3座，分别为寺后圩闸、陈圩闸及陈家闸。

黄陈河现状部分河段防洪标准偏低，防洪体系存在薄弱环节，本次拟对黄陈河进行系统治理，主要对于防洪能力不足的岸段进行堤防加固加高，对于河道顶冲岸段及现状河岸坍塌严重岸段新建护岸护坡，对于现状破损防汛道路进行改造，从而使河道防洪标准提高至规划水平。

工程主要建设任务是防洪。通过堤防加固、新建护岸护坡、新改建穿堤建筑物与排涝站、防汛道路改造提升及河道清淤疏浚等工程措施，提高河道沿岸防洪能力，降低区域洪涝灾害的损失，为无为市经济社会的发展提供切实的防洪安全保障。同时兼顾改善区内生产生活条件和水环境条件，修复水生态，创造人民安居乐业环境，促进无为市经济持续快速发展。

5.4 规划设计研究特点

5.4.1 特点1：设计方案须符合水利部提出的中小河流治理理念

按照水利部、财政部联合印发《关于开展全国中小河流治理总体方案编制工作的通知》要求，安徽省水利厅针对中小河流治理总体方案编制进行了一系列的部署工作。2023年，安徽省水利科学研究院对中小河流治理方案进行审查，同意黄陈河的治理范围、治理标准及治理措施，并将其列入中小河流实施计划。后期设计中黄陈河治理方案提出的治理范围、治理标准、总体方案、工程投资等，需在中小河流治理方案基础上进行限额设计，予以深化。

新阶段中小河流治理重点：做好治理必要性分析、总体目标确定、治理范围选择、治理标准论证、洪水出路安排、治理任务和措施安排、环境和移民要素考虑、流域信息化建设、工程投资等方面工作。

加强治理的必要性分析：要摸清中小河流本底条件和特点，梳理历史洪涝灾害情况和治理情况，分析当前流域防洪存在的突出问题和短板。按照"三新一高"要求，结合下垫面变化、气候变化影响以及经济社会发展需求、生态环境保护要求等，分析当前中小河流面临的新形势和治理需求。从补强河流防洪排涝薄弱环节、统筹发展和安全、促进人水和谐和乡村振兴、强化流域管理等方面，说明开展中小河流治理的必要性。

准确把握治理的总体目标：坚持以流域为单元，区域服从流域，统筹好流域防洪和区域防洪的关系，综合考虑河流上下游、左右岸、干支流防洪要求，把握好中小河流防洪治理的整体性、系统性和协调性，着力提升河道行洪和两岸防洪能力，以保障河流两岸保护区防护对象的防洪安全。在满足防洪安全的基础上，可统筹考虑区域自然地理特点、地方财力和实施条件，兼顾需求与可能，合理确定治理的总体目标。

合理确定治理标准：统筹考虑地形地势、支流汇入、已建工程影响等，区分河流左右岸，合理划分防洪分区，统筹考虑上下游、左右岸、干支流、区域与流域防洪要求，按照《防洪标准》（GB 50201）有关规定，合理确定各防洪分区的防洪标准。对于流域防洪保护对象重要、洪水风险高的城镇或河段，统筹需求与可能，深入论证防洪标准提升的必要性和可行性。根据确定的流域洪水安排和防洪总体布局，考虑拦蓄、分蓄洪工程措施后，合理确定堤防工程的建设标准。

科学安排洪水出路：从流域整体出发，按堤防为主、堤库结合、堤库＋分洪等不同类型的防洪工程体系，统筹安排洪水出路，合理拟定流域防洪体系和总体布局，避免洪水风险转移。结合上位相关规划，充分利用现有资料、成果，开展必要的测绘工作，明确重要节点（例如干支流汇合处、重要水文站点、重要水库节点、跨行政区断面等）的控制水位，并做好上下游、干支流水位、已批复设计成果的衔接协调。

明确主要治理任务和措施：根据不同分区河流类型、功能定位和治理目标，结合现有防洪工程建设情况，因地制宜分类提出治理的任务、方案和措施。平原河网区宜加强河道拓浚和堤防建设，严禁围河造地和缩窄河道，避免过度治理。水文化、水景观等综合治理措施不得影响河道行洪和防洪安全。

关注环境保护和移民征地要素：结合国土空间规划、"三线一单"等管控要求，分析中小河流治理方案的环境合理性。工程涉及征地移民尽量避让耕地特别是永久基本农田和拆迁密集区域。

合理确定工程投资：按照确定的治理措施，依据水利或相关行业计价依据，根据工程量，按照概算定额计算防洪等治理项目投资。综合治理项目，应分别计列水利、市政、交通等行业项目投资。

5.4.2　特点2：穿堤建筑物周边环境复杂，需对建筑物布置细致研究

本次治理工程涉及5座排涝泵站拆除重建，其中金龙站流量最大，本次以该泵站设计进行特点描述。金龙站位于三闸圩、黄陈河右岸，为农排站，现状4台机组，装机容量520 kW，设计流量6.7 m^3/s，受益面积1.2万亩，集水面积

11.0 km², 水面率10%, 本站功能是抽排受益范围涝水, 保证农田不受淹。现状泵站建成时间较早, 设计标准偏低, 超期运行, 设备故障率高, 整体运维成本高, 外河侧防洪闸闸门、启闭机结构老化, 为混凝土门, 非钢闸门, 威胁防洪安全。本次工程设计拟拆除重建泵站, 排涝流量 6.7 m³/s。主要设计特点如下:

(1) 布局充分结合现有地形条件, 并考虑了不同轴线布置方案对泵站进水流态的影响。

泵闸轴线的选择主要取决于三个因素: ①出水渠道位置的合理性; ②内河连接渠道位置的合理性; ③施工布置的合理性。根据上述因素可选择的轴线布置方案有两个, 方案一为轴线垂直堤身布置, 水泵进水轴线与河道轴线相交成173°; 方案二为轴线正对现状圩内河道主槽布置, 水泵进水轴线与河道轴线相交成168°, 如图5.4-1所示。

通过BIM软件建立泵站进水流域三维模型, 利用软件分析水流进水流态, 优化泵站建筑物布置方案, 两个方案从进水流态考虑, 因进水池较大, 泵站规模较小, 两者相差不大, 均为正向进水, 但有较小差异。由图5.4-2可知, 方案二轴线沿现状圩内河道主槽布置时, 主流流线顺直, 其流速较均匀, 流态更好; 方案一轴线垂直堤身布置时, 主流和水泵进水轴线角度虽较小, 但是有偏位, 导致两侧机组进水时流道内出现较小的偏流流态, 易形成轻微吸气漩涡, 进而导致机组振动和机组运行效率下降, 但是进水池较大, 流态影响较小。由图5.4-3中同样可以看出, 方案一中间机组进水流道流速略微高于两侧机组, 在运行时两侧机组效率略微降低, 方案二布置下, 三台机组进水流道垂向流速分布均匀。从出水流态考虑, 方案差异较大, 方案二出流受黄陈河干流主河道迎流顶冲, 尤其是汛期时, 影响较大。

因此, 根据泵站运行水流流态分析结果, 推荐方案一为泵站布置方案。

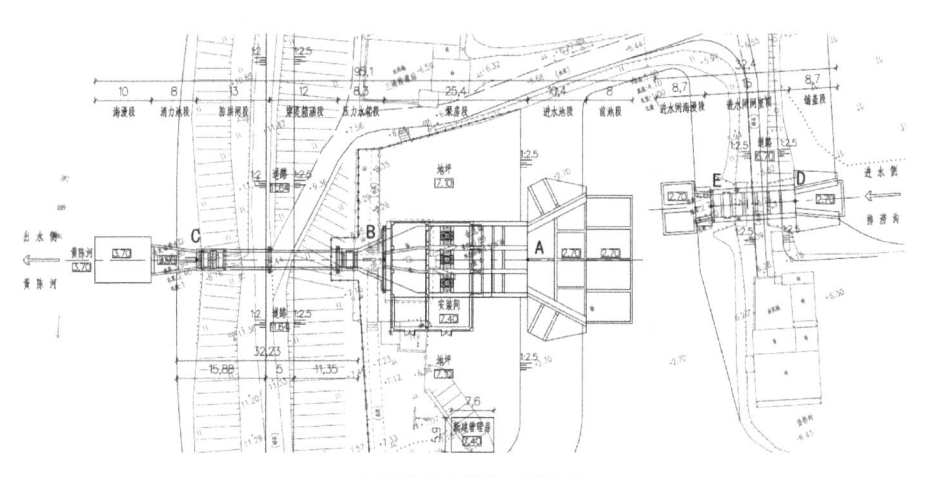

(a) 轴线垂直堤身布置方案

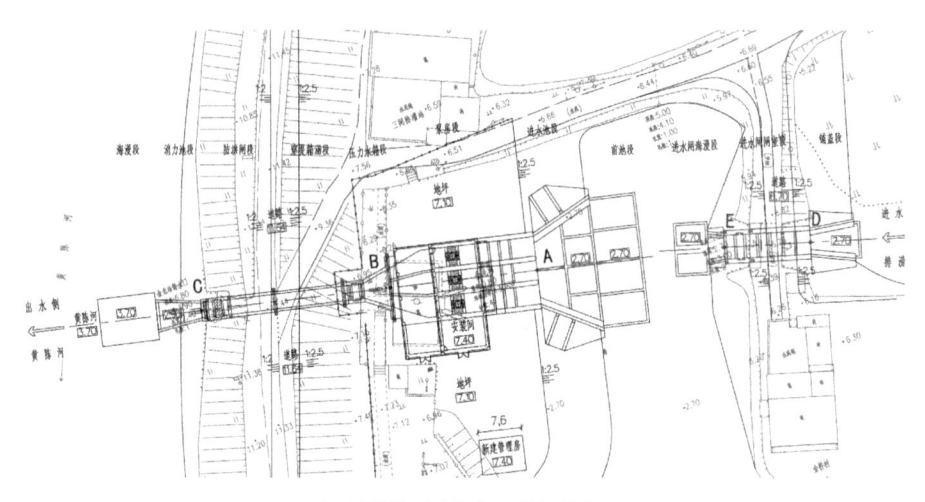

(b) 轴线沿现状圩内河道主槽布置

图 5.4-1　方案一、二轴线位置图

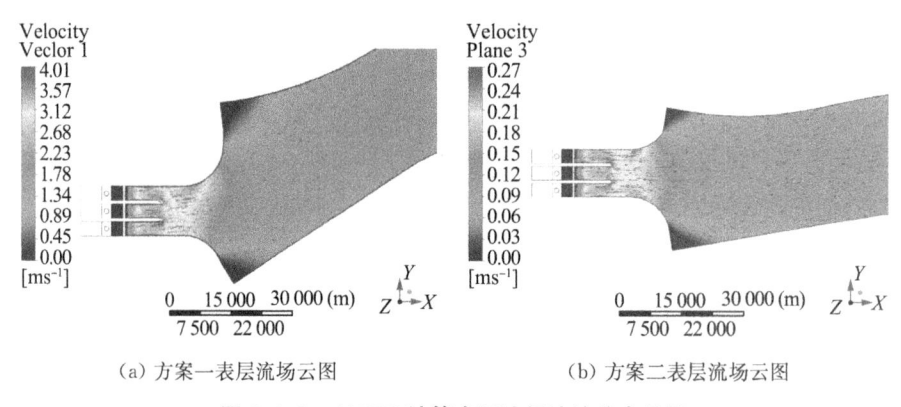

(a) 方案一表层流场云图　　　　　　　(b) 方案二表层流场云图

图 5.4-2　ANSYS 计算表层流场流速分布云图

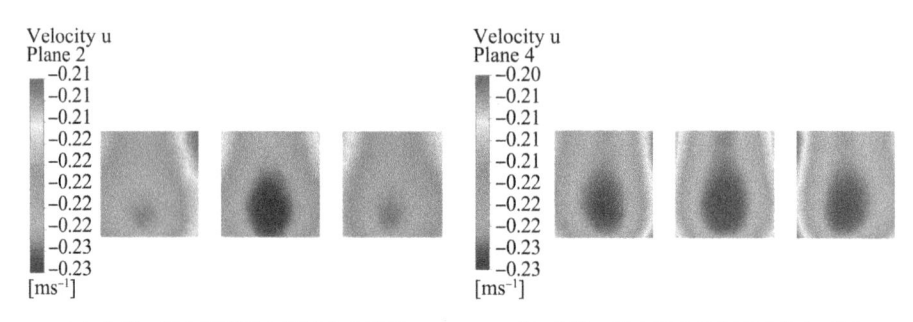

(a) 方案一进水流道垂向流速分布云图　　(b) 方案二进水流道垂向流速分布云图

图 5.4-3　ANSYS 计算的流道垂向流速分布云图

(2) 机组设备选型充分考虑了当地经验,选用具有成熟运行管理、现场维护和检修经验的机组设备。

根据本工程泵站的功能与结构,泵型适合采用立式轴流泵和潜水轴流泵。立式轴流泵流量大、结构简单、维修方便,目前在安徽芜湖地区泵站建设中应用较多,运行管理人员已具备成熟的运行管理、现场维护和设备检修的经验。而潜水轴流泵由于其泵体特殊的结构特征,电机一旦进水,轴承、绕组绝缘损坏,将导致电机烧毁,泵站无法运行。本工程为排涝泵站,年运行时间较短,若采用潜水电机则电机长期浸泡水中不工作,电机故障难以发现,且潜水泵检修需整体运出,检修维护依赖于专业的制造和维修单位,潜水电机在芜湖地区泵站中应用少,运维经验不成熟。因此,本阶段推荐立式轴流泵机组。

异步电机具有起动操作简单、故障少、维修较方便等优点,无需额外配套励磁系统,综合投资上优于同步电动机,结合当地的运行管理经验,推荐采用异步电机。

(3)"一水平川,古城风韵,醉入梦乡"——建筑景观体现当地文化内涵,既保持了传统建筑的精髓,又有效地融合了现代设计因素。

项目位于安徽省无为市,当地自然山水沉淀着丰富的文化内涵,无为取"思天下安于无事,无为而治"之意,是"有为"的最高境界,是《道德经》中的思想核心,是国人治国理政、修身齐家的智慧方法。

当地的建筑风格是我国成熟的古建筑流派之一——徽派建筑,在中国建筑史上占有举足轻重的地位。

本项目的建筑采用仿古风格,方案通过利用现代建筑材料,对传统古建筑形式进行再创造,既保持了传统建筑的精髓,又有效地融合了现代设计因素,改变传统建筑使用功能的同时,增强了建筑的识别性和个性。建筑整体长 18.9 m,高 13 m,白墙黛瓦,歇山屋面,飞檐翘角,突出了建筑精美壮观的外在形象。

工程区域襟江带河、水清岸绿、风光秀丽,"水光万顷开天镜,山色四时环翠屏",建筑设计中同样注重与周边自然景观、人文环境的和谐与协调,体现当地水文化、水景观的内涵,将仿古风格融入泵站建筑设计中,创造出"一水平川,古城风韵,醉入梦乡"的意境。

5.4.3 特点 3:对三闸圩外滩局部卡口,科学确定扩卡方案

三闸圩外侧滩地为二十世纪六七十年代当地村民在高滩圈围而成,现状围堤长度约 930 m,滩地顺流向长度 780 m,垂直流向宽度 60~360 m,详见图 5.4-4。现状滩地上下游段河道弯曲,河势复杂,洲滩较多,河口宽窄不一,下游 550 m 处

汇入裕溪河口，因此需要采用水动力数值模型对开卡切滩疏浚河段进行专题研究。研究内容包括疏浚工程的疏浚原则、疏浚范围、平面布置、疏浚断面等，从而明确河道疏浚方案及疏浚后河道水流流场、流速的分布，避免出现大冲大淤，在防洪安全的前提下，确保疏浚对河道无影响。

图 5.4-4　现状三闸圩外侧滩地

本次设计采用丹麦水力学研究所（DHI）开发的 MIKE 21 模型软件，建立了工程所在河段的二维水动力数学模型，对本工程实施前后的流场、流速、水位及其变化进行模拟，分析工程的影响，防止水流顶冲河岸。

（1）二维水动力数学模型计算范围

考虑到工程所在河段的上下游关系，工程所在河段二维水动力数学模型的计算范围如图 5.4-5 所示。模型计算中考虑该河段现状已实施的相关工程，如河道整治工程等。

（2）二维水动力数学模型计算地形

二维水动力数学模型计算区域的地形采用收集到的最新的 2023 年实测河道地形。

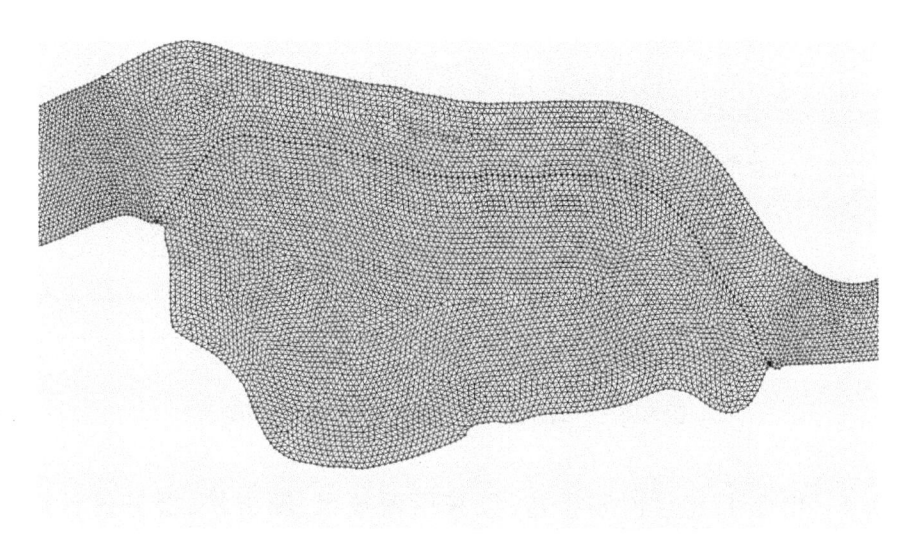

图 5.4-5　工程所在河段二维水动力数学模型计算网格

（3）二维水动力数学模型的计算参数

二维水动力数学模型计算时间步长为 60 s；紊动黏滞系数为 30 m²/s；糙率取值范围为 0.025～0.035，滩槽取值根据实际有所变化。

（4）计算结果分析

水文模型计算分析两种方案（大方案与小方案，详见 6.3.9 节）实施后，工程对流速、水位的影响。结果如图 5.4-6、图 5.4-7 所示。经比较，两个方案均能降低开卡河段水位，降低该段流速，调整该段的迎流顶冲水流，但是大方案同步增大了开卡段上下游河段流速，其最大达到 0.4 m/s，将引起新的冲刷，且大方案工程量大，投资较大，因此本次采用小方案开卡。

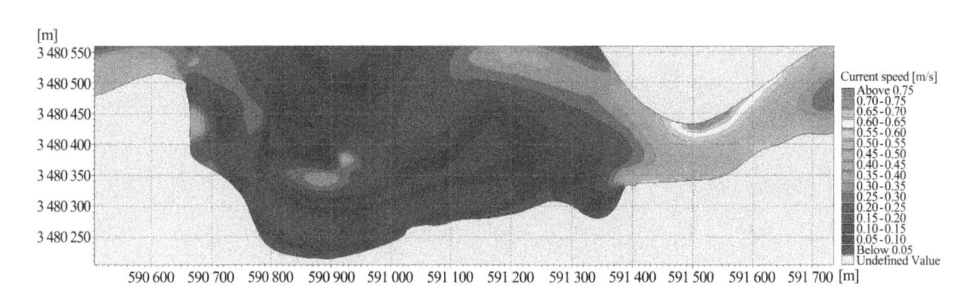

图 5.4-6　疏浚前后工程所在局部水域流速大小变化图

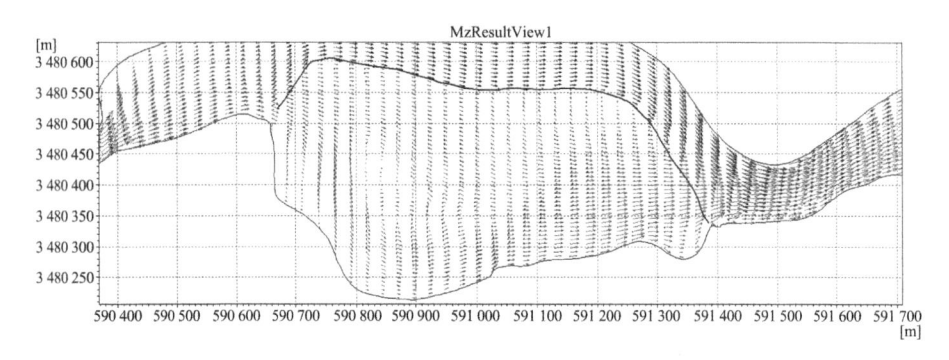

图 5.4-7　疏浚前后工程所在局部水域流场图

5.4.4　特点 4：建设内容丰富，须采用新技术、新方法，提升设计质量和效率

本次黄陈河防洪治理工程，涉及堤防加固总长度约 26.5 km、河道整治总长度约 16 km，新改建穿堤涵闸 14 座（含设备更新），拆除重建排涝泵站 5 座。

工程范围广，河道长度长，建构筑物类型多，图纸量大，应用 BIM 技术开展三维设计能够准确地表达技术人员的设计意图，更符合人们的思维方式和设计习惯，具有直观、集成、高效率、高效益等优势。在本次工程设计中，力求突破，以三维设计软件 REVIT 为平台，针对穿堤和跨河建筑物开展 BIM 设计，为单体建筑物提供更直观的模型展示效果。通过水工、水机、电气、金结、建筑等多专业协同设计，推动水利行业 BIM 三维正向设计和精细化设计。

第 6 章
黄陈河流域系统治理研究方案

6.1 工程现状及存在的问题

6.1.1 水利工程现状

(1) 河道现状

黄陈河起源于无城镇凌井村,自上而下分别流经无为市三闸圩、黄佃圩、港埠圩,于黄雒处汇入裕溪河。黄陈河流域面积 208 km²,河道全长 24 km。黄陈河上游山丘区自上而下有打鼓水库和泗洲寺水库泄水河、青苔小流域山洪沟等支流汇入。

如图 6.1-1 所示,黄陈河上段从起点老巢无路至陈家闸河道全长约 16.0 km,为圩区天然河道,河道宽度 5~120 m,河道断面不规则,两岸多为农田。部分河段因弯曲存在局部冲刷、塌方等,在局部开阔河段形成淤积。陈家闸关闭时,该区间洪水可不受裕溪河顶托影响,该段涝水可通过季闸站或陈闸站排入西河或黄陈河下段。

如图 6.1-2 所示,黄陈河下段从陈家闸至裕溪河出口全长约 8.0 km,为圩区天然河道,河道宽度 50~300 m,河道断面不规则,左岸为黄佃圩和港埠圩,右岸为三闸圩,均有防洪堤防。该段河道坡降变缓,河道弯曲,存在淤积、岸坡冲刷等问题,洪水期受裕溪河顶托明显。

(2) 堤防现状

如图 6.1-3 所示,黄陈河流域主要圩口有三闸圩(右岸)、黄佃圩(左岸)和港埠圩(左岸)。

黄佃圩:现状堤顶断面较为规则,堤顶高程 10.70~11.10 m,堤顶宽 3.5~5.0 m,外坡 1:2.0~1:2.5,内坡 1:2.0~1:2.5,泥结碎石路面。

港埠圩:现状堤顶断面较为规则,堤顶高程 10.80~11.10 m,堤顶宽 3.5~

图 6.1-1　黄陈河河道现状（起点至陈家闸）

图 6.1-2　黄陈河河道现状（陈家闸至裕溪河）

5.0 m，外坡 1∶2.0～1∶2.5，内坡 1∶2.0～1∶2.5，泥结碎石路面。

三闸圩：现状堤顶断面较为规则，堤顶高程 10.80～12.00 m，堤顶宽 4.5～7.0 m，外坡 1∶2.5，内坡 1∶2.5，陈家闸至季家村为泥结碎石道路，季家村至裕溪河口为沥青混凝土道路。

根据现状调查结果，三闸圩、黄佃圩及港埠圩堤防主要存在以下问题。①对

图 6.1-3　堤防现状图(左岸黄佃圩,右岸三闸圩)

照 20 年一遇防洪标准,部分堤防堤顶欠高 0～1.1 m。②内堤脚处因堤防加固形成沟塘连片,且沟塘较深。同时因汛期河道流速较大、河道弯曲狭窄,边坡稳定性较差。汛期易出现不同程度的渗透、散浸、滑坡等险情。③堤顶宽度较窄,且部分为泥结碎石路面,防汛通道建设标准低。汛期雨季,道路泥泞难行,同时现状部分段堤顶存在违章建筑,防汛物资不能及时运输,防汛安全难以得到百分百保障。

(3) 排涝泵站现状

黄陈河沿岸 3 座圩口共计建有 27 座排涝泵站,总装机容量 14 835 kW,总排涝流量 161.7 m³/s,总受益面积 15.88 万亩。其中:三闸圩建有 20 座排涝泵站,装机容量 6 580 kW,排涝流量 71.75 m³/s,受益面积 13.88 万亩;黄佃圩建有 3 座排涝泵站,装机容量 566 kW,排涝流量 6.3 m³/s,受益面积 1.0 万亩;港埠圩建有 4 座排涝泵站,装机容量 543 kW,排涝流量 5.6 m³/s,受益面积 1.0 万亩。

(4) 穿堤建筑物现状

三闸圩共有穿堤建筑物 33 座,其中泵站出水涵闸 20 座、自流涵闸 13 座;港埠圩共有穿堤建筑物 8 座,其中泵站出水涵闸 3 座、自流涵闸 5 座;黄佃圩(图 6.1-4)共有穿堤建筑物 9 座,其中泵站出水涵闸 3 座、自流涵闸 3 座。

纯头闸、常丰斗门、孙家斗门、苗庄闸、童墩闸 1、童墩闸 2、许闸、菜籽沟闸等 11 座涵闸由于建成期较早,设计标准普遍偏低,年久失修,渗漏严重,存在不同程度的质量问题,成为防洪隐患。寺后圩闸、陈圩闸及陈家闸 3 座涵闸防洪闸门为混凝土门,启闭机及螺杆运行不畅,止水橡胶老化。

图 6.1-4　黄佃圩站现状图

(5) 跨河桥梁现状

本工程现状跨河桥梁 3 座,分别为巢湖高速桥、巢无路桥及合福高铁桥。

6.1.2　历年险情资料

历史上黄陈河流域洪涝灾害频繁,如 2016 年受持续强降雨影响,黄陈河港埠圩、黄佃圩等多个圩口溃破,损失严重,受灾人口 1.0 万人,受灾农作物面积 1.7 万亩,直接经济损失 8 900 万元;2020 年西河流域梅雨期 4 次暴雨量达 1 012 mm,为常年同期 2 倍,受持续强降雨影响,西河、裕溪河全线超保证水位或超历史最高水位,西河缺口站、无为站仅次于 1954 年历史最高水位。7 月 19 日黄陈河受灾人口 1.1 万人,受灾农作物面积 1.5 万亩,直接经济损失 12 000 万元。

6.1.3　存在的问题

在中小河流治理中,黄陈河尚未安排项目。黄陈河的防洪体系存在明显短板和薄弱环节。部分河段防洪标准偏低,不能满足人民群众对水安全的需要。经过全面梳理,黄陈河存在的主要问题有:

(1) 黄陈河上段河道行洪能力不足，洪水排泄不畅

黄陈河上段老巢无路至陈家闸段河道断面狭窄，弯道较多，存在局部阻塞以及河道狭窄段，排水不畅等问题，急需开挖疏浚，恢复河道排洪排涝能力。

(2) 堤防高程欠高，防洪能力不足

三闸圩为 5 万亩以上圩口，防洪标准为 20 年一遇，部分堤顶欠高 0～0.61 m；黄佃圩和港埠圩为 0.5～1.0 万亩，防洪标准为 20 年一遇，黄佃圩部分堤顶欠高 0.31～1.12 m；港埠圩部分堤顶欠高 0.25～1.10 m。

(3) 堤后渊塘多，堤防存在险工险段

黄佃圩和港埠圩等圩口内堤脚处因堤防加固或堤防溃口形成的沟塘连片，且沟塘较深。同时，因汛期河道流速较大、河道弯曲狭窄，局部堤段外边坡较陡，边坡稳定性较差，汛期易出现不同程度的渗透、散浸、滑坡等险情。

(4) 防汛道路建设标准低

黄佃圩和港埠圩等圩口堤顶宽度 3.5～5.0 m，堤顶道路大部分为泥结碎石路面，三闸圩堤顶宽度 4.5～7.0 m，部分为泥结碎石路面。汛期雨季，泥结碎石道路泥泞难行；同时现状部分堤顶存在违章建筑，妨碍防汛物资及时运输，对防汛抢险安全不利。

(5) 穿堤建筑物和排涝站标准低，结构老化，存在安全隐患

部分穿堤建筑物由于建成期较早，设计标准普遍偏低，多为圬工、涵管结构，年久失修，渗漏严重，存在不同程度的安全隐患；部分排涝泵站建设年代较早，标准偏低，超期运行，设备故障率高，整体运维成本高；部分涵闸闸门、启闭机结构老化，非钢闸门，迫切需要更新。

6.1.4　工程建设的必要性

黄陈河是巢湖流域裕溪河右岸支流，位于无为市东北部，源于无城镇凌井村，经三闸圩、黄佃圩、港埠圩，于黄雒汇入裕溪河，河道全长 24 km，流域面积 208 km²，主要支流有青苔河、童家湾汊河等。1998 年大水以来，黄陈河尚未得到系统治理，三闸圩、港埠圩和黄佃圩等保护对象防洪能力较低，2016 年、2020 年汛期，堤防发生了滑坡等险情。目前黄陈河主要存在问题：河道局部淤积，行洪能力不足；堤防未达标，堤后渊塘多，存在险工险段，防汛道路不通畅，部分穿堤建筑物标准低、老化严重；水工程信息化建设薄弱等。为提高黄陈河流域防洪减灾能力，保障该地区人民群众生命财产安全，改善区域生态环境和居住环境，促进该地区经济社会可持续发展，实施黄陈河防洪治理工程是十分必要的。

6.1.5 相关规划及建设依据

1.《巢湖流域防洪治理工程规划》

安徽省水利水电勘测设计研究总院有限公司 2022 年编制的《巢湖流域防洪治理工程规划》中相关规划成果如下：

(1) 防洪标准

为确保巢湖 100 年一遇洪水下泄时的防洪安全，需对裕溪河沿线 20 处支汊河道进行治理。对巢湖市无为市的大庄撇洪沟、南山河、港埠圩撇洪沟、黄陈河、含山县境内都胜圩撇洪沟、大家圩北山渠、仙房圩北撇洪沟、仙房圩东撇洪沟、东长联圩东撇洪沟、五联圩西撇洪沟和永安河 11 条河道，采取河口建闸站封闭处理方案，其中节制闸设计防洪标准为 100 年一遇，设计排洪标准为 20 年一遇，排洪站设计排洪标准为 5 年一遇。近期实施黄陈河河口封闭闸站工程，排洪闸设计流量 420 m³/s，排洪泵站设计流量 61.4 m³/s。保护对象为万亩以上圩口或圩内有人口较多的集镇或有工业园区、铁路、高速公路、自来水厂、污水厂等重要保护设施的，防洪治理标准采用 20~50 年一遇；保护对象为一般居民区和农田的 5 000 亩以上圩口，防洪治理标准采用 20 年一遇；保护对象为一般居民和农田的 5 000 亩以下圩口，防洪治理标准采用 10 年一遇。

(2) 防洪治理措施

圩口达标工程主要对圩口圈堤进行堤防加固，主要建设内容包括堤身加高培厚，堤后填塘固基，堤身防渗处理，险工险段护砌，穿堤建筑物处理，新建堤顶防汛道路，堤防房屋拆迁及移民等。

2.《安徽省芜湖市黄陈河治理方案》

长江勘测规划设计研究有限责任公司于 2022 年编制了《安徽省芜湖市黄陈河治理方案》，2023 年 2 月通过专家组审查，主要结论有：

(1) 治理标准

基本同意三闸圩防洪标准采用 20 年一遇，一般农田段维持现状。该方案提出黄佃圩和港埠圩防洪标准为 10 年一遇，建议进一步复核。基本同意圩区排涝标准采用 10 年一遇。

(2) 治理方案

黄陈河干流防洪建设内容为河道清淤、堤防加固、护坡护岸、穿堤建筑物加固等。

黄陈河支流青苔河、童家湾汊河段建设内容为黄佃圩、港埠圩段堤防加固。

6.2 工程任务与规模

6.2.1 指导思想

以习近平新时代中国特色社会主义思想为指导,深入贯彻落实习近平总书记"十六字"治水思路、防灾减灾救灾新理念、关于防汛工作的重要指示批示精神和党中央、国务院有关决策部署以及水利部中小河流总体方案编制工作启动会的要求,全面落实省委省政府决策部署,聚焦新阶段水利高质量发展,坚持系统观念,强化底线思维,以流域为单元,统筹上下游、左右岸、干支流开展中小河流系统治理,逐流域规划、逐流域治理、逐流域验收、逐流域建档立卡,精准掌握逐流域治理情况,确保治理一条、见效一条,全面提升中小河流防洪减灾能力,为构建与新阶段现代化美好安徽提供坚实的水利保障。

针对黄陈河流域段突出的洪涝问题和防洪薄弱环节,以保障人民群众生命财产的安全为根本,以提高防洪减灾能力为目的,以提升城区水环境及智慧水利为目标,以堤防加固、河道疏浚、建筑物改造等工程措施和防洪非工程措施为手段,促进新型城镇和新农村建设,支撑区域经济社会可持续发展。

6.2.2 治理原则

坚持人民至上。着力解决人民群众最关心、最直接最现实的洪涝灾害防治问题,支持乡村振兴高质量发展。

坚持流域统筹。以流域为单元,统筹流域内洪涝水的蓄泄关系,整河流规划、整河流治理。

坚持系统治理。在满足防洪安全的基础上,统筹山水林田湖草沙系统治理、综合治理。

坚持因地制宜。针对河流特点和地区发展要求,科学论证治理方案,选择适宜的治理模式,切实提高治理成效。

坚持生态治理。尽量维持河道自然生态形态,在保障安全的前提下,采取生态化的治理措施,实现人与自然和谐。

6.2.3 治理范围

黄陈河上游起自老巢无路,由黄雒汇入裕溪河,河道全长 24 km。其中:黄陈河上游段(老巢无路至陈家闸)长度 16 km,为三闸圩圩内排涝河道;黄陈河下游段(陈家闸至裕溪河口)长度 8.0 km,与裕溪河直接连通。

本次河道治理总长度为 24 km。防洪治理范围为：

(1) 对黄陈河上游段（老巢无路至陈家闸）进行河道疏浚；

(2) 对黄陈河下游段（陈家闸至裕溪河口）两岸圩口堤防实施达标加固。

6.2.4 治理标准

(1) 防洪标准

黄陈河两岸主要分布有三闸圩、黄佃圩和港埠圩 3 个圩口，保护面积 116.96 km²，保护耕地 9.57 万亩，保护人口 10.2 万人。主要保护对象涉及无为市无城镇及石涧镇，境内重要设施有天天高速、巢黄高速等。根据《防洪标准》(GB 50201—2014)，人口少于 20 万人、耕地少于 30 万亩，黄陈河防洪治理标准为 10~20 年一遇。

根据安徽省水利水电勘测设计研究总院有限公司 2022 年编制的《巢湖流域防洪治理工程规划》及其审查、批复意见和《芜湖市黄陈河治理方案》专家组审查意见，本次经过分析、复核，黄陈河防洪治理标准采用 10~20 年一遇。具体如下：

① 黄陈河上段：出口已建闸控制，为三闸圩内排涝河道；河道治理标准采用 10 年一遇。

② 黄陈河下段：出口与裕溪河直接连通，为外河，河道治理标准采用 20 年一遇。其中：三闸圩为 5 万亩以上圩口，堤防设计洪水位采用 20 年一遇，堤防级别为 4 级；黄佃圩和港埠圩为 5 000 亩以上圩口，堤防设计洪水位采用 20 年一遇，堤防级别为 4 级。

(2) 排涝标准

农田排涝标准采用 10 年一遇。水稻种植区采用 10 年一遇最大 3 d 暴雨 3 d 平均排至作物耐淹水深；旱作区和蔬菜种植区采用 10 年一遇最大 24 h 降雨产生的径流 24 h 平均排出。

6.2.5 工程内容

本次黄陈河防洪治理主要建设内容有：

(1) 河道疏浚工程

对黄陈河上段（老巢无路至陈家闸）进行清淤疏浚，疏浚长度 16 km。主要建设内容有清淤疏浚、护坡护岸、堤顶道路等。

(2) 堤防加固工程

① 三闸圩堤防加固

三闸圩堤防加固起点为陈家闸，终点为裕溪河口，堤防加固长度 8.52 km。

主要建设内容有：堤身加培、填塘固基、护坡护岸、堤顶道路等。

② 黄佃圩堤防加固

黄佃圩堤防加固起点为苗家庄，终点为黄图社区，堤防加固长度 11.78 km。主要建设内容有：堤身加培、填塘固基、护坡护岸、堤顶道路等。

③ 港埠圩堤防加固

港埠圩堤防加固起点为西庙村，终点为裕溪河，堤防加固长度 6.18 km。主要建设内容有：堤身加培、填塘固基、护坡护岸、堤顶道路等。

(3) 建筑物(涵闸、排涝泵站)工程

本次拆除重建涵闸与排涝泵站 13 座，新建涵闸 3 座，涵闸设备更新 3 座。拆除重建涵闸与排涝泵站具体为金龙站、陈闸站、孙家墩站、季村站、黄佃圩站、纯头闸、常丰斗门、孙家斗门、苗庄闸、童墩闸 1、童墩闸 2、许闸、菜籽沟闸。新建涵闸分别为南庄闸、黄图闸及西庙闸。涵闸设备更新分别为寺后圩闸、陈圩闸及陈家闸。

6.2.6 堤防加固设计洪水位

黄陈河下段防洪治理标准为 20 年一遇，三闸圩、黄佃圩、港埠圩堤防为 4 级堤防，各圩口堤防设计洪水位详见表 6.2-1。

表 6.2-1 堤防加固设计洪水位表

圩口	堤防桩号	断面	设计水位(m)
三闸圩	SZ0+000	陈家闸	10.78
	SZ3+174	金龙站	10.64
	SZ5+020	季村站	10.57
	SZ5+752	长丰桥	10.54
	SZ6+802	合福铁路桥	10.49
	SZ8+520	裕溪河口	10.42
黄佃圩	HD0+000	苗家庄	11.00
	HD0+900	童家墩	10.80
	HD2+350	陈家闸	10.78
	HD5+760	黄佃圩站	10.62
	HD7+426	长丰桥	10.54
	HD9+346	靳家湾	10.76
	HD10+910	打鼓、泗洲寺水库泄洪渠交叉口	10.99
	HD11+780	黄图寺	11.20

续表

圩口	堤防桩号	断面	设计水位(m)
港埠圩	GB0+000	西庙村	11.06
	GB1+483	靳家湾	10.76
	GB3+408	长丰桥	10.54
	GB4+580	合福铁路桥	10.49
	GB6+180	裕溪河口	10.42

6.2.7 涵闸设计规模

在经过现场调查和征求业主意见的基础上,本次拟建涵闸14座(三闸圩6座、黄佃圩6座、港埠圩2座)。其中:穿堤涵闸拆除重建8座,设备更换3座,新建3座。

(1) 穿堤涵闸拆除重建

本次拟拆除重建的穿堤涵闸共计8座,现状规模见表6.2-2。考虑涵闸的检修和运行管理需求,设计孔数均为1孔,设计规模除纯头闸为3.0 m×3.0 m外,其他7座涵闸均采用最小规模1.5 m×1.8 m,该设计规模均大于现状规模,满足排水需求。设计底板高程基本与现状一致。

(2) 设备更新

寺后圩闸、陈圩闸及陈家闸(引水闸)3座涵闸的防洪闸均为混凝土闸,启闭设备年久失修,本次一并更换闸门和启闭设备等,规模与原规模一致。

(3) 新建控制闸

本次新建控制闸有南庄闸、黄图闸、西庙闸3座。

南庄闸为三闸圩上段内部连通引排水闸,拟建规模1.5 m×1.8 m,底板高程与河底齐平。

黄图闸,位于黄佃圩童家湾汊河黄图支沟上,为拦河闸,集水面积约2.0 km^2,10年一遇设计流量约6.8 m^3/s。拟建规模3.0 m×3.0 m,底板高程与沟底齐平。

西庙闸,位于黄佃圩童家湾汊河西庙支沟上,为拦河闸,集水面积约1.0 km^2,10年一遇设计流量约5.0 m^3/s。拟建规模3.0 m×3.0 m,底板高程与沟底齐平。

本次穿堤涵闸建筑物加固措施详见表6.2-2。

表 6.2-2　穿堤涵闸加固措施一览表

圩口	涵闸	现状规模					加固方案				
		箱涵结构	孔数（孔）	孔宽（m）	孔高（m）	建成年份	排水面积（km²）	加固措施	孔数（孔）	孔宽（m）	孔高（m）	流量（m³/s）
三闸圩	纯头闸	圬工	2	2.0	2.0	1984	3.4	拆除重建	1	3.0	3.0	10.0
	陈圩闸	钢混	1	1.0	1.2	1995		更换设备	1	1.0	1.2	—
	陈家闸	钢混	1	1.5	2.0	1980		更换设备	1	1.5	2.0	—
	常丰斗门	圬工	1	0.8	1.2	1980	0.3	拆除重建	1	1.5	1.8	0.4
	孙家斗门	圬工	1	0.8	1.2	1980	0.3	拆除重建	1	1.5	1.8	0.4
	南庄闸						0.3	新建	1	1.5	1.8	0.4
黄佴圩	寺后圩闸	钢混	1	0.8	1.0	1997		更换设备	1	0.8	1.0	—
	苗庄闸	钢混	1	0.8	1.0	1993	0.4	拆除重建	1	1.5	1.8	0.8
	童墩闸1	钢混	1	0.8	1.0	1997	0.4	拆除重建	1	1.5	1.8	0.8
	童墩闸2	钢混	1	0.8	1.0	1997	0.4	拆除重建	1	1.5	1.8	0.8
	许闸	钢混	1	0.8	1.0	1995	0.4	拆除重建	1	1.5	1.8	0.8
	黄图闸						2.0	新建	1	3.0	3.0	6.8
港埠圩	西庙闸						1.0	新建	1	3.0	3.0	5.0
	菜籽沟闸	钢混	1	0.8	1.0	2000	0.4	拆除重建	1	1.5	1.8	0.8

6.2.8　排涝泵站设计规模

本次拟建排涝泵站共计5座，即拆除重建孙家墩站、季村站、黄佴圩站、陈闸站及金龙站。各泵站设计流量及特征水位成果详见表6.2-3。

表 6.2-3　拟建排涝泵站规划成果表

泵站	孙家墩站	季村站	黄佴圩站	陈闸站	金龙站
圩口	三闸圩	三闸圩	黄佴圩	三闸圩	三闸圩
泵站功能	排涝	排涝	排涝	排涝	排涝
建设性质	拆除重建	拆除重建	拆除重建	拆除重建	拆除重建
设计标准	10年一遇	10年一遇	10年一遇	10年一遇	10年一遇
集水面积（km²）	1.20	4.87	5.70	10.00	11.00
设计排涝模数[m³/(s·km²)]	0.52	0.52	0.49	0.60	0.61
设计流量（m³/s）	0.62	2.53	2.79	6.00	6.70

续表

泵站		孙家墩站	季村站	黄佃圩站	陈闸站	金龙站
进水池特征水位（m）	地面代表高程	7.00	5.80	6.50	5.70	5.70
	最低运行水位	5.50	4.30	5.00	4.20	4.20
	设计运行水位	6.00	4.80	5.50	4.70	4.70
	最高运行水位	6.50	5.30	6.00	5.20	5.20
	最高水位	7.50	6.30	7.00	6.20	6.20
出水池特征水位（m）	最低运行水位	6.90	6.83	6.83	7.00	7.00
	设计运行水位	10.00	9.80	9.80	9.90	9.90
	最高运行水位	10.40	10.07	10.07	10.10	10.10
	防洪水位	10.90	10.57	10.62	10.60	10.60

（1）孙家墩站

① 泵站设计流量

孙家墩站位于三闸圩内、黄陈河支流沿岸，为农排站，集水面积 1.20 km²，水面率 10.8%，排区地面高程一般在 7.00～7.30 m，10 年一遇外河洪水位一般在 10.00 m 左右，高于排区地面高程 2～3 m，本站功能是抽排受益范围涝水，保证农田不受淹。孙家墩站位置及排水区见图 6.2-1。

图 6.2-1 孙家墩站位置及排水区图

采用《安徽省暴雨参数等值线图、山丘区产汇流分析成果和山丘区中、小面积设计洪水计算办法》(简称"84办法")计算洪峰流量,并考虑沟塘调蓄作用,合理确定泵站规模。经计算,10年一遇排涝模数为0.52 m³/(s·km²),设计流量为0.62 m³/s。

② 泵站特征水位

a) 进水池特征水位

进水池最高水位:泵房的防洪水位,主要用于确定电机层高程,取排片最高内涝水位,为7.50 m。

进水池设计运行水位:根据《泵站设计标准》(GB 50265—2022),进水池设计运行水位为排区较低区域设计排涝水位推算至站前的水位,本排区排涝最不利地面高程为7.00 m,距离站址2 000 m,沟渠水面比降取1/5 000,过闸落差取0.1 m,设计排涝水位低于地面0.5 m,则推算得进水池设计运行水位为6.00 m。

进水池最高运行水位:排涝最不利点排涝水位取与地面持平,则推算得进水池最高运行水位为6.50 m。

进水池最低运行水位:进水池最低运行水位应满足排涝最不利点的冬季排渍要求(一般低于地面1.0 m)和汛前预降内水位要求(一般约1.0 m),则推算得进水池最低运行水位为5.50 m。

b) 出水池特征水位

出水池防洪水位:取站址处外河10年一遇洪水位,为10.90 m。

出水池设计运行水位:根据《泵站设计标准》(GB 50265—2022),出水池设计运行水位应取承泄区主排涝期5~10年一遇洪水的排水时段平均水位,它是确定泵站设计扬程的依据。考虑到内外洪水同时遭遇,采用本站外河10年一遇最高3 d平均水位,为10.00 m。

出水池最高运行水位:根据《泵站设计标准》(GB 50265—2022),出水池设计运行水位应取承泄区主排涝期10~20年一遇洪水的排水时段平均水位,它是确定泵站最高扬程的依据。考虑到内外洪水同时遭遇,采用外河10年一遇洪水位作为泵站出水池最高运行水位,为10.40 m。

出水池最低运行水位:根据《泵站设计标准》(GB 50265—2022),出水池最低运行外水位应取承泄区主排涝期历年最低水位的平均值。根据巢湖闸下及裕溪河闸上实测水位分析,黄陈河口排水期最低平均水位6.52 m,推算得本站出水池最低运行水位为6.90 m。

(2) 季村站

① 泵站设计流量

季村站位于三闸圩内、黄陈河沿岸,为农排站,集水面积4.87 km²,水面率

11.2%,排区地面高程一般为5.80 m,10年一遇外河洪水位一般在10.00 m左右,高于排区地面高程约4.0 m,本站功能是抽排受益范围涝水,保证农田不受淹。季村站位置及排水区见图6.2-2。

图6.2-2　季村站位置及排水区图

采用"84办法"计算洪峰流量,并考虑沟塘调蓄作用,合理确定泵站规模。经计算,10年一遇排涝模数为0.52 m³/(s·km²),设计流量为2.53 m³/s。

② 泵站特征水位

a) 进水池特征水位

进水池最高水位:泵房的防洪水位,主要用于确定电机层高程,取排片最高内涝水位,为6.30 m。

进水池设计运行水位:根据《泵站设计标准》(GB 50265—2022),进水池设计运行水位为排区较低区域设计排涝水位推算至站前的水位,本排区排涝最不利地面高程为5.80 m,距离站址2 000 m,沟渠水面比降取1/5 000,过闸落差取0.1 m,设计排涝水位低于地面0.5 m,则推算得进水池设计运行水位为4.80 m。

进水池最高运行水位:排涝最不利点排涝水位取与地面持平,则推算得进水池最高运行水位为5.30 m。

进水池最低运行水位:进水池最低运行水位应满足排涝最不利点的冬季排

渍要求和汛前预降内水位要求,则推算得进水池最低运行水位为 4.30 m。

b) 出水池特征水位

出水池防洪水位:取站址处外河 10 年一遇洪水位,为 10.57 m。

出水池设计运行水位:根据《泵站设计标准》(GB 50265—2022),出水池设计运行水位应取承泄区主排涝期 5～10 年一遇洪水的排水时段平均水位,它是确定泵站设计扬程的依据。考虑到内外洪水同时遭遇,采用本站外河 10 年一遇最高 3 d 平均水位,为 9.80 m。

出水池最高运行水位:根据《泵站设计标准》(GB 50265—2022),出水池设计运行水位应取承泄区主排涝期 10～20 年一遇洪水的排水时段平均水位,它是确定泵站最高扬程的依据。考虑到内外洪水同时遭遇,采用外河 10 年一遇洪水位作为泵站出水池最高运行水位,为 10.07 m。

出水池最低运行水位:根据《泵站设计标准》(GB 50265—2022),出水池最低运行外水位应取承泄区主排涝期历年最低水位的平均值。根据巢湖闸下及裕溪河闸上实测水位分析,黄陈河口排水期最低平均水位 6.52 m,推算得本站出水池最低运行水位为 6.83 m。

(3) 黄佃圩站

① 泵站设计流量

黄佃圩站位于黄佃圩、黄陈河沿岸,为农排站,集水面积 5.70 km^2,水面率 11.2%,排区地面高程一般在 6.50～8.00 m,10 年一遇外河洪水位一般在 10.00 m 左右,高于排区地面高程 2～3 m,本站功能是抽排受益范围涝水,保证农田不受淹。黄佃圩站位置及排水区见图 6.2-3。

采用"84 办法"计算洪峰流量,并考虑沟塘调蓄作用,合理确定泵站规模。经计算,10 年一遇排涝模数为 0.49 m^3/(s·km^2),设计流量为 2.79 m^3/s。

② 泵站特征水位

a) 进水池特征水位

进水池最高水位:泵房的防洪水位,主要用于确定电机层高程,取排片最高内涝水位,为 7.00 m。

进水池设计运行水位:根据《泵站设计标准》(GB 50265—2022),进水池设计运行水位为排区较低区域设计排涝水位推算至站前的水位,本排区排涝最不利地面高程为 6.50 m,距离站址 2 000 m,沟渠水面比降取 1/5 000,过闸落差取 0.1 m,设计排涝水位低于地面 0.5 m,则推算得进水池设计运行水位为 5.50 m。

进水池最高运行水位:排涝最不利点排涝水位取与地面持平,则推算得进水池最高运行水位为 6.00 m。

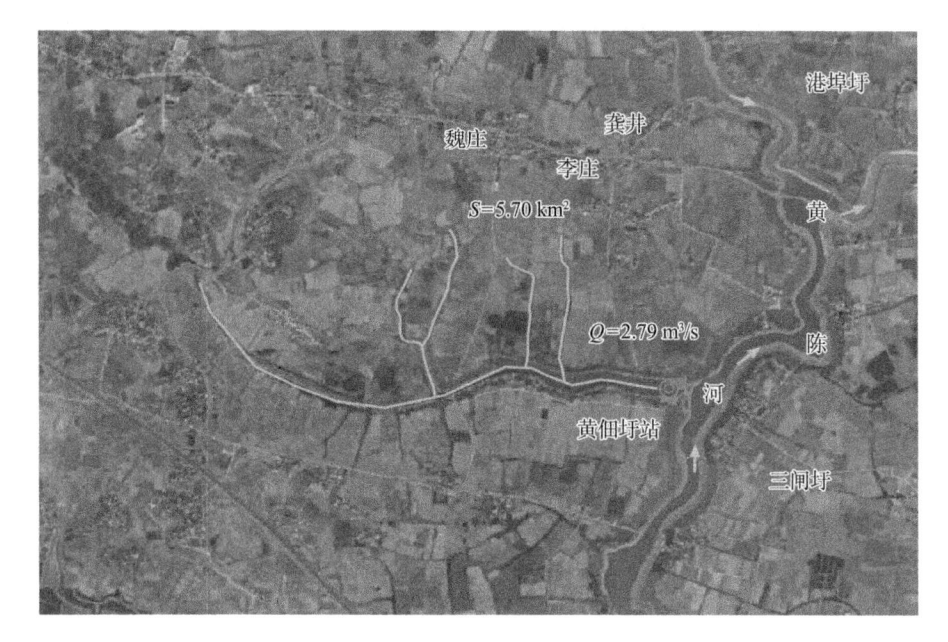

图 6.2-3 黄佃圩站位置及排水区图

进水池最低运行水位：进水池最低运行水位应满足排涝最不利点的冬季排渍要求（一般低于地面 1.0 m）和汛前预降内水位要求（一般约 1.0 m），则推算得进水池最低运行水位为 5.00 m。

b）出水池特征水位

出水池防洪水位：取站址处外河 10 年一遇洪水位，为 10.62 m。

出水池设计运行水位：根据《泵站设计标准》(GB 50265—2022)，出水池设计运行水位应取承泄区主排涝期 5～10 年一遇洪水的排水时段平均水位，它是确定泵站设计扬程的依据。考虑到内外洪水同时遭遇，采用本站外河 10 年一遇最高 3 d 平均水位，为 9.80 m。

出水池最高运行水位：根据《泵站设计标准》(GB 50265—2022)，出水池设计运行水位应取承泄区主排涝期 10～20 年一遇洪水的排水时段平均水位，它是确定泵站最高扬程的依据。考虑到内外洪水同时遭遇，采用外河 10 年一遇洪水位作为泵站出水池最高运行水位，为 10.07 m。

出水池最低运行水位：根据《泵站设计标准》(GB 50265—2022)，出水池最低运行外水位应取承泄区主排涝期历年最低水位的平均值。根据巢湖闸下及裕溪河闸上实测水位分析，黄陈河口排水期最低平均水位 6.52 m，推算得本站出水池最低运行水位为 6.83 m。

(4) 陈闸站

① 泵站设计流量

陈闸站位于三闸圩内、黄陈河沿岸,为农排站,现状 3 台机组,装机容量 465 kW,设计流量 6.00 m³/s,受益面积 1.2 万亩,集水面积 10.00 km²,水面率 10%,排区地面高程一般在 5.70 m,10 年一遇外河洪水位一般在 10.00 m 左右,高于排区地面高程约 4.0 m,本站功能是抽排受益范围涝水,保证农田不受淹。陈闸站位置及排水区见图 6.2-4。

图 6.2-4　陈闸站位置及排水区图

采用"84办法"计算洪峰流量,并考虑沟塘调蓄作用,合理确定泵站规模。经计算,10年一遇排涝模数为 0.60 m³/(s·km²),设计流量为 6.0 m³/s。

② 泵站特征水位

a) 进水池特征水位

进水池最高水位:泵房的防洪水位,主要用于确定电机层高程,取排片最高内涝水位,为 6.20 m。

进水池设计运行水位:根据《泵站设计标准》(GB 50265—2022),进水池设计运行水位为排区较低区域设计排涝水位推算至站前的水位,本排区排涝最不利地面高程为 5.70 m,距离站址 2 000 m,沟渠水面比降取 1/5 000,过闸落差取 0.1 m,设计排涝水位低于地面 0.5 m,则推算得进水池设计运行水位为 4.70 m。

进水池最高运行水位:排涝最不利点排涝水位取与地面持平,则推算得进水池最高运行水位为 5.20 m。

进水池最低运行水位:进水池最低运行水位应满足排涝最不利点的冬季排渍要求和汛前预降内水位要求,则推算得进水池最低运行水位为 4.20 m。

b) 出水池特征水位

出水池防洪水位:取站址处外河 10 年一遇洪水位,为 10.60 m。

出水池设计运行水位:根据《泵站设计标准》(GB 50265—2022),出水池设计运行水位应取承泄区主排涝期 5~10 年一遇洪水的排水时段平均水位,它是确定泵站设计扬程的依据。考虑到内外洪水同时遭遇,采用本站外河 10 年一遇最高 3 d 平均水位,为 9.90 m。

出水池最高运行水位:根据《泵站设计标准》(GB 50265—2022),出水池设计运行水位应取承泄区主排涝期 10~20 年一遇洪水的排水时段平均水位,它是确定泵站最高扬程的依据。考虑到内外洪水同时遭遇,采用外河 10 年一遇洪水位作为泵站出水池最高运行水位,为 10.10 m。

出水池最低运行水位:根据《泵站设计标准》(GB 50265—2022),出水池最低运行外水位应取承泄区主排涝期历年最低水位的平均值。根据巢湖闸下及裕溪河闸上实测水位分析,黄陈河口排水期最低平均水位 6.52 m,推算得本站出水池最低运行水位为 7.00 m。

(5) 金龙站

① 泵站设计流量

金龙站位于三闸圩内、黄陈河沿岸,为农排站,现状 4 台机组,装机容量 520 kW,设计流量 6.7 m³/s,受益面积 1.2 万亩,集水面积 11.0 km²,水面率 10%,排区地面高程一般为 5.70 m,10 年一遇外河洪水位一般在 10.00 m 左右,高于排区地面高程约 4.0 m,本站功能是抽排受益范围涝水,保证农田不受淹。金龙站位置及排水区见图 6.2-5。

图 6.2-5　金龙站位置及排水区图

采用"84办法"计算洪峰流量,并考虑沟塘调蓄作用,合理确定泵站规模。经计算,10 年一遇排涝模数为 0.61 m³/(s·km²),设计流量为 6.7 m³/s。

② 泵站特征水位

a) 进水池特征水位

进水池最高水位:泵房的防洪水位,主要用于确定电机层高程,取排片最高内涝水位,为 6.30 m。

进水池设计运行水位:根据《泵站设计标准》(GB 50265—2022),进水池设计运行水位为排区较低区域设计排涝水位推算至站前的水位,本排区排涝最不利地面高程为 5.70 m,距离站址 2 000 m,沟渠水面比降取 1/5 000,过闸落差取 0.1 m,设计排涝水位低于地面 0.5 m,则推算得进水池设计运行水位为 4.70 m。

进水池最高运行水位:排涝最不利点排涝水位取与地面持平,则推算得进水池最高运行水位为 5.20 m。

进水池最低运行水位:进水池最低运行水位应满足排涝最不利点的冬季排

渍要求和汛前预降内水位要求,则推算得进水池最低运行水位为4.20 m。

b) 出水池特征水位

出水池防洪水位:取站址处外河10年一遇洪水位,为10.60 m。

出水池设计运行水位:根据《泵站设计标准》(GB 50265—2022),出水池设计运行水位应取承泄区主排涝期5~10年一遇洪水的排水时段平均水位,它是确定泵站设计扬程的依据。考虑到内外洪水同时遭遇,采用本站外河10年一遇最高3 d平均水位,为9.90 m。

出水池最高运行水位:根据《泵站设计标准》(GB 50265—2022),出水池设计运行水位应取承泄区主排涝期10~20年一遇洪水的排水时段平均水位,它是确定泵站最高扬程的依据。考虑到内外洪水同时遭遇,采用外河10年一遇洪水位作为泵站出水池最高运行水位,为10.10 m。

出水池最低运行水位:根据《泵站设计标准》(GB 50265—2022),出水池最低运行外水位应取承泄区主排涝期历年最低水位的平均值。根据巢湖闸下及裕溪河闸上实测水位分析,黄陈河口排水期最低平均水位6.52 m,推算得本站出水池最低运行水位为7.00 m。

6.3 工程布置及主要建筑物设计

6.3.1 设计依据和基础资料

6.3.1.1 法律法规

(1)《中华人民共和国水法》;
(2)《中华人民共和国防洪法》;
(3)《中华人民共和国防汛条例》。

6.3.1.2 主要设计规范及标准

(1)《水利水电工程等级划分及洪水标准》(SL 252—2017);
(2)《防洪标准》(GB 50201—2014);
(3)《水利工程建设标准强制性条文》(2020年版);
(4)《水利水电工程初步设计报告编制规程》(SL/T 619—2021);
(5)《水闸设计规范》(SL 265—2016);
(6)《堤防工程设计规范》(GB 50286—2013);
(7)《水工建筑物荷载设计规范》(SL 744—2016);

(8)《水工建筑物抗震设计标准》(GB 51247—2018);

(9)《水工挡土墙设计规范》(SL 379—2007);

(10)《水工混凝土结构设计规范》(SL 191—2008);

(11)《混凝土结构耐久性设计标准》(GB/T 50476—2019);

(12)《泵站设计标准》(GB 50265—2022);

(13)《水利水电工程结构可靠性设计统一标准》(GB 50199—2013)

(14)《水利水电工程合理使用年限及耐久性设计规范》(SL 654—2014)

(15) 其他有关规范、规定。

6.3.1.3　其他资料

(1)《芜湖市城市总体规划(2012—2030 年)》;

(2)《无为县城市总体规划(2013—2030 年)》;

(3)《安徽省芜湖市黄陈河治理方案》;

(4)《无为市国民经济和社会发展第十四个五年规划和 2035 年远景目标纲要》;

(5)《无为市黄陈河防洪治理工程地质勘察报告》。

6.3.2　工程等级和设计标准

6.3.2.1　工程等别及建筑物级别

(1) 工程等别

根据《防洪标准》(GB 50201—2014)、《堤防工程设计规范》(GB 50286—2013)的相关规定,本项目涉及的三闸圩为万亩圩,黄佃圩与港埠圩为五千亩圩,因此工程等别为Ⅳ等。

根据《泵站设计标准》(GB 50265—2022)规定,流量 2~10 m^3/s、装机容量 100~1 000 kW 的灌溉、排水泵站为Ⅳ等工程,属于小(1)型泵站;流量小于 2 m^3/s、装机容量小于 100 kW 的灌溉、排水泵站为Ⅴ等工程,属于小(2)型泵站。且《堤防工程设计规范》(GB 50286—2013)第 2.1.5 条规定:"堤防工程上的闸、涵、泵站等建筑物及其他构筑物的设计防洪标准,不应低于堤防工程的防洪标准。"

综上所述,本工程以防洪为主,工程等别按堤防工程取值,本工程为Ⅳ等工程。

(2) 建筑物级别

本工程三闸圩、黄佃圩及港埠圩堤防级别为 4 级。

黄佃圩站、季村站、苗庄闸及常丰斗门等 19 座穿堤建筑物主要建筑物级别为4级,次要永久建筑物为5级,临时建筑物为5级。

6.3.2.2 设计标准

1. 防洪标准

根据《巢湖流域防洪治理工程规划》,保护对象为万亩以上圩口或圩内有人口较多的集镇或有工业园区、铁路、高速公路、自来水厂、污水厂等重要保护设施的,防洪治理标准采用20~50年一遇;保护对象为一般居民区和农田的5000亩以上圩口,防洪治理标准采用20年一遇。

根据《芜湖市黄陈河治理方案》三闸圩防洪标准采用20年一遇,黄佃圩和港埠圩防洪标准为10年一遇。

因此,综合考虑《巢湖流域防洪治理工程规划》、《安徽省芜湖市黄陈河治理方案》及《防洪标准》(GB 50201—2014),结合已经实施的防洪治理项目、防洪保护对象的保护面积及保护对象的重要程度确定黄陈河防洪标准为:三闸圩(万亩以上圩口)采用20年一遇防洪标准,黄佃圩与港埠圩(5000亩以上圩口)采用20年一遇防洪标准,农田段维持现状防洪标准。

2. 排涝标准

依据相关规划及《治涝标准》(SL 723—2016),农排区设计排涝标准为10年一遇3 d暴雨3 d排至作物耐淹深度。

3. 抗震设计标准

根据《建筑抗震设计规范》(GB 50011—2010),本工程场地的地震动峰值加速度为0.10g,相应的地震烈度为Ⅶ度。工程区Ⅱ类场地的基本地震动加速度特征周期为0.35 s。

4. 水工结构耐久性

根据国家标准《混凝土结构耐久性设计标准》(GB/T 50476—2019)、《水利水电工程结构可靠性设计统一标准》(GB 50199—2013),水利行业标准《水利水电工程合理使用年限及耐久性设计规范》(SL 654—2014)和《水工混凝土结构设计规范》(SL 191—2008)等相关规定和要求,水工混凝土结构耐久性设计内容包括设计使用年限,环境类别及环境作用等级,混凝土强度等级,混凝土抗碳化、抗冻、抗渗等相关技术指标的确定。本书按最新国家和行业标准要求,仅对工程造价影响较大的指标进行论证和确定。

1) 设计使用年限

根据《水利水电工程结构可靠性设计统一标准》(GB 50199—2013)中强制性条文3.2.1条规定,工程主要建筑物级别为4、5级,结构安全级别为Ⅲ级。强制性条文 3.3.1 条规定:"水工结构设计时,应规定结构的设计使用年限。"第 3.3.2 条规定:"1 级~3 级主要建筑物结构的设计使用年限应采用 100 年,其他永久性建筑物结构应采用 50 年。临时建筑物结构的设计使用年限应根据预定的使用年限和可能滞后的时间采用 5 年~15 年。"

本工程设计使用年限应采用 50 年,临时工程使用年限按施工期为 1~2 年考虑,取下限 5 年。

依据《水利水电工程合理使用年限及耐久性设计规范》(SL 654—2014)第 3.0.2 条,工程等别为Ⅳ等,工程类别为防洪、治涝等。查该规范中的表 3.0.3,本项目主要永久建筑物级别为 4~5 级,合理使用年限为 30 年。

综合国家标准、行业标准的相关要求,本工程主要建筑物设计使用年限取 50 年,临时工程设计使用年限取 5 年,闸门合理使用年限为 30 年。

2) 环境类别及环境作用等级

依据《水工混凝土结构设计规范》(SL 191—2008)第 3.1.8 条,水工混凝土结构应依据所处的环境条件满足相应的耐久性要求。按《水利水电工程合理使用年限及耐久性设计规范》(SL 654—2014)第 4.1.9 条和《水工混凝土结构设计规范》(SL 191—2008)第 3.1.8 条规定,本工程所涉及的水工混凝土结构所处环境条件分为三个类别。

3) 混凝土强度等级

按《水利水电工程合理使用年限及耐久性设计规范》(SL 654—2014)第 4.3.2 条和《水工混凝土结构设计规范》(SL 191—2008)第 3.3.4、3.3.5 条规定,水工结构混凝土强度等级根据结构使用年限和所处环境类别综合确定。本工程按设计使用年限 50 年、第一至三类环境条件进行设计。

对于水工混凝土,除了上表的强度等级外,相应环境条件下尚需满足《水利水电工程合理使用年限及耐久性设计规范》(SL 654—2014)和《水工混凝土结构设计规范》(SL 191—2008)对混凝土保护层厚度、抗渗、抗冻和混凝土最小水泥用量、最大水胶比、最大氯离子含量、最大碱含量等附加的要求,混凝土试配过程中应注意对以上附加指标进行控制。实际施工成型的混凝土结构中,应按相关规范要求,通过适当的检验或试验,验证混凝土结构的各项指标均符合以上规范和设计要求。

综上所述,钢筋混凝土的强度等级应不低于 C25,本阶段,主要建筑物的钢筋混凝土强度均取 C30。

4) 混凝土抗渗等级

按《水工混凝土结构设计规范》(SL 191—2008)第 3.3.6 条规定,对有抗渗要求的结构,混凝土应满足抗渗等级的规定,混凝土的抗渗等级不应低于 W4。

5) 混凝土抗冻等级

按《水工混凝土结构设计规范》(SL 191—2008)第 3.3.7 条规定,工程区地处北亚热带湿润季风气候区,属温和地区,混凝土的抗冻等级取 F50。

6.3.3 工程总体布置

6.3.3.1 工程布置原则

本工程总体设计布局拟遵循以下原则:

(1) 堤线与河势流向相适应,堤线与洪水主流线大致平行,不突然放大、缩小。

(2) 各河段平缓连接,尽量减小工程量、降低工程造价。

(3) 河道宜宽则宽原则。尽量扩大一些目前的束水断面,降低防洪水位。

(4) 土方平衡原则。在满足防洪、排涝的前提下合理确定河宽,尽量减少占地、房屋拆迁,并利于防汛抢险和管理。

(5) 生态工程治理原则。在河道治理中,生态工程学贯穿始终,从建材、工程措施、设计理念等方面全面应用,从而达到在防洪保安的基础上使河道生态系统良好稳定。

根据以上布置原则,结合实地情况及水文水力学计算等综合分析后确定堤线。设计堤线尽量沿现状堤防和现有道路走向布置。

6.3.3.2 工程总体布置

根据防洪保护对象范围、流域水系现状及拟定洪涝水出路安排,结合两岸地形地势及周边建筑物条件,对本工程进行总体布局。

黄陈河上段老巢无路至陈家闸段河道长 16.0 km,主要对于岸坡存在问题、河底冲刷严重和局部淤积的河段采取针对性的岸坡防护和清淤疏浚措施;黄陈河下段陈家闸至裕溪河口段河道长 8.0 km,主要采取加固堤防、堤顶道路建设和对存在安全隐患的建筑物进行拆除重建和加固等措施。具体包括:对三闸圩 8.5 km 堤防进行 20 年一遇防洪标准达标建设,对堤防上的 4 座排涝泵站、6 座涵闸新改建;对黄佃圩 11.8 km 堤防进行 20 年一遇防洪标准达标建设,对堤防上的 1 座排涝泵站、6 座涵闸新改建;对港埠圩 6.2 km 堤防(不包括裕溪河堤防)进行 20 年一遇防洪标准达标建设,对堤防上的 2 座涵闸新改建;新建堤顶道路 26.35 km;采用填塘固基防渗段 2 km,采用高压喷射桩防渗段 1.94 km。

通过现场调查,三个圩区内共有穿堤建筑物 55 座,本次维持现状共 39 座;拆除重建共 13 座,具体为金龙站、陈闸站、孙家墩站、季村站、黄佃圩站、纯头闸、常丰斗门、孙家斗门、苗庄闸、童墩闸 1、童墩闸 2、许闸、菜籽沟闸。新建涵闸 3 座,分别为南庄闸、黄图闸及西庙闸。设备更新 3 座,分别为寺后圩闸、陈圩闸及陈家闸。工程总体布置图见图 6.3-1、图 6.3-2。

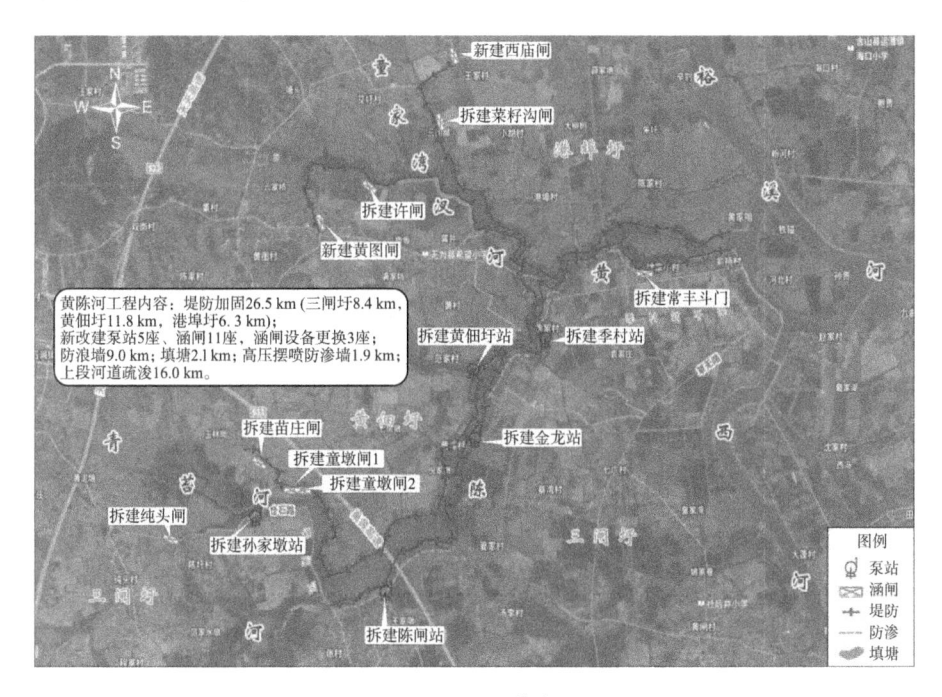

图 6.3-1　工程总体布置图 1

6.3.4　堤防加固设计

6.3.4.1　堤顶高程计算

根据《堤防工程设计规范》(GB 50286—2013)第 7.3.1 条,堤顶高程按设计洪水位加堤顶超高确定。

堤顶超高按以下公式计算:

$$Y = R + e + A$$

式中:Y——堤顶超高;

R——设计波浪爬高;

黄陈河工程内容：堤防加固26.5 km（三闸圩8.4 km，黄佃圩11.8 km，港埠圩6.3 km）；新改建泵站5座、涵闸11座，涵闸设备更换3座；防浪墙9.0 km；填塘2.1 km；高压摆喷防渗墙1.9 km；上段河道疏浚16.0 km。

图6.3-2　工程总体布置图2

e——设计风壅高度；

A——安全加高。4～5级不允许越浪堤防为 0.6～0.5 m、4～5级允许越浪堤防为 0.3 m。

(1) 按照堤防设计规范，风浪要素按下列公式计算确定：

$$\frac{g\overline{H}}{V^2}=0.13\text{th}\left[0.7\left(\frac{gd}{V^2}\right)^{0.7}\right]\text{th}\left\{\frac{0.0018\left(\frac{gF}{V^2}\right)^{0.45}}{0.13\text{th}\left[0.7\left(\frac{gd}{V^2}\right)^{0.7}\right]}\right\}$$

$$\frac{g\overline{T}}{V}=13.9\left(\frac{g\overline{H}}{V^2}\right)^{0.5}$$

式中：$\overline{H}$——平均波高；

$\overline{T}$——平均波周期；

V——计算风速；

F——风区长度；

d——水域的平均水深；

g——重力加速度；

L——波长。

(2) 按照堤防设计规范，风壅水面高度按下列公式计算确定

$$e=\frac{KV^2F}{2gd}\cos\beta$$

式中：e——计算点的风壅水面高度；

K——综合摩阻系数，取 3.6×10^{-6}；

V——设计风速；

F——计算点到对岸的距离；

d——水域的平均水深；

β——风向与垂直于堤轴线的法线的夹角。

(3) 按照堤防设计规范，波浪爬高按下列公式计算确定：

$$R=\frac{K_\Delta K_v K_p}{\sqrt{1+m^2}}\sqrt{\overline{H}L}$$

式中：R——累积频率 $p=2\%$ 的波浪爬高；

K_Δ——斜坡的糙率及渗透系数；

K_v——经验系数；

K_p——爬高累积频率换算系数；

m——边坡系数；

$\bar{H}$——堤前波浪的平均波高；

L——堤前波浪的波长。

根据上述公式计算，取设计风速为多年汛期最大风速13.3 m/s，计算结果详见表6.3-1，参照当地已建工程批复文件，确定黄陈河三闸圩、黄佃圩及港埠圩20年一遇堤防堤顶超高按1.0 m控制。

表6.3-1 堤防超高计算成果表

河流	风区长度(km)	平均水深(m)	累计波浪爬高(m)	壅水高度(m)	安全超高(m)	堤顶超高(m)	最终取值(m)	备注
黄陈河	0.15	4.9	0.493	0.001	0.6	1.094	1.0	4级
青苔河、童家湾汊河	0.1	3.5	0.404	0.001	0.6	1.005	1.0	4级

6.3.4.2 堤防标准断面设计

1. 设计原则

根据地勘报告，本工程土料基本充足但运距很远，堤防工程涉及土方量巨大，并且局部段拆迁难度大，因此考虑采用堤顶防浪墙等工程措施减少土方填筑量。

现状三闸圩堤顶欠高0~0.61 m，黄佃圩堤顶欠高0.31~1.12 m，港埠圩堤顶欠高0.25~1.10 m。本次设计拟根据堤防等级、堤身高度和堤身填土、堤基土的工程地质特性以及施工条件等因素，以防渗、抗滑稳定等为前提，以方便防汛、管理为要求，最终确定堤防设计标准断面如下。

2. 三闸圩堤防标准断面

三闸圩标准断面1，见图6.3-1。标准断面1适用于堤后无基本农田的岸段，堤顶宽5 m；迎水坡坡度为1∶2.5，起坡点取常水位与现状变坡点高值，背水坡坡度为1∶2.5；坡面播撒草籽或采用生态预制块护坡；堤顶高程为设计洪水位+1.0 m，堤顶不设防浪墙。有防渗要求的岸段采用填塘固基防渗。

三闸圩标准断面2，见图6.3-4。标准断面2适用于现状堤顶宽度7~8 m，沥青道路刚建成，无削坡条件，外坡较陡的岸段，堤顶宽7~8 m；迎水坡坡度为1∶2.5，起坡点取施工期水位6.5 m，坡前设置5 m宽抛石平台和400M型布置波浪桩（W-CPⅠ400）；坡面播撒草籽或采用生态预制块护坡；堤顶局部设防浪

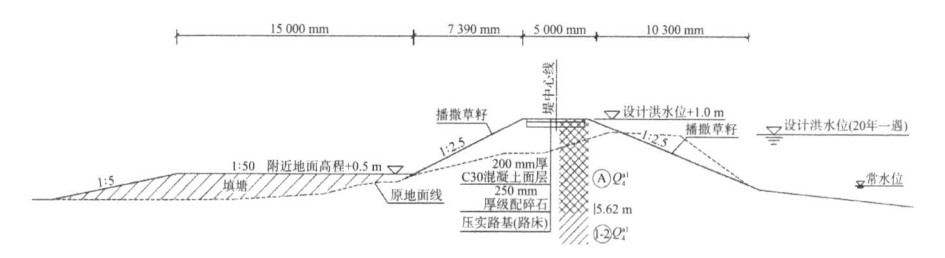

图 6.3-3　三闸圩堤防标准断面 1

墙,该段长度约 100 m,平均墙高 0.6 m。

三闸圩堤防统计表见表 6.3-2。

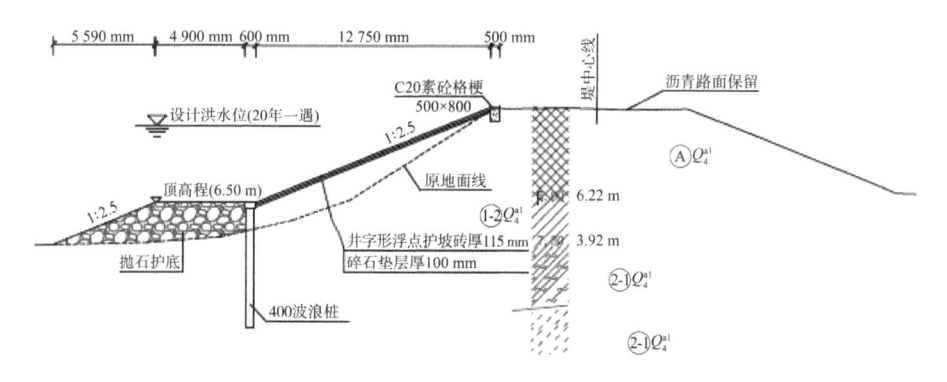

图 6.3-4　三闸圩堤防标准断面 2

表 6.3-2　三闸圩堤防统计表

堤防类型	桩号	长度(m)
标准断面 1	SZ0+000～SZ5+723	5 723
标准断面 2	SZ5+723～SZ8+392	2 669
总计		8 392

3. 黄佃圩堤防标准断面

黄佃圩标准断面 1,见图 6.3-5。标准断面 1 适用于堤后无基本农田的岸段,采用削坡加固或直接内培,堤顶宽 5 m;迎水坡坡度为 1∶2.5,起坡点取常水位与现状变坡点高值,背水坡坡度为 1∶2.5;坡面播撒草籽,冲刷段采用生态预制块护坡;堤顶高程为设计洪水位+1.0 m,堤顶不设防浪墙。有防渗要求的岸段采用填塘固基防渗。

对于黄佃圩闵家湾、黄埠村等河段堤防,由于该段堤顶村庄密集、房屋较多,无内培加固条件,为减少征地拆迁量及其投资,拟将上述堤段堤顶宽度减少为不

图 6.3-5　黄佃圩堤防标准断面 1

小于 4 m,堤顶采用防洪墙断面型式。

黄佃圩标准断面 2,见图 6.3-6。标准断面 2 适用于堤后无内培条件或堤防边坡较缓、堤顶高程不达标的岸段,堤顶宽 4~5 m;迎水坡坡度为 1∶2.5,起坡点取常水位与现状变坡点高值,背水坡坡度为 1∶2.5。坡面播撒草籽,冲刷段采用生态预制块护坡,护坡顶部与防浪墙相连,底部设置宽 0.5 m、深 0.8 m 的混凝土基脚。沿堤向每隔约 20 m 设一道顺坡向混凝土隔埂,埂宽 0.3 m、深 0.5 m。堤顶防浪墙的高度为 0.4~0.7 m。

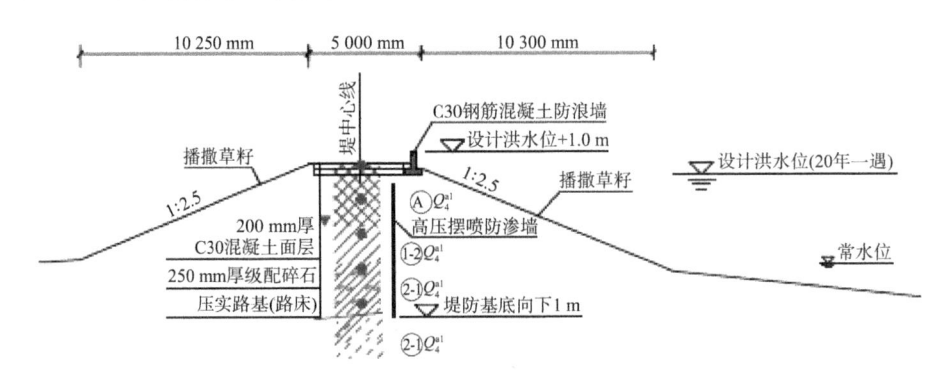

图 6.3-6　黄佃圩堤防标准断面 2

黄佃圩标准断面 3,见图 6.3-7。标准断面 3 适用于碾底村巢黄高速下游 500 m 的一处滑坡段和堤后无内培条件、迎水坡较陡的岸段,堤顶宽 4~5 m;迎水坡外培,迎水坡坡度为 1∶2.5,起坡点取施工期水位 6.5 m,坡前设置 5 m 宽抛石平台和一排 400M 型布置波浪桩(W-CPⅠ400);坡面播撒草籽,冲刷段采用生态预制块护坡;背水坡坡度为 1∶2.5,坡面播撒草籽;堤顶设 0.5~0.7 m 防浪墙。

黄佃圩堤防统计表见表 6.3-3。

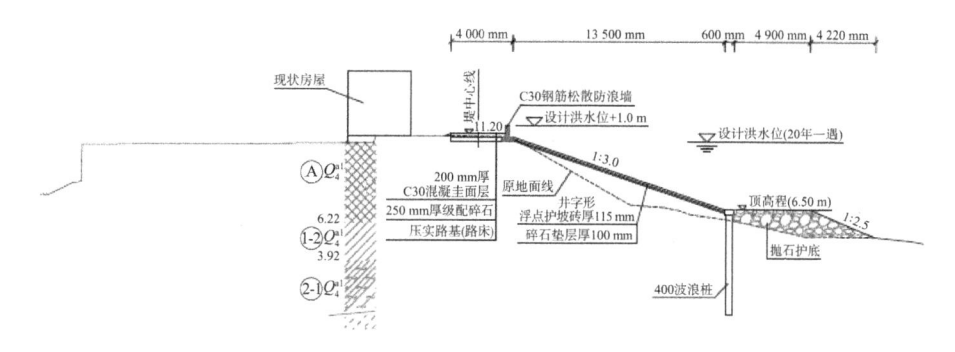

图 6.3-7　黄佃圩堤防标准断面 3

表 6.3-3　黄佃圩堤防统计表

堤防类型	桩号	长度(m)
标准断面 1	HD0+000~HD1+370；HD1+824~HD2+650；HD3+025~HD3+083；HD5+002~HD5+867；HD6+513~HD7+164；HD7+990~HD11+772	7 494
标准断面 2	HD1+370~HD1+824；HD5+867~HD6+513；HD7+164~HD7+990	1 926
标准断面 3	HD2+650~HD3+025；HD3+083~HD5+002	2 294
总计		11 714

4. 港埠圩堤防标准断面

港埠圩标准断面 1，见图 6.3-8。标准断面 1 适用于堤后无基本农田的岸段，采用削坡加固或直接内培，堤顶宽 5 m；迎水坡坡度为 1∶2.5，起坡点取常水位与现状变坡点高值，背水坡坡度为 1∶2.5；坡面播撒草籽，冲刷段采用生态预制块护坡；堤顶高程为设计洪水位＋1.0 m，堤顶不设防浪墙。河岸冲刷段同步采用抛石防冲。护坡顶部与防浪墙相连，底部设置宽 0.5 m、深 0.8 m 的混凝土基脚。沿堤向每隔约 20 m 设一道顺坡向砼隔埂，埂宽 0.3 m、深 0.5 m。堤顶防浪墙高度 0.3~0.7 m。

港埠圩标准断面 2，见图 6.3-9。标准断面 2 适用于堤后无内培条件或现状堤防边坡较缓、堤顶高程不达标的岸段，堤顶宽 4~5 m；迎水坡坡度为 1∶2.5，起坡点取常水位与现状变坡点高值，背水坡坡度为 1∶2.5；坡面播撒草籽，冲刷段采用生态预制块护坡。

港埠圩堤防统计表见表 6.3-4。

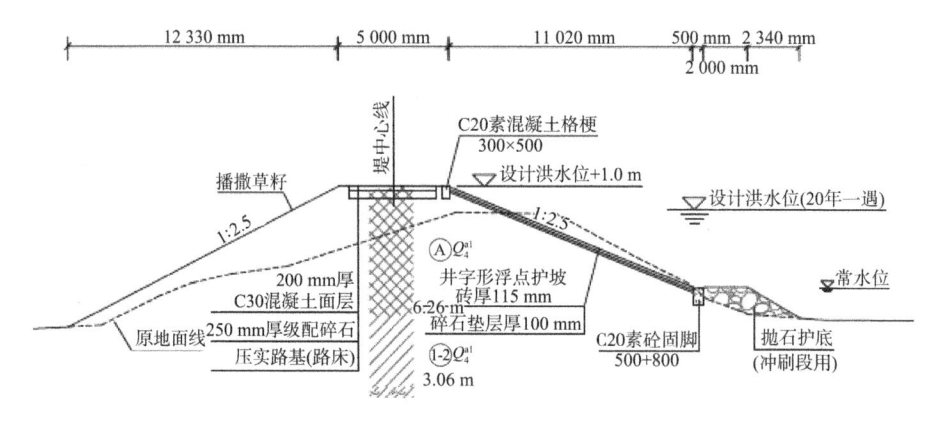

图 6.3-8 港埠圩堤防标准断面 1

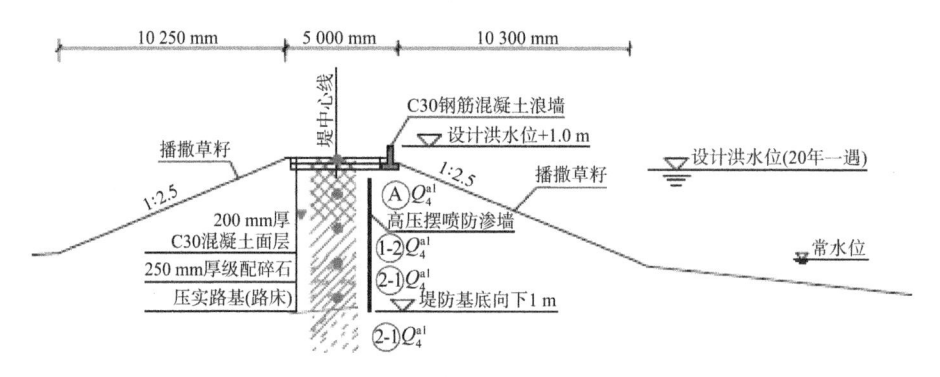

图 6.3-9 港埠圩堤防标准断面 2

表 6.3-4 港埠圩堤防统计表

堤防类型	桩号	长度(m)
标准断面 1	GB0+000～GB1+136；GB1+299～GB1+497；GB2+397～GB2+596；GB2+670～GB3+694；GB3+850～GB4+070；GB4+130～GB6+073	4 720
标准断面 2	GB1+136～GB1+299；GB1+497～GB2+397；GB2+596～GB2+670；GB3+694～GB3+850；GB4+070～GB4+130；GB6+073～GB6+184	1 464
总计		6 184

6.3.4.3 堤身加培设计

为了能够进行机械化施工，保证堤身填筑质量，土堤堤身的加高培厚主要采取两侧帮培方式进行。堤身主要加培原则如下：

(1) 对于外坡较陡的断面，为不侵占河道且考虑施工方便，原则上采用迎水坡削坡、背水坡帮培方式进行加固。

(2) 在满足河道过流断面要求的前提下，对有较宽滩地、堤顶房屋众多的堤段，采用迎水侧加培的方式，以减少工程拆迁。

(3) 根据规划，堤后泵站维持现状不动，堤身加培采用迎水侧加培的方式。空间不足时可采用挡墙方式支护。

(4) 堤后沟塘若为排水、灌溉渠道需保留，因填塘侵占的水系需重新开挖渠道沟通。

堤身填筑土料要求以黏性土料为主，宜选择重粉质壤土和粉质黏土，控制填筑土料渗透系数不大于 $i\times 10^{-5}$ cm/s ($i=1\sim 5$)，黏粒含量宜为 15%～30%，塑料指数宜为 10～20，且不得含植物根茎、砖瓦垃圾等杂质。设计干密度应不小于 1.51 g/cm³，填筑土料含水率与最优含水率的允许偏差为±3%，填土压实后，其压实度按不小于 0.91 控制。

堤身填筑前必须对原地面、原堤坡的草皮、树根、腐殖质及其他杂物挖除并清理干净，一般清基厚度 20～30 cm。堤身填筑时应保持应有的水分，并分层碾压密实。对加固堤段，为保证新老堤防紧密结合，必须清除结合部位的各种杂物，坡面需清理成台阶状，并将坡面刨毛，再分层填筑。加固堤段与老堤结合部位应设过渡段，做到平顺连接，施工应符合相关规范的规定。

6.3.4.4 护坡设计

(1) 护坡型式的选择

因传统或浆砌石护坡影响环境，本段护坡型式只考虑草皮护坡、砌石护坡和自锁式混凝土预制块护坡。优缺点简述如下：

(a) 草皮护坡，造价最低，但易受人畜破坏和生物影响，抗冲刷能力较差。草类植物覆盖率高，价格低廉，是常用的护岸方式。坡面处理及立地条件接近自然，从生态环境功能考虑，无疑是上佳选择，但其护砌效果与植物生长状况密切相关。如草类植物栽种当年，易被雨水冲刷形成深沟，影响护砌及景观效果。而且长期浸泡水下，行洪速度超过 3 m/s 的土堤临水坡面防洪重点地段及坡度小于 2 的情况下一般不宜采用。

(b) 砌石护坡，包括干砌石护坡、浆砌石护坡等。砌石护坡一般能就地取材，充分利用当地资源，由于块石表面粗糙不平，与水体之间摩擦大，能够起到一定的消浪作用，同时砌石护坡本身能很好地经受风浪水流冲刷，适应变形能力强。但不能机械化操作，受当地石料材质、尺寸影响大，护砌质量难以保证。

(c) 自锁混凝土预制块护坡,造价略高,但整体性好,强度高,本身受风浪水流的影响小,能机械化施工,工期短;因其表面平滑,消浪作用较小,且对堤坡变形适应性较差。其中植草型预制块护坡应用在河道护岸时,可使安全护砌与景观美化有机结合起来,再造由水、草共同构成的水环境;还可降低护砌材料表面温度及增加护砌材料表面透水透气性,减少热岛效应及提高湿热交换能力,生态环境功能显著。同时,具有取材简单、施工简便、堤坡整齐美观、结构稳固及基本不需维护管理等优点。

本阶段推荐采用井字形自锁混凝土预制块护坡。本次护坡设计结合堤防加固,为减轻水流冲刷堤防,考虑工程投资,对桥梁上下游、迎流顶冲、支流汇入及流态不稳定易冲刷地段进行硬护坡防护加固,迎水坡堤脚至堤顶采用井字形自锁式混凝土预制块护坡。其他堤段堤坡均为草皮护坡。

(2) 护坡结构设计

井字形自锁式混凝土预制块护坡:结构型式为自锁式,厚度 0.115 m,下设碎石垫层,厚 0.1 m。护坡顶部与防浪墙相连,底部设置宽 0.5 m、深 0.8 m 的混凝土基脚。沿堤向每隔约 20 m 设一道顺坡向混凝土隔埂,埂宽 0.3 m、深 0.5 m。

(3) 护坡平面布置

本工程共新建护坡 10.17 km,分 11 段,具体桩号详表 6.3-5。

表 6.3-5 护坡结构统计

序号	起始桩号	终点桩号	防护长度(m)
1	SZ0+000	SZ1+000	1 000
2	SZ1+943	SZ2+849	906
3	SZ3+097	SZ3+828	731
4	SZ4+182	SZ5+682	1 500
5	SZ5+723	SZ6+994	1 271
6	SZ7+998	SZ8+282	284
7	HD1+370	HD1+902	532
8	HD2+650	HD5+002	2 352
9	HD5+867	HD6+513	646
10	HD7+164	HD7+990	826
11	GB1+012	GB1+136	124
总计			10 172

6.3.4.5 填塘固基设计

根据测量资料,本段堤防沿线部分存在堤内渊塘。塘深一般为 1~2 m,个别塘深超过 2.5 m。随着外河水位继续升高,塘底渗流条件将会进一步恶化,有可能危及大堤的安全。

结合相关工程经验,综合经济、技术、环境以及施工工艺等因素,考虑到加固效果和实用性,并为节约工程投资,在满足堤防防渗要求的前提下,本次加固主要采用堤内填塘方案。

填塘方案中填土面高出塘周地面 0.5 m。为便于坡面排水,防止近堤脚处积水,填塘面与堤面间按 1∶50 坡度连接。对于穿堤站、闸的进、出水口,组成圩内灌、排水系的沟、塘,填塘时均应留出水道,不能全部填满封闭。

填塘土料应选用渗透系数比塘底下卧土层大的材料。填塘前清除塘底淤泥。

6.3.4.6 防汛道路设计

本次治理结合堤防加固,拟新建防汛道路,以满足汛期防汛和当地百姓平时通行需求。堤顶道路标准断面见图 6.3-10。防汛道路采用 C30 素混凝土结构,厚 200 mm,下设 250 mm 厚碎石垫层。道路沿堤防设置 1.5% 的横向排水坡向堤内排水,两侧设 0.20~0.30 m 宽碎石路肩(如果堤顶不设防浪墙,则设 0.30~0.70 m 宽碎石路肩),压实度同堤防。

东陡圩防汛道路长 6.28 km,起点为现状南吴底站,终点为吴底村,路面宽度为 4.0 m;神丈圩防汛道路长 6.54 km,起点为吕家巷,终点为神丈桥,路面宽度为 4.0 m;值仟圩防汛道路长 4.277 km,起点为神丈桥,终点为河后村,路面宽度为 4.0 m;老河圩防汛道路长 3.60 km,路面宽度 4.0 m。

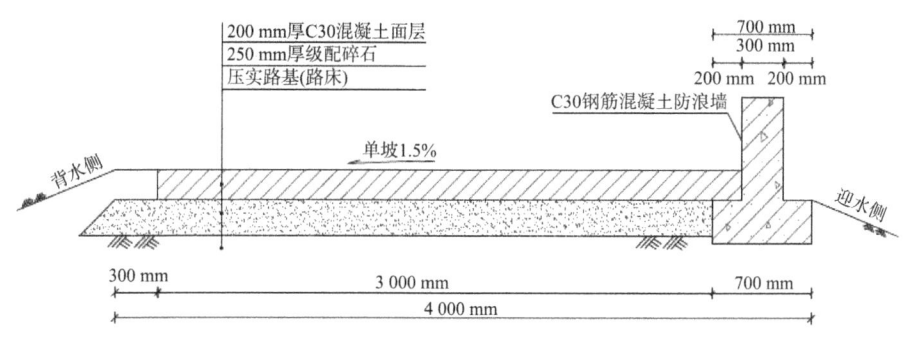

图 6.3-10 堤顶道路标准断面

6.3.4.7 堤防防渗计算

（1）堤身渗漏现状

工程范围内黄陈河现状堤防堤身存在压实度偏低，局部结构较为松散等问题。同时因堤防填筑时就近取土，堤内沟塘密布，破坏了堤内地面上的黏性土硬盖层，增加堤身临空面，对堤防稳定带来不利影响。部分堤段因抢险，施工清基不彻底，覆土碾压不密实，填筑坡比过陡。汛期容易出现堤身渗漏，严重威胁圩内公共安全。

本次加固主要采用堤内填塘和防渗墙方案。

（2）计算方法与断面选取

渗透稳定计算采用二维有限元方法并绘制流网，进而计算渗流坡降。具体计算采用河海大学土木工程学院编制的 AutoBANK 水工结构有限元分析系统进行计算。

渗流计算断面一般选择抗渗性较差的砂壤土堤段。本工程根据地质勘察成果以及测量断面共选取 3 个断面进行堤防防渗计算，其中三闸圩、黄佃圩、港埠圩分别选取 1 个典型断面。

（3）成果分析

各土层物理力学指标的取值详见地质章节，上游水位为设计洪水位，下游为塘内水位（平内侧地面高程）。计算成果详见表 6.3-6。

表 6.3-6 堤防渗流稳定计算成果表

序号	位置	断面桩号	洪水位（m）	背坡水位（m）	出口段 出逸点高程(m)	出逸坡降	允许值
1	三闸圩	SZ4+500	10.59	5.98	8.64	0.28	0.4
2	三闸圩	SZ7+793	10.45	6.17	7.83	0.30	0.4
3	黄佃圩	HD2+338	10.78	5.00	6.90	0.27	0.4
4	黄佃圩	HD9+421	10.77	6.80	8.17	0.26	0.4
5	港埠圩	GB0+509	10.97	6.50	7.71	0.29	0.4
6	港埠圩	GB4+795	10.48	4.90	7.25	0.26	0.4

根据计算成果和地质报告，参照《水闸设计规范》（SL 265—2016）等相关规定，设计堤防断面的出逸高度、出逸坡降计算值均较小，出逸坡降亦小于壤土的渗流坡降允许值，即渗透稳定基本满足规范要求。

6.3.4.8 堤防抗滑稳定计算

(1) 计算方法

根据《堤防工程设计规范》(GB 50286—2013),采用瑞典圆弧滑动法计算。考虑到有渗流动水压力作用,堤坡稳定采用以下近似计算,计算滑动力时,浸润线以下、静水位以上的土体采用饱和容重;计算抗滑力时,浸润线以下、静水位以上的土体采用浮容重;浸润线以上的土体均采用湿容重;静水位以下的土体均采用浮容重。具体计算采用河海大学土木工程学院编制的 AutoBANK 水工结构有限元分析系统进行。

(2) 断面选取

根据地质报告,结合地形条件,堤身高度及堤基、堤身填土条件,历年汛期出险情况等因素,选取堤身高度较大、堤基为淤泥质重粉质壤土的软弱地层堤段等不利断面进行抗滑稳定计算。本次选取的计算断面与渗流稳定计算断面一致。

(3) 成果分析

各土层物理力学指标的取值详见地质章节。堤身稳定分析主要为两种工况,即设计洪水位下稳定渗流期背水坡和设计洪水位降落期迎水坡。各断面计算成果见表 6.3-7。

表 6.3-7 堤防抗滑稳定计算成果表

序号	计算断面	工况	洪水位 (m)	背坡水位 (m)	抗滑稳定安全系数 计算值	抗滑稳定安全系数 允许值	备注
1	SZ7+793	洪水期	10.45	6.17	1.46	1.1	背水坡
		施工期	6.5	5.07	1.18/1.36	1.05	迎水坡/背水坡
		降落期	10.45	6.17	1.46	1.1	迎水坡
		地震期	8.5	6.17	1.38	1.1	背水坡
2	HD2+338	洪水期	10.78	5	1.3	1.1	背水坡
		施工期	6.5	4.5	1.24/1.29	1.05	迎水坡/背水坡
		降落期	10.78	5	1.39	1.1	迎水坡
		地震期	8.5	5	1.31	1.1	背水坡
3	GB0+509	洪水期	11.97	6.5	2.09	1.1	背水坡
		施工期	6.5	5.5	1.92/2.27	1.05	迎水坡/背水坡
		降落期	10.97	6.5	2.05	1.1	迎水坡
		地震期	8.5	6.5	1.79	1.1	背水坡

6.3.4.9 三闸圩金龙站至巢无路段白蚁防治

根据现状踏勘和镇村走访调查,三闸圩金龙站至巢无路段堤防存在白蚁隐患,夏季时白蚁"满天飞",严重威胁大堤安全。为防止蚁害造成堤身结构性能,引发新的险情,对三闸圩金龙站至巢无路段实施白蚁防治措施。

结合采用直接查找、引诱法、探测白蚁新技术等手段检查判断蚁源区、危害蚁种、白蚁危害的程度,在有白蚁活动痕迹的位置做好明显的标记。

堤防加固时清理堤坡上堆放木材和柴草,根据蚁源位置、危害程度分析采用挖巢法、熏烟法、灌浆法等对蚁情进行处理。

6.3.5 清淤设计

6.3.5.1 清淤原则

清淤具体原则如下:

(1)纵向上疏浚后河道变得更为顺畅,消除沿途纵向上的河道忽高忽低的沙坝现象。

(2)岸、堤保护,两岸有护坡或陡坎的,坎(坡)脚3~5 m内为保护范围不可清理,清理边坡为1∶4的缓斜坡。如岸边为台阶可适当清理。

(3)桥梁保护,梁桥墩周边10 m内不可疏浚,疏浚边坡为1∶5的缓坡;施工便道距离桥梁的桥墩要超过10 m范围。

(4)施工期应在枯水期,最好在10月至次年2月进行。

(5)疏浚工程施工时河水会变得浑浊,影响生态环境,故应合理安排工期,在最短的时间内完成。

6.3.5.2 清淤疏浚计算

经测量复核,黄陈河老巢无路至陈闸站部分断面底槽宽度和高程不满足设计要求。采用现状实测断面计算过流能力,河床糙率参考类似河流进行选取为0.03,天然河流水面线采用水流能量方程式计算:

$$Z_1 + \frac{\alpha_1 V_1^2}{2g} = Z_2 + \frac{\alpha_2 V_2^2}{2g} + h_{w1-2}$$

式中:Z_2、Z_1——计算段上、下游断面水位;

V_2、V_1——计算段上、下游断面平均流速;

α_2、α_1——计算段上、下游断面动能改正系数；

g——重力加速度；

h_{w1-2}——计算段水头损失。

由计算可知，部分河段现状过流能力与规划要求有一定的差距，需要进一步疏挖，详见表 6.3-8。

表 6.3-8 黄陈河干流上段（御龙湾至陈家闸）设计水位计算成果表

河段	桩号	断面位置	现状水位(m) 10年一遇	现状水位(m) 20年一遇	规划水位(m) 10年一遇	规划水位(m) 20年一遇
干流上段	Z7+780	陈家闸	6.10	6.80	6.10	6.80
干流上段	Z11+660	鸭蛋埂	6.47	7.19	6.32	7.08
干流上段	Z14+100	季闸河口	6.70	7.43	6.57	7.32
干流上段	Z20+355	御龙湾	7.20	8.05	7.03	7.90

清淤疏浚首先要满足泄洪要求，尽可能沿老河槽进行，以减少工程量和占地、拆迁。一般以老河槽中心线作为设计河道中心线。

根据各河段河道特性、地质条件及现有河道边坡情况，按设计除涝流量、主要节点除涝水位，水面线、河道宽度上下衔接等因素，河道拓宽河槽断面型式宜采用梯形断面，经试算综合确定拓宽河段的河道底高程、设计底宽、设计边坡等要素。

6.3.5.3 清淤疏浚纵断面设计

河道的设计河底高程主要根据现状河底高程、河流形态以及河道内建筑物等综合确定，确保清淤段和上下游河段平顺连接，提升清淤段河道过流能力。河底纵坡坡降集中居住区或农田段按不高于 1.5‰ 控制，山丘段维持现状。

6.3.5.4 清淤疏浚横断面设计

清淤横断面以恢复原河床底宽为原则并结合现状岸坡型式进行设计。当河岸为挡墙时不再进行岸坡处理；当河岸为自然边坡时，以现状河口线为约束进行放坡。

河道疏浚断面型式均采用梯形断面。受两岸地形条件所限，岸距难以统一，需就势设计，同时结合护岸建设。疏浚边坡采用 1:4 的缓斜坡，两岸有护坡或陡坎的，坎（坡）脚 3~5 m 内为保护范围不可清理。

6.3.5.5 清淤方案

农村小型河道常用的清淤技术主要包括排干清淤和水下清淤。排干清淤多适用于没有防洪、排涝、航运功能的流量较小的河道。水下清淤应用比较广泛，但应注意减少开挖时污染物在水中扩散所形成的二次污染。

河道疏挖拟在枯水期施工，采用 1 m³ 反铲挖掘机干挖清淤，清出的淤泥直接由渣土车外运或放置于岸上的临时堆放点后外运，外运点由村镇根据总体情况协调确定。该方案适合本项目区河道实际情况，同时清淤较为彻底，投资较低。

河道淤积深度在 0.5～1.2 m，平均淤积深度 0.4 m 左右。本工程经过初步计算，河道需要疏浚的总长约 14 km，清淤量约 33.5 万 m³。

6.3.6 河道护岸护坡设计

本项目拟对黄陈河陈闸站以下河段及上游御龙湾等河段进行护岸护坡设计。

6.3.6.1 护岸断面型式的比较

护岸型式既要保证堤岸防冲稳定安全，又要采用型式多样的生态护岸，因地制宜采取垂直式、斜坡式、复合式等断面型式。护坡断面型式选择应结合区域用地情况和地形地势，因地制宜选取护岸断面型式，不同断面型式适用范围如下：

垂直式护岸：垂直式断面占地面积小，有助于提高河道的过流能力，但降低了河道本身的自然美感。适用于流域周边用地高差较大、河道狭窄、滨水腹地较小的区域。

斜坡式护岸：斜坡式断面坡度较缓，可构建利于生态系统恢复的基底条件，有利于两栖动物的生存繁衍，有利于河道的生态多样性，投资也相对较小，但因边坡的单一和水深的制约，能够生长水生植物的基底相对较少，生态亲和性相对一般。适用于滨水腹地较宽阔的区域。

复合式护岸：复合式断面结合了直立式和斜坡式的优点，过流能力强，近岸有一定宽度河滩地，有利于河道中水生生物和两栖动物的生长，具有一定的生态性，岸后斜坡、堤顶植被缓冲带等均可开发为景观休闲区域，具有较强的景观性。适用于流域周边用地高差较大，滨水腹地较宽的区域。

根据减少占地原则，河道沿线尽量选择垂直式或复合式护岸型式。

6.3.6.2 护岸材料的比选

应根据河道岸坡坡度、水流特点、岸坡土质等因素,选取适宜的护岸材料,着重考虑材料的安全性、生态性、景观性。

常用的护岸如下:

(1) 格宾石笼

格宾石笼是由特殊防腐处理的低碳钢丝经机器编织成六边形双绞合钢丝网组合成箱笼,并在箱笼内充填石料形成整体的结构。生态石笼挡墙结构具有良好的透水性,较强的抗冲刷和抗风浪袭击能力,保证一定的稳定性和整体功能,结构充填料间的孔隙有利于水土交换,可以增强水体自净能力、改善水质,并可为水中生物创造生存环境。

(2) 箱型砌块挡墙

箱型砌块挡土墙是柔性结构,可以承受较大的位移而不至于失稳破坏,对小规模基础沉陷或短暂的非常荷载组合(如地震、高地下水位等)具有高度的适应能力。墙体与回填土经过拉接网片形成整体来承担土压力的作用,相当于一个重力式挡土墙;挡土块后缘结构的存在提高了墙体的抗剪切能力,同时自然形成12°的挡土墙坡度,使得墙体重心朝回填土方向后移,又提高了其抗倾覆能力。

(3) 浆砌块石挡墙

浆砌块石为较常用的丘陵区河道护岸型式,抗冲刷能力强,施工简便,安全性高。

(4) 波浪桩挡墙

施工简便,干湿作业环境均可施工,受气候影响较小,无需降水开挖;工序简化、施工完成后可立即转入下一工序,并可穿插作业;减少工序和人工投入,提高文明施工,易标准化管理;绿色环保零排放、无扬尘,水土空气不受影响。

(5) 仿木桩挡墙

施工简便,但每延米用桩量较大,造价上相对较高。

护岸选择按照因地制宜、就地取材的原则。根据河段所在的地理位置、重要性、护岸处地质条件、运行管理要求以及工程造价等因素综合确定。

结合无为市当地经验,同时根据防护对象特点,经比选,黄陈河上游御龙湾河道狭窄段及下游堤防外培加固段与滑坡段采用波浪桩挡墙护岸型式,占地较少,施工便捷。

6.3.6.3 护岸结构设计

1. 结构设计

波浪桩挡墙按 M 型排列,桩长 6～10 m,桩头位于常水位以上不少于 0.5 m,入土深度不小于 3.0 m,如图 6.3-11 所示。

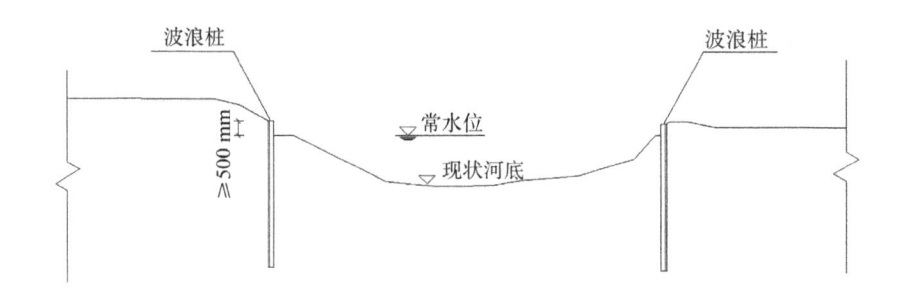

图 6.3-11 波浪桩挡墙断面图

2. 挡墙稳定计算

1) 水位组合

挡墙稳定计算水位组合见表 6.3-9。运行期墙后超载取 5 kN/m^2,施工期墙后超载取 10 kN/m^2。

表 6.3-9 挡墙稳定计算水位组合表

断面型式	水位	基本组合			特殊组合	
		完建	正常挡水	设计洪水	施工	地震
波浪桩挡墙	墙前水位(m)	4.50	5.50	7.03	4.50	5.50
	墙后水位(m)	9.00	9.50	9.50	8.50	9.50

(2) 挡墙稳定计算

各挡墙主要断面稳定计算成果如表 6.3-10,采用理正岩土工程计算分析挡土墙设计模块。

表 6.3-10 挡墙稳定计算成果表

桩号	工况	抗滑稳定安全系数		抗倾稳定安全系数		桩顶位移(mm)	
		计算值	允许值	计算值	允许值	计算值	允许值
4+100	完建	1.40	1.15	1.43	1.4	8.6	10
	正常挡水	1.47	1.15	1.62	1.4	8.1	10
	设计洪水	1.85	1.15	1.71	1.4	7.4	10

续表

桩号	工况	抗滑稳定安全系数 计算值	抗滑稳定安全系数 允许值	抗倾稳定安全系数 计算值	抗倾稳定安全系数 允许值	桩顶位移(mm) 计算值	桩顶位移(mm) 允许值
4+100	施工	1.44	1.05	1.45	1.3	8.6	10
	地震	1.46	1.00	1.62	1.3	7.5	10

由计算成果可知，挡墙抗滑稳定安全系数等均满足规范要求。

6.3.6.4 护岸布置

对重要防护段、桥梁上下游、水流顶冲段和近年来塌滩塌岸发生处，布置护岸工程。本次拟修建护岸总长 5.6 km，具体位置详见平面布置图。

6.3.7 泵站工程设计

根据治理需求，本工程拟建排涝泵站共计 5 座，其中三闸圩 4 座——金龙站、陈闸站、孙家墩站、季村站；黄佃圩 1 座——黄佃圩站。

6.3.7.1 主要设计标准和参数

1. 工程等别及建筑物级别

本工程 5 个排涝泵站工程等别，以及主要、次要及临时建筑物级别详见表 6.3-11。

表 6.3-11 泵站建筑物级别统计表

序号	泵闸名称	圩区	排涝流量 (m³/s)	装机容量 (kW)	建筑物等别	穿堤涵闸级别	泵站级别	次要建筑物级别	施工临时建筑物级别
1	金龙站	三闸圩	6.7	660	Ⅳ	4	4	5	5
2	陈闸站	三闸圩	6.0	660	Ⅳ	4	4	5	5
3	孙家墩站	三闸圩	0.62	75	Ⅳ	4	4	5	5
4	季村站	三闸圩	2.53	264	Ⅳ	4	4	5	5
5	黄佃圩站	黄佃圩	4.2	370	Ⅳ	4	4	5	5

2. 主要设计标准

1）防洪标准

根据《巢湖流域防洪治理工程规划》、《无为县城总体规划》、《无为市"十四五"水利发展规划》及《防洪标准》(GB 50201—2014)，结合已经实施的防洪治理项目、防洪保护对象的保护面积及保护对象的重要程度，并按照巢湖流域分区，本工程的防洪标准为：三闸圩（万亩以上圩口）、黄佃圩及港埠圩（5 000 千亩以上圩口）采用 20 年一遇防洪标准。

2）排涝标准

依据相关规划及《治涝标准》(SL 723—2016)，农排区设计排涝标准为 10 年一遇 3 d 暴雨 3 d 排至作物耐淹深度。

3）抗震设计标准

根据《建筑抗震设计规范》(GB 50011—2010)，本工程位于地震基本烈度 7 度区域，抗震设计烈度为 7 度，设计基本地震加速度为 0.05g。

3. 主要设计参数

泵站特征水位及特征扬程详见表 6.3-12。

表 6.3-12 泵站规模、特征水位及净扬程表单位

泵站名称	运行工况		运行水位(m)	泵站净扬程(m)
金龙站 (6.70 m³/s)	最高扬程	进水池	5.20	6.25
		出水池	10.10	
	设计扬程	进水池	4.70	5.55
		出水池	9.90	
	最低扬程	进水池	4.20	2.15
		出水池	7.00	
陈闸站 (6.00 m³/s)	最高扬程	进水池	5.20	6.25
		出水池	10.10	
	设计扬程	进水池	4.70	5.55
		出水池	9.90	
	最低扬程	进水池	4.20	2.15
		出水池	7.00	
孙家墩站 (0.62 m³/s)	最高扬程	进水池	6.50	5.25
		出水池	10.40	
	设计扬程	进水池	6.00	4.35
		出水池	10.00	
	最低扬程	进水池	5.50	0.75
		出水池	6.90	
季村站 (2.53 m³/s)	最高扬程	进水池	5.30	6.12
		出水池	10.07	
	设计扬程	进水池	4.80	5.35
		出水池	9.80	
	最低扬程	进水池	4.30	1.88
		出水池	6.83	

续表

泵站名称	运行工况		运行水位(m)	泵站净扬程(m)
黄佃圩站 (4.20 m³/s)	最高扬程	进水池	6.00	5.42
		出水池	10.07	
	设计扬程	进水池	5.50	4.65
		出水池	9.80	
	最低扬程	进水池	5.00	1.18
		出水池	6.83	

6.3.7.2 站址选择

本工程拟建泵站共计5座,其中三闸圩4座——金龙站、陈闸站、孙家墩站、季村站;黄佃圩1座——黄佃圩站。5座泵站均为原址重建。

6.3.7.3 工程布置及主要建筑物设计

1. 金龙站

现状金龙站由于修建年代久远,机组老化,且机组高程较低,容易受淹,本次工程考虑拆除重建。

金龙站为原址重建,为自引自排排涝泵站,设计规模为6.70 m³/s,主要功能为引水和排除三闸圩金龙片内涝。引水时,通过控制闸向内河引水;排涝时,当外河水位较低时,通过控制闸进行排涝,当外河水位较高时,通过泵站进行排涝。

金龙站主要结构布置:

(1)泵房、控制闸

泵房布置在内河侧,泵房内安装3台立式轴流泵(单台设计流量2.23 m³/s,总流量6.70 m³/s),并排布置。根据水泵扬程、淹没深度、进出水等要求,泵房底板高程0.70 m,水泵安装高程为3.00 m,泵站电机层高程为7.40 m。

泵站采用双层流道设计,满足自引自排要求,主泵房采用整体式钢筋混凝土结构,安装3台立式轴流泵,水泵采用单列布置,配20/5 t电动双梁桥式起重机。泵房垂直水流方向宽13.1 m,顺水流方向长25.4 m。机组中心距4.1 m,进水流道为3孔,每孔宽3.3 m,边墩厚0.8 m,中墩厚0.4~0.8 m。出水流道为1孔,每孔宽2.5 m,高2.5 m,边墩厚0.6 m。

主厂房和安装间一列布置,副厂房设置在圩区侧,主、副厂房顺水流向总长14.5 m,垂直水流向长18.9 m。副厂房与安装间高程为7.40 m,主厂房电机层高程为7.40 m。泵房为钢筋混凝土框架结构,主厂房内配置工字钢吊轨电动葫芦,用于水泵的安装与检修。每台水泵进水口配一座回转式清污机,用于排涝时清除杂物,避免其损坏机组。清污机孔口宽度3.3 m。泵房流道进口各配置一扇检修闸门,用于机组检修时挡水。检修闸门采用露顶式平面滑动钢闸门,孔口宽度3.3 m,门高2.5 m,采用螺杆启闭机操作。

泵室分上下两层,上层为压力水箱与水泵出水口相连,下层为自排涵洞,上下两层采用0.5 m厚钢筋混凝土隔板分隔,隔板上层高程为3.0 m,水箱顶板底高程6.2 m,顶板设1.0 m×1.3 m人孔一个。压力水箱段末端设置控制闸门,水泵抽排时关闭控制闸门防止水流通过下层自排涵洞返回内河侧,闸门通过启闭机启闭,启闭机采用密封结构,防止外河水位高时漏水。

控制闸门通过下层流道控制泵站的自引自排。外河高水位引水时,通过开启控制闸向内河引水;内河高水位排涝时,外河水位较低,通过控制闸进行排涝。

金龙站泵房段断面见图6.3-12。

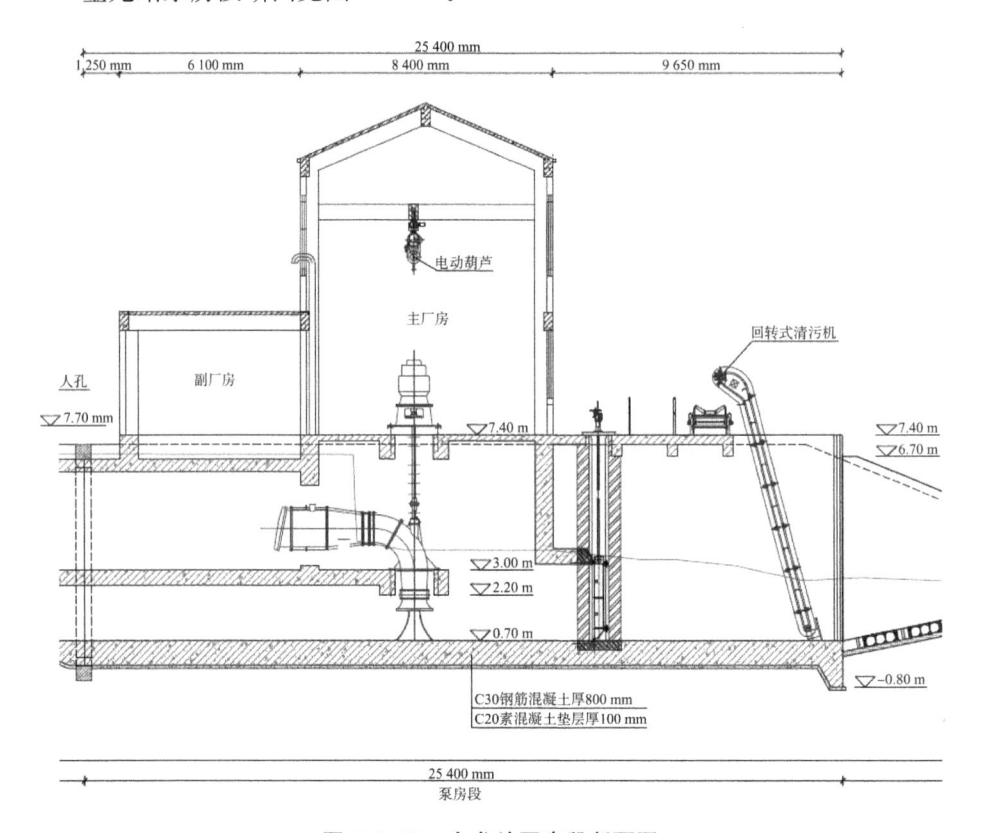

图6.3-12 金龙站泵房段断面图

(2) 内河侧进水池

泵站内河侧进水池采用八字形结构,两侧布置扶壁式挡墙,进水池长10.4 m,宽11.5~22.1 m。池底采用灌砌块石结构,灌砌块石厚0.4 m,下铺0.15 m的碎石垫层。挡墙底板厚0.6 m,墙身厚0.5 m,扶壁厚度0.5 m。

(3) 内河海漫

内河侧设8 m长的海漫段,周边使用400×700格埂固定,海漫高程为2.70 m,采用灌砌块石结构,灌砌块石厚0.4 m,下铺0.15 m的碎石垫层。

(4) 穿堤箱涵及防洪闸

穿堤箱涵采用钢筋混凝土涵洞式结构,混凝土标号C30,洞身总长25.0 m,单孔,孔口尺寸为2.5 m×2.5 m(宽×高),底板顶高程0.7~3.7 m,壁厚0.4~0.5 m。外河侧防洪闸闸顶设启闭机房,采用一工作桥连接堤顶路面。控制闸检修平台高程8.2 m,启闭机房高程12.5 m。防洪闸采用一道平面钢闸门,顶部设置卷扬启闭机,防洪闸门兼作事故门。

金龙站箱涵及防洪闸断面见图6.3-13。

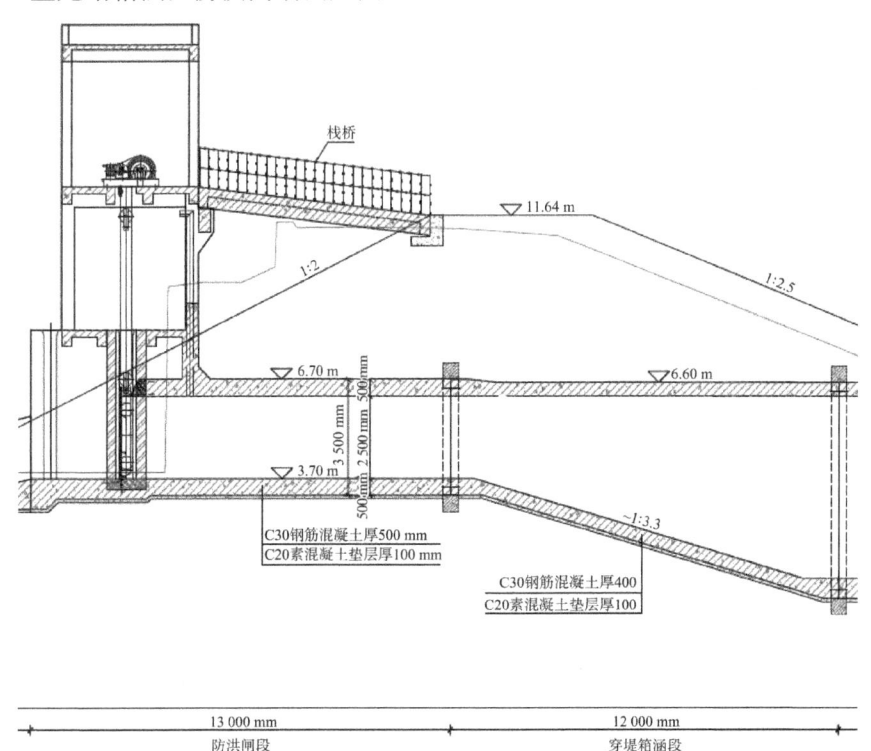

图6.3-13　金龙站箱涵及防洪闸断面图

(5) 外河消力池

外河侧消力池采用钢筋混凝土结构,混凝土标号C30,长8.0 m,池底板顶高程2.90 m,池深0.8 m,底板厚0.50 m,与涵洞洞身以1:4的斜坡衔接,消力池两侧挡墙与消力池底板整浇。消力池外侧海漫段采用抛石护底护坡,厚1.0 m,抛石顶高程3.7 m。

金龙站外河消力池断面见图6.3-14。

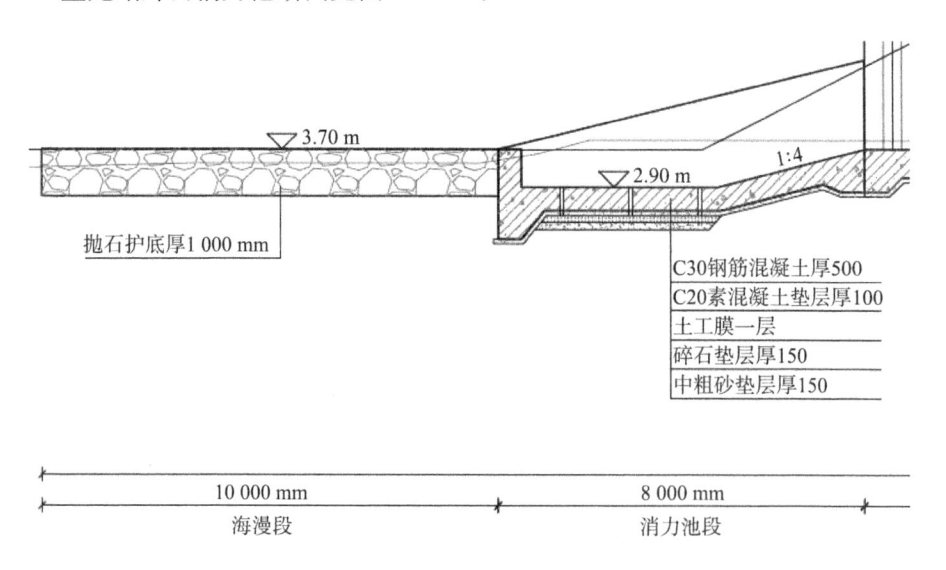

图6.3-14 金龙站外河消力池断面图

(6) 内河控制闸

内河侧控制闸底板高程2.70 m,顶高程6.70 m,顺流向长度15 m,垂直流向5.6 m,单孔。闸顶设启闭机房,控制闸检修平台高程9.70 m,启闭机房高程12.50 m。控制闸采用一道平面钢闸门,顶部设置卷扬启闭机。金龙站内河控制闸断面见图6.3-15。

(7) 地基处理

本站底板坐于②$_1$层淤泥质粉质黏土上,②$_1$层地基允许承载力[R]=60 kPa,力学强度低,不能满足天然地基持力层要求。拟在泵室段至防洪闸段采用水泥土搅拌桩,桩径0.7 m,桩间距1.2 m,梅花形布置,桩长伸至②$_3$或②$_4$层粉质黏土持力层中。

2. 陈闸站

现状陈闸站由于修建年代久远,机组老化,且机组高程较低,容易受淹,本次工程考虑拆除重建。

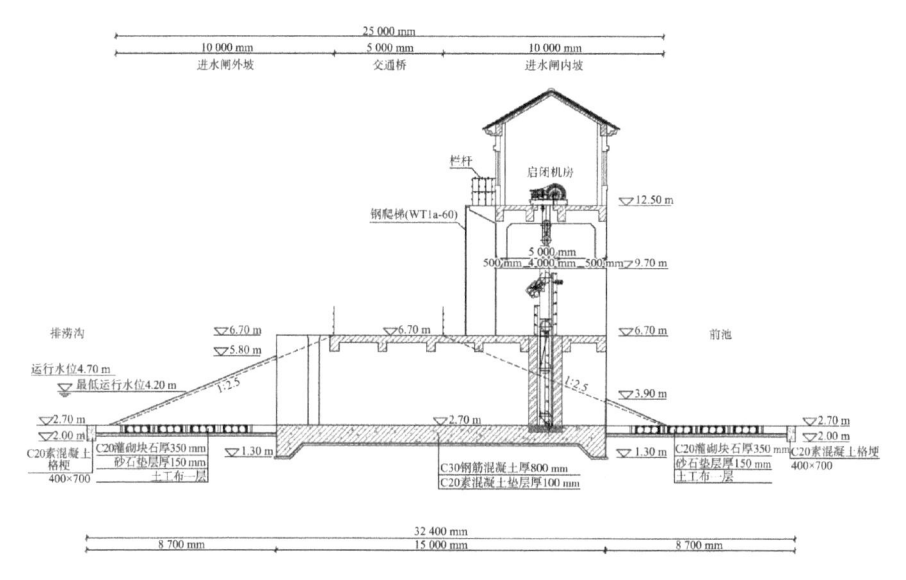

图 6.3-15　金龙站内河控制闸断面图

陈闸站为原址重建，金龙站为原址重建，为自引自排排涝泵站，设计规模为 6.00 m³/s，主要功能为引水和排除三闸圩陈闸片内涝。引水时，通过控制闸向内河引水；排涝时，当外河水位较低时，通过控制闸进行排涝，当外河水位较高时，通过泵站进行排涝。

陈闸站结构布置与结构尺寸基本与金龙站相同，仅消力池等少部分结构高程及尺寸有变化。

3. 孙家墩站

现状孙家墩站由于修建年代久远，机组老化，规模偏小，且机组高程较低，容易受淹，本次工程考虑拆除重建。

孙家墩站为原址重建，为自引自排排涝泵站，设计规模为 0.62 m³/s，主要功能为引水和排除孙家墩片内涝。引水时，通过控制闸向内河引水；排涝时，当外河水位较低时，通过控制闸进行排涝，当外河水位较高时，通过泵站进行排涝。

孙家墩站结构布置上与金龙站相同，仅泵站台数、部分结构高程及尺寸有变化。

4. 季村站

现状季村站由于修建年代久远，机组老化，规模偏小，且机组高程较低，容易受淹，本次工程考虑拆除重建。

季村站为原址重建，为自引自排排涝泵站，设计规模为 2.53 m³/s，主要功能为引水和排除季村片内涝。引水时,通过控制闸向内河引水;排涝时,当外河水位较低时,通过控制闸进行排涝,当外河水位较高时,通过泵站进行排涝。

季村站结构布置上与金龙站相同,仅泵站台数、部分结构高程及尺寸有变化。

5. 黄佃圩站

现状陡家圩站由于修建年代久远,机组老化,规模偏小,且机组高程较低,容易受淹,本次工程考虑拆除重建。

黄佃圩站为原址重建,为自引自排排涝泵站,设计规模为 4.2 m³/s,主要功能为引水和排除黄佃圩内涝。引水时,通过控制闸向内河引水;排涝时,当外河水位较低时,通过控制闸进行排涝,当外河水位较高时,通过泵站进行排涝。

黄佃圩站结构布置上与金龙站相同,仅部分结构高程及尺寸有变化。

6.3.8 涵闸工程设计

如表 6.3-13 所示,本工程拆除重建或新建涵闸共 11 座(不含设备更新),其中三闸圩 4 座,分别为拆除重建纯头闸(规模 3.0 m×3.0 m)、常丰斗门(规模 1.5 m×1.8 m)、孙家斗门(规模 1.5 m×1.8 m),新建南庄闸(规模 1.5 m×1.8 m);黄佃圩 5 座,分别为拆除重建苗庄闸(规模 1.5 m×1.8 m)、童墩闸 1(规模 1.5 m×1.8 m)、童墩闸 2(规模 1.5 m×1.8 m)、许闸(规模 1.5 m×1.8 m),新建黄图闸(规模 3.0 m×3.0 m);港埠圩 2 座,分别为新建西庙闸(规模 3.0 m×3.0 m),拆除重建菜籽沟闸(规模 1.5 m×1.8 m)。本次更换设备涵闸 3 座。

表 6.3-13 涵闸设计参数统计表

圩口	涵闸	加固措施	底板高程(m)	孔数	孔宽(m)	孔高(m)	设计流量(m³/s)
三闸圩	纯头闸	拆除重建	6.50	1	3.0	3.0	10.0
	陈圩闸	更换设备		1	1.0	1.2	
	陈家闸	更换设备		1	1.5	2.0	
	常丰斗门	拆除重建	4.80	1	1.5	1.8	0.4
	孙家斗门	拆除重建	4.30	1	1.5	1.8	0.4
	南庄闸	新建	4.40	1	1.5	1.8	0.4
黄佃圩	寺后圩闸	更换设备		1	0.8	1.0	
	苗庄闸	拆除重建	5.70	1	1.5	1.8	0.8
	童墩闸 1	拆除重建	5.40	1	1.5	1.8	0.8
	童墩闸 2	拆除重建	5.30	1	1.5	1.8	0.8

续表

圩口	涵闸	加固措施	底板高程 (m)	孔数	孔宽 (m)	孔高 (m)	设计流量 (m^3/s)
黄佃圩	许闸	拆除重建	4.40	1	1.5	1.8	0.8
	黄图闸	新建	6.85	1	3.0	3.0	6.8
港埠圩	西庙闸	新建	7.10	1	3.0	3.0	5.0
	菜籽沟闸	拆除重建	5.40	1	1.5	1.8	0.8

6.3.8.1 主要设计标准和参数

(1) 工程级别

本工程中,堤防上的穿堤涵闸级别均为4级,主要建筑物等级为4级,次要建筑物等级为5级,临时性建筑物级别为5级。

(2) 防洪标准

根据《防洪标准》(GB 50201—2014)、《堤防工程设计规范》(GB 50286—2013)、《水利水电工程等级划分及洪水标准》(SL 252—2017)的相关规定,本工程范围防洪标准为20年一遇。

此外,根据《防洪标准》(GB 50201—2014)第11.8.3条和水利部水利水电规划设计总院水总办〔1999〕5号文的相关规定,本工程所有穿堤建筑物的设计洪水位,按所在堤段的设计洪水位加0.5 m进行设计。

6.3.8.2 结构设计

1. 布置原则

涵闸选址原则具体如下:

(1) 由于涵闸具有引水或排涝功能,圩区内存在现状渠系,新建涵闸堤内引渠尽量与原渠系相接,原渠系可适当疏挖;

(2) 尽量避开村庄房屋,减少征地拆迁移民补偿;

(3) 闸轴线尽量与堤轴线垂直;

(4) 闸与进出口引渠水流尽可能平顺衔接。

2. 常丰斗门结构设计

常丰斗门为三闸圩进水控制建筑物,防洪闸上20年一遇洪水位10.99 m,涵闸设计流量0.4 m^3/s。

(1) 防洪闸段设计

防洪闸采用C30钢筋混凝土涵洞式结构,单孔,孔口尺寸为1.5 m×1.8 m

（宽×高）。防洪闸底板顶面高程为 4.8 m，底板厚 0.5~0.6 m，边墩厚 0.6 m，上设启闭机平台及启闭机房。启闭机房采用台阶式工作桥连接堤顶路面，堤顶高程为 11.3 m，启闭机平台高程 12.5 m，启闭机采用手电两用螺杆启闭机。

(2) 箱涵段设计

穿堤箱涵段总长 28.0 m，共 3 段，底板底高程 4.8 m。箱涵尺寸为 1.5 m×1.8 m（宽×高），边墙厚 0.4 m，顶板厚 0.4 m。

(3) 内外河消力池段设计

由于该闸具有双向过水功能，所以在洞身外河侧和圩区侧均设置消力池。外河侧和圩区侧消力池均采用 C30 钢筋混凝土结构，池长 8.0 m，池深 0.8 m，底板厚 0.5 m，与涵洞洞身以 1∶4 的斜坡衔接，消力池底下垫层依次为 0.15 m 厚碎石垫层，0.15 m 厚中粗砂。

常丰斗门断面见图 6.3-16。

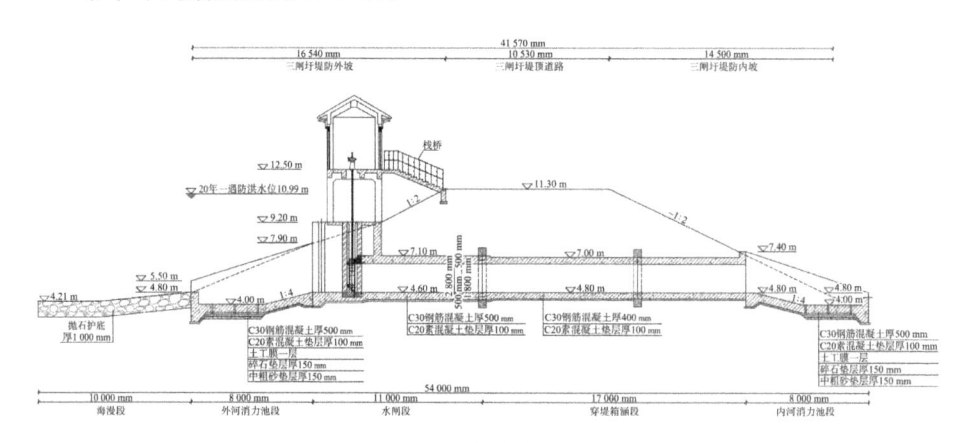

图 6.3-16　常丰斗门断面图

3. 纯头闸结构设计

纯头闸由于修建年代久远，为浆砌石圬工结构，闸门为混凝土结构，排架结构碳化，现状破损严重，本次工程考虑拆除重建。纯头闸为三闸圩排水控制建筑物，防洪闸上 20 年一遇洪水位 11.50 m，涵闸设计流量 10 m³/s。

(1) 防洪闸段设计

防洪闸采用 C30 钢筋混凝土涵洞式结构，单孔，孔口尺寸为 3.0 m×3.0 m（宽×高）。防洪闸底板顶面高程为 6.5 m，底板厚 0.5~0.6 m，边墩厚 0.8 m，上设启闭机平台及启闭机房。启闭机房采用钢爬梯连接堤顶路面，堤顶高程为 12.0 m，启闭机平台高程 15.7 m，启闭机采用手电两用螺杆启闭机。

(2) 箱涵段设计

穿堤箱涵段总长 18.0 m,共 2 段,底板底高程 6.5 m。箱涵尺寸为 3.0 m×3.0 m(宽×高),边墙厚 0.5 m,顶板厚 0.5 m。

(3) 内外河消力池段设计

由于该闸为单向排水,所以在洞身外河侧设置消力池。消力池均采用 C30 钢筋混凝土结构,池长 10.0 m,池深 0.5 m,底板厚 0.60 m,与涵洞洞身以 1∶4 的斜坡衔接,消力池底下垫层依次为 0.15 m 厚碎石垫层,0.15 m 厚中粗砂。

纯头闸断面见图 6.3-17。

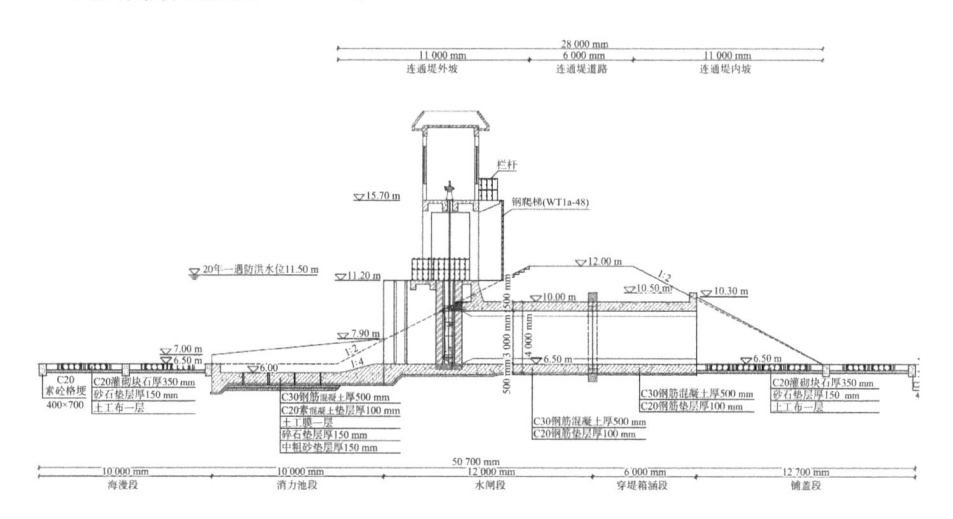

图 6.3-17　纯头闸断面图

4. 孙家斗门结构设计

孙家斗门由于修建年代久远,为浆砌石圬工结构,闸门缺失,现状破损严重,本次考虑拆除重建。孙家斗门为三闸圩上段进水排水控制建筑物,防洪闸上 10 年一遇洪水位 6.80 m,涵闸设计流量 0.4 m³/s。其结构布置及尺寸与常丰斗门相同,仅部分高程略有不同。

5. 南庄闸结构设计

南庄闸现状无建筑物,随着本次治理工程的开展,两侧水系连通,闸址处需新建一座穿堤建筑物,满足引水及灌溉需求。

南庄闸为新建涵闸,位于南庄村附近。其结构布置及尺寸与常丰斗门相同,仅部分高程略有不同。

6. 苗庄闸结构设计

苗庄闸由于修建年代久远,闸门为混凝土门,人行桥损毁,现状涵闸结构破损,本次考虑拆除重建。苗庄闸为黄佃圩进水排水控制建筑物,防洪闸上 20 年一遇洪水位 11.45 m,涵闸设计流量 0.8 m³/s。其结构布置及尺寸与常丰斗门相同,仅部分高程略有不同。

7. 童墩闸 1 结构设计

童墩闸 1 由于修建年代久远,闸门为混凝土门,人行桥损毁,现状涵闸结构破损,本次考虑拆除重建。童墩闸 1 为黄佃圩进水排水控制建筑物,防洪闸上 20 年一遇洪水位 11.32 m,涵闸设计流量 0.8 m³/s。其结构布置及尺寸与常丰斗门相同,仅部分高程略有不同。

8. 童墩闸 2 结构设计

童墩闸 2 由于修建年代久远,闸门为混凝土门,人行桥损毁,现状涵闸结构破损,本次考虑拆除重建。童墩闸 2 为黄佃圩进水排水控制建筑物,防洪闸上 20 年一遇洪水位 11.30 m,涵闸设计流量 0.8 m³/s。其结构布置及尺寸与常丰斗门相同,仅部分高程略有不同。

9. 许闸结构设计

许闸由于修建年代久远,闸门为混凝土门,人行桥损毁,现状涵闸结构破损,本次考虑拆除重建。许闸为黄佃圩进水排水控制建筑物,防洪闸上 20 年一遇洪水位 11.39 m,涵闸设计流量 0.8 m³/s。其结构布置及尺寸与常丰斗门相同,仅部分高程略有不同。

10. 黄图闸结构设计

黄图闸现状无建筑物,随着堤防贯通实施,闸址处需新建一座穿堤建筑物排水。

黄图闸为新建涵闸,位于港埠圩黄图社区附近堤防支沟外口。本次堤防将支沟封闭,需新建黄图闸满足引水及灌溉需求,防洪闸上 20 年一遇洪水位 11.70 m,涵闸设计流量 6.8 m³/s。其结构布置及尺寸与纯头闸相同,仅部分高程略有不同。

11. 西庙闸结构设计

西庙闸现状为过路箱涵结构,无建筑物,随着堤防贯通实施,闸址处需新建一座控制引排水功能的穿堤建筑物。

西庙闸为新建涵闸,位于西庙村南侧堤防支沟外口,防洪闸上 20 年一遇洪水位 11.56 m,涵闸设计流量 5.0 m³/s。其结构布置及尺寸与纯头闸相同,仅部分高程略有不同。

12. 菜籽沟闸结构设计

菜籽沟闸由于修建年代久远,闸门为混凝土门,人行桥损毁,现状涵闸结构破损,本次考虑拆除重建。菜籽沟闸为港埠圩进水排水控制建筑物,防洪闸上 20 年一遇洪水位 11.37 m,涵闸设计流量 0.8 m³/s。其结构布置及尺寸与常丰斗门相同，仅部分高程略有不同。

6.3.9 三闸圩切滩疏浚水动力数值模型分析

河道切滩的正确与否关系后期河势变化，本次治理工程对黄陈河入裕溪河口上游约 650 m 处现状长 750 m、最宽处近 370 m 的滩面进行切滩整治，切滩宽度 50~150 m。为研究工程前后流速、流场变化，本次采用丹麦水力学研究所（DHI）开发的 MIKE 21 模型软件，建立了工程所在河段的二维水动力数学模型，对本工程实施前后的流场、流速、水位及其变化进行模拟，分析工程的影响。

1. 设计洪水计算

黄陈河流域无水文、水位测站。流域附近西河出口设有黄雒闸站，巢湖出口设有巢湖闸站，裕溪河出口设有裕溪闸站。

由于流域附近各水文站无法准确反映黄陈河洪水，故黄陈河设计洪水不能利用直接法推求，本次采用"84 办法"推求黄陈河山丘区设计洪水，结合圩区排涝计算成果，组合得到黄陈河沿线洪水规模。

2. 洪水成果合理性分析

《巢湖流域防洪治理工程规划》通过巢湖洪水模型演算，黄陈河出口 20 年一遇设计流量为 420 m^3/s，而本次通过"84 办法"及圩区排涝组合的黄陈河出口 20 年一遇设计流量为 417.6 m^3/s，二者较为接近，故本次设计洪水推算成果是合理的。设计洪水比对详见表 6.3-14。

表 6.3-14 黄陈河设计洪水对照表

项目名称	设计流量(m^3/s)	防洪标准
巢湖流域防洪治理工程规划	420.0	20 年一遇
本次推算	417.6	20 年一遇

1）二维水动力数学模型的建立

MIKE 21 可用于河道、湖泊、河口、海湾等地水流、泥沙、水质等要素的模拟研究，具备丰富的前后处理工具、图形用户界面与高效计算引擎，目前已成为水文、水环境、海洋等专业技术人员不可缺少的工具。

一阶解法和二阶解法都可以用于空间离散求解。对于二维的情况，近似 Riemann 解法可以用于计算单元界面的对流通量。使用 Roe 方法时，界面左边和右边的相关变量需要估计取值。二阶方法中，空间准确度可以使用线性梯度重构技术获得，而平均梯度可以由 Jawahar 和 Kamath 于 2000 年提出的方法来估计。为了避免数值振荡，模型使用二阶 TVD 格式。

2) 二维水动力数学模型计算范围

考虑到工程所在河段的上下游关系,工程所在河段二维水动力数学模型的计算范围,上边界取至工程上游 2 km,下边界取至工程下游 1 km。

模型计算中考虑该河段现状已实施的相关工程,如新建堤防工程等。

3) 二维水动力数学模型计算网格

二维模型计算单元采用非结构网格,对模拟范围内的河道进行加密,以准确反映洲滩干湿交替的变化特征,河道网格尺寸在 5～20 m,网格总数为 10 241 个,见图 6.3-18、图 6.3-19。

4) 二维水动力数学模型计算地形

二维水动力数学模型计算区域的地形采用 2023 年 12 月份实测的黄陈河地形资料。工程所在河段水下地形分布见图 6.3-20。

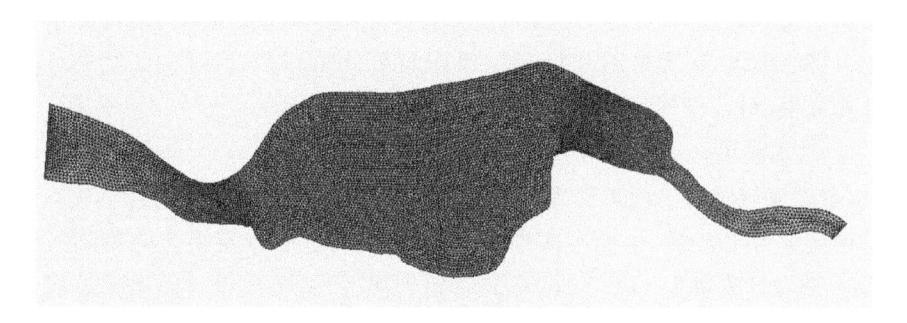

图 6.3-18 工程所在河段二维水动力数学模型计算网格

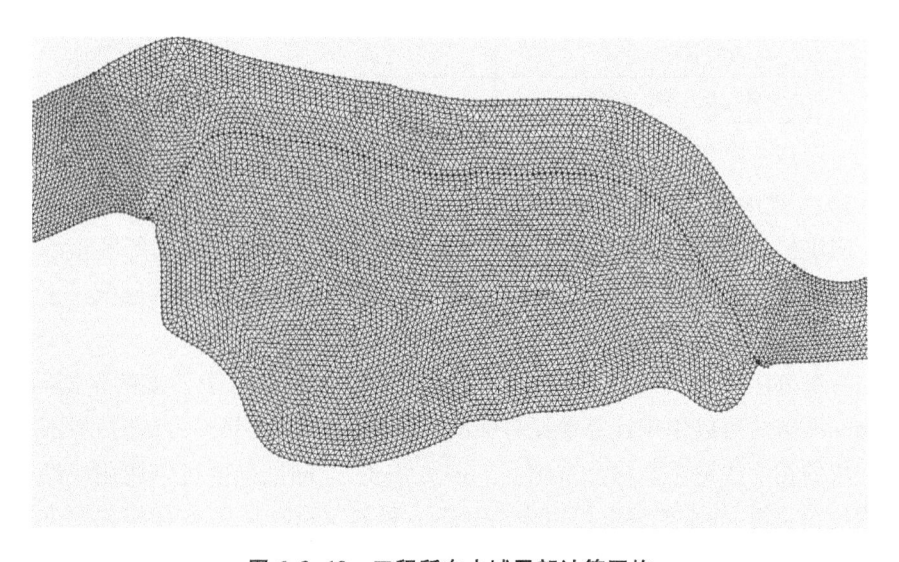

图 6.3-19 工程所在水域局部计算网格

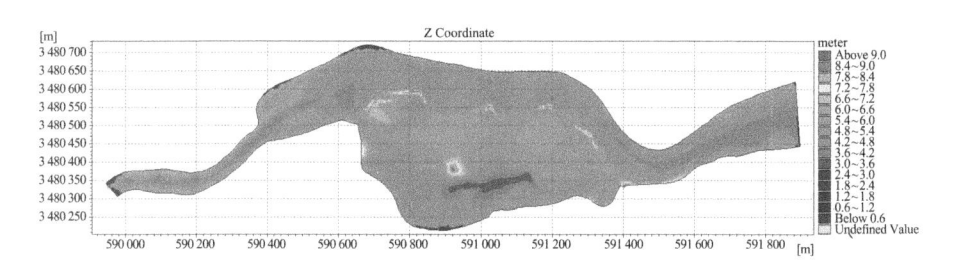

图 6.3-20　工程所在河段水下地形分布图

5) 二维水动力数学模型计算边界条件和初始条件

工程所在河段二维水动力数学模型的上边界由设计洪涝水计算结果得到，下游边界水位根据裕溪闸关闭状态下的黄雒处水位来设置。

初始水位按计算工况插值给定，初始流速取为零。

6) 二维水动力数学模型的计算参数

二维水动力数学模型计算时间步长为 15 s；紊动黏滞系数为 30 m^2/s；河床糙率取值范围为 0.025~0.035，滩槽取值根据实际有所变化。

7) 二维水动力数学模型的率定和验证

本报告所采用的 MIKE 21 模型在长江干支流大量涉水工程的水动力影响分析工作中得到了广泛的应用，其精度良好，整体上模型的结果符合相关规范的要求，可较准确地模拟、复演研究水域的水动力场，可用于研究水域的水动力模拟计算，可以满足计算分析的需要，可用于本项目的计算和分析。

3. 二维水动力数学模型计算结果及分析

1) 模型计算方案

工程前为现状的条件（现状的地形和岸界条件），工程后为工程建设后的条件。

2) 计算结果初步分析

(1) 现状水动力条件分析

计算水文条件下，工程所在河段流场见图 6.3-21，流速大小的分布见图 6.3-22；工程所在的局部水域流场见图 6.3-23，流速大小的分布见图 6.3-24。

可见，计算水文条件下，工程所在河段的流场总体较为平顺，基本与所在河段的岸线走向相适应，但在局部河段的局部水域，受河床缩窄、河滩阻流及河道岸线突然转折影响，有主流顶冲河岸的现象存在，需注意采取必要的措施确保堤岸的安全；现状水文条件下，工程所在水域的河道主槽流速基本在 0.6~1.5 m/s，局部水域流速最大达 1.5 m/s 以上。

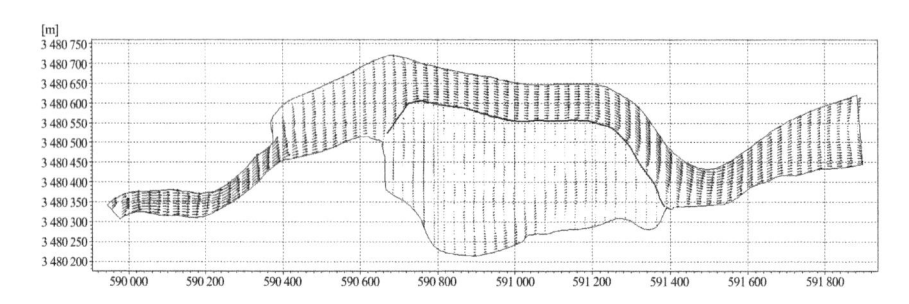

图 6.3-21　工程所在河段流场图(现状)

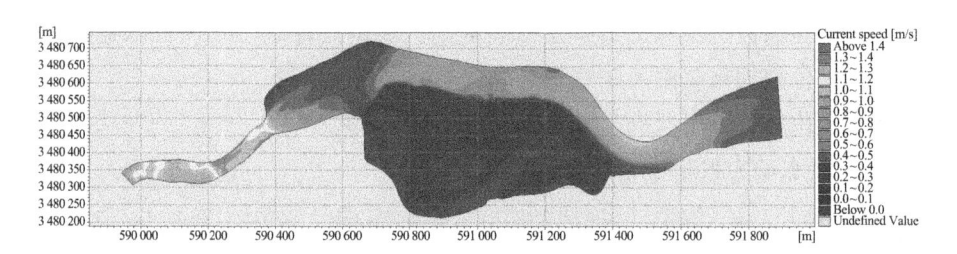

图 6.3-22　工程所在河段流速分布图(现状)

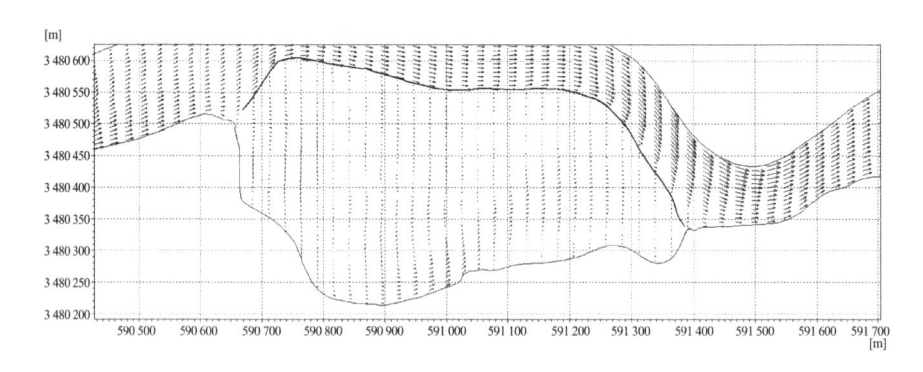

图 6.3-23　工程所在局部水域流场图(现状)

(2) 边滩疏浚后水动力条件影响分析

本次治理工程主要对黄陈河入裕溪河口上游约 650 m 处,现状长 750 m、最宽处近 370 m 的滩面进行切滩整治。

① 方案一:切滩宽度 0~90 m(小方案)

计算水文条件下,边滩疏浚采用小方案后,工程所在的局部水域流场见图 6.3-25,流速大小的分布见图 6.3-26 所示。

可见,计算水文条件下,采用小方案切滩以后,水流更加平顺,滩面下游不再

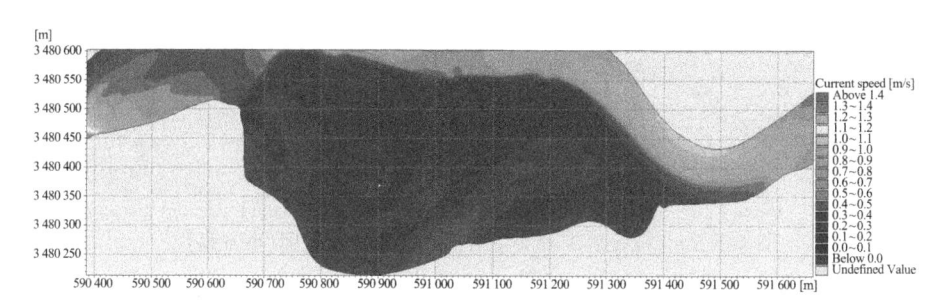

顶冲右岸,滩面附近水流更加均匀,内侧未拆除堤防处仍存在旋转流。

图 6.3-24　工程所在局部水域流速分布图(现状)

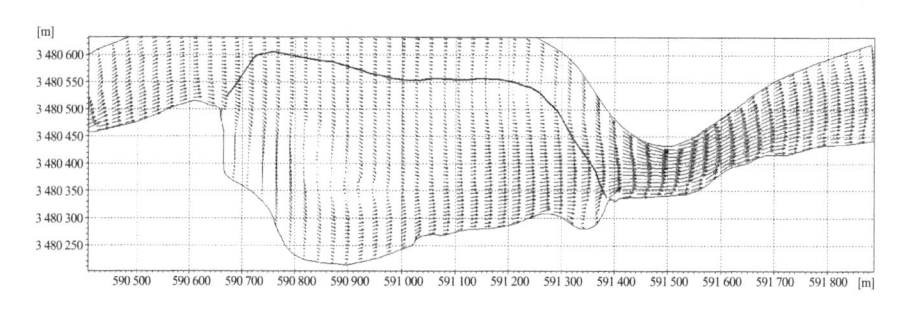

图 6.3-25　疏浚后工程所在局部水域流场图(小方案)

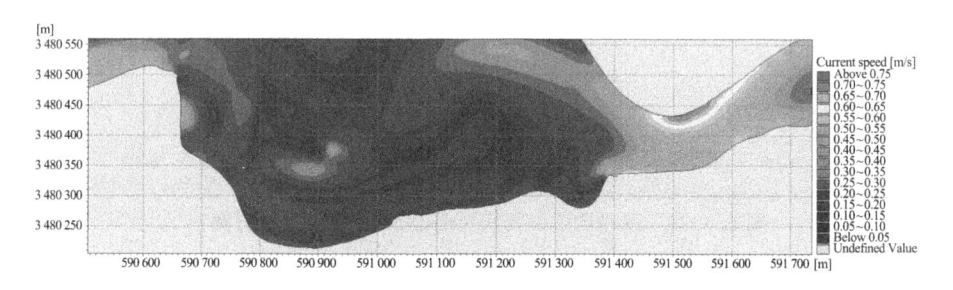

图 6.3-26　疏浚后工程所在局部水域流速分布图(小方案)

计算水文条件下,边滩疏浚采用小方案后,工程所在的局部水域水位的变化见图 6.3-27,流速大小的变化见图 6.3-28,疏浚前后工程所在局部水域流场的对比见图 6.3-29。

可见,计算水文条件下,边滩采用小方案疏浚,旧堤防拆除后,工程所在河段水位边滩外侧水位有所降低,最大降低约 20~50 cm,黄雉上游附近局部区域水位增大;滩地外侧河段流速有所降低,最大减小约 0.4 m/s,左岸流速减小,最大

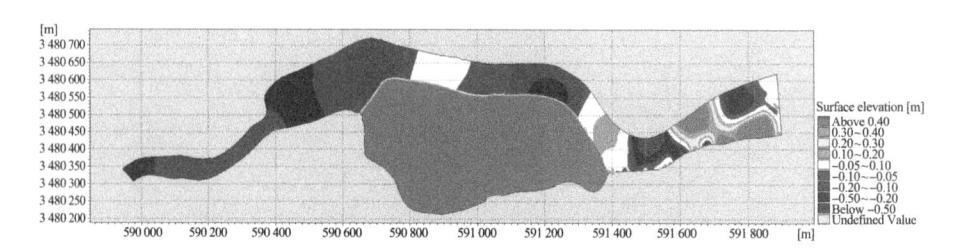

图 6.3-27　疏浚后工程所在局部水域水位变化图(小方案)

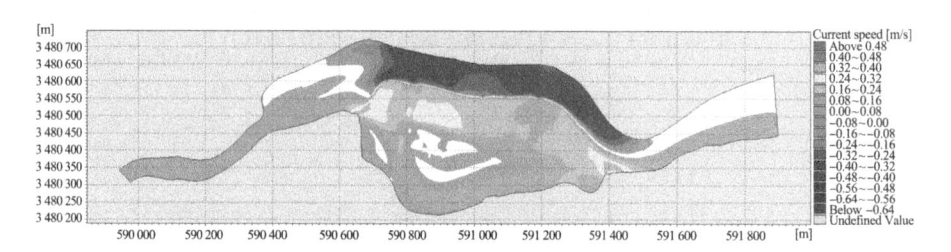

图 6.3-28　疏浚后工程所在局部水域流速大小变化图(小方案)

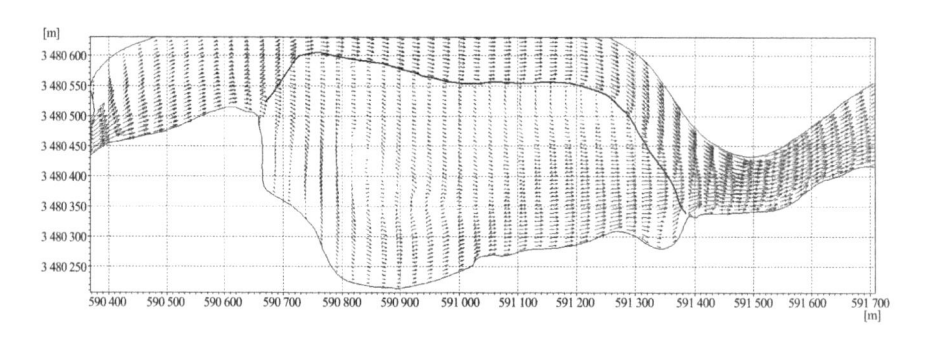

图 6.3-29　疏浚前后工程所在局部水域流场图(小方案)

减小约 0.56 m/s,有利于岸滩防护;疏浚区域上游水域流速略有增加,下游水域河道主槽流速没有变化,右岸方向水域流速有 0.08 m/s 的增长,滩面流速增大;滩面流速增大,水流方向多由垂直于原滩面堤防转为向下游河道,且原滩面堤防不再顶冲右岸。

② 方案二:切滩宽度 0~140 m(大方案)

计算水文条件下,边滩疏浚采用大方案后,工程所在的局部水域流场见图 6.3-30,流速大小的分布见图 6.3-31。在计算水文条件下,按大方案疏浚边滩后,水流更加平顺,滩面下游不再顶冲右岸,滩面附近水流更加均匀,原滩面流速大于滩面外侧河道流速,主槽产生向南侧的偏移。

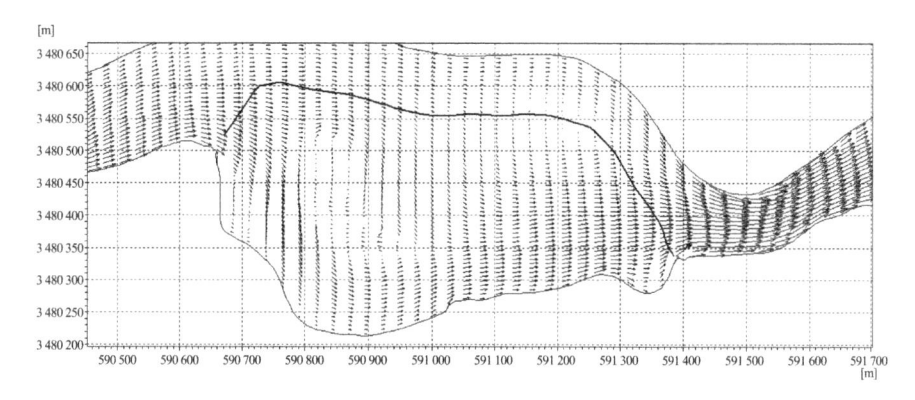

图 6.3-30　疏浚后工程所在局部水域流场图（大方案）

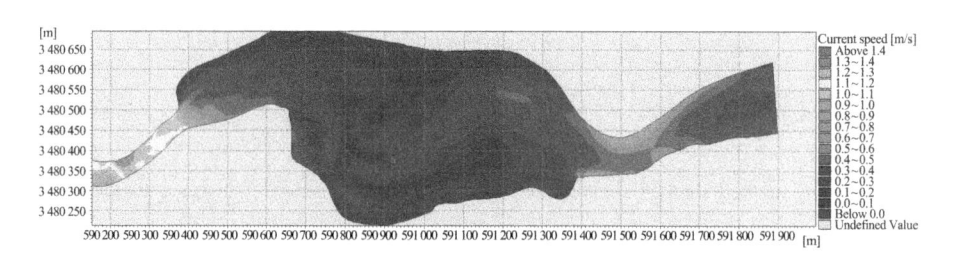

图 6.3-31　疏浚后工程所在局部水域流速分布图（大方案）

计算水文条件下，按大方案疏浚后，工程所在的局部水域水位的变化见图 6.3-32，流速大小的变化见图 6.3-33，疏浚前后工程所在局部水域流场的对比见图 6.3-34 所示。

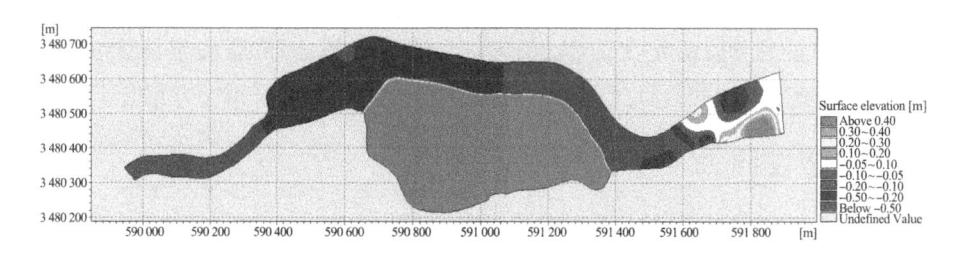

图 6.3-32　疏浚后工程所在局部水域水位变化图（大方案）

可见，计算水文条件下，边滩采用大方案疏浚，旧堤防拆除后，工程所在河段边滩外侧及上下游 200 m 水位均有所降低，最大降低约 50 cm，黄雉上游附近局部区域水位增大；滩地外侧河段流速有所降低，最大减小约 0.4 m/s，有利于岸滩防护；疏浚区域上、下游水域及原滩面流速略有增加，原滩面堤防，尤其是与右岸相交处流速增加最明显,最大有 0.4 m/s 的增长;滩面流速相较小方案增加更加均匀,水流方向多由垂直于原滩面堤防转为向下游河道,且原滩面堤防下游不再顶冲右岸。

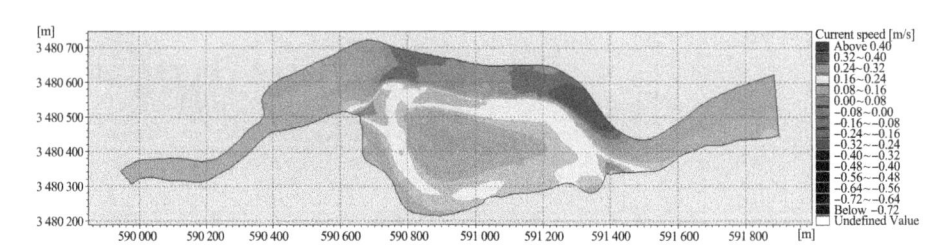

图 6.3-33　疏浚后工程所在局部水域流速大小变化图(大方案)

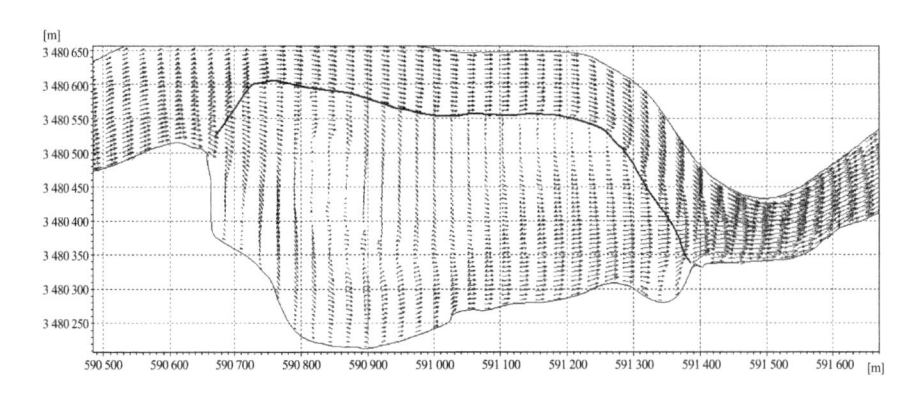

图 6.3-34　疏浚前后工程所在局部水域流场图(大方案)

经计算结果比较,两个方案均能降低开卡河段水位,减缓该段流速,调整该段的迎流顶冲水流,但是大方案同步增大了开卡段上下游水流最大流速至 0.4 m/s,引起新的冲刷,且工程量大,投资较大,因此本次采用小方案开卡。

6.4　消防设计

6.4.1　概述

6.4.1.1　工程概况

本项目消防设计主要针对 5 座泵站和 11 座涵闸。

陈闸站基地内设有泵站建筑一座、管理房一座、高压配电房一座,建筑均为单层建筑,其中泵站按照使用功能分为主厂房与低压配电房 2 部分,厂房建筑高度 9 m,建筑面积 159 m²,低压配电房层高 4.2 m,建筑面积 110 m²;管理房层高 4.2 m,建筑面积 57 m²;高压配电房层高 4.2 m,建筑面积 46 m²。厂区设有出入口 2 处,内部道路兼供消防车辆使用。

孙家墩站基地内设有泵站建筑一座、高压配电房一座,建筑均为单层建筑,其中泵站按照使用功能分为主厂房与低压配电房 2 部分,厂房建筑高度 9 m,建筑面积 46 m²,低压配电房层高 4.2 m,建筑面积 43 m²;高压配电房层高 4.2 m,建筑面积 30 m²。厂区设有出入口 1 处,内部道路兼供消防车辆使用。

金龙站布置同陈闸站,基地内设有泵站建筑一座、管理房一座、高压配电房一座,建筑均为单层建筑,其中泵站按照使用功能分为主厂房与低压配电房 2 部分,厂房建筑高度 9 m,建筑面积 159 m²,低压配电房层高 4.2 m,建筑面积 110 m²;管理房层高 4.2 m,建筑面积 57 m²;高压配电房层高 4.2 m,建筑面积 46 m²。厂区设有出入口 2 处,内部道路兼供消防车辆使用。

黄佃圩站基地内设有泵站建筑一座、管理房一座、高压配电房一座,建筑均为单层建筑,其中泵站按照使用功能分为主厂房与低压配电房 2 部分,厂房建筑高度 9 m,建筑面积 124 m²,低压配电房层高 4.2 m,建筑面积 86 m²;管理房层高 4.2 m,建筑面积 57 m²;高压配电房层高 4.2 m,建筑面积 46 m²。厂区设有出入口 1 处,内部道路兼供消防车辆使用。

季村站基地内设有泵站建筑一座、高压配电房一座,建筑均为单层建筑,其中泵站按照使用功能分为主厂房与低压配电房 2 部分,厂房建筑高度 9 m,建筑面积 93 m²,低压配电房层高 4.2 m,建筑面积 74 m²;高压配电房层高 4.2 m,建筑面积 42 m²。厂区设有出入口 1 处,内部道路兼供消防车辆使用。

11 座涵闸房屋为启闭机房,单层建筑,面积较小,每个涵闸配置一个手提式磷酸铵盐干粉灭火器,配置基准 75 m²/A。

6.4.1.2 设计依据

《建筑防火通用规范》(GB 55037—2022)
《建筑设计防火规范》(GB 50016—2014)
《水利工程设计防火规范》(GB 50987—2014)
《建筑灭火器配置设计规范》(GB 50140—2005)
《消防给水及消火栓系统技术规范》(GB 50974—2014)
《火灾自动报警系统设计规范》(GB 50116—2013)

6.4.2 消防总体布置

6.4.2.1 防火间距

5处泵站内建筑之间间距均大于10 m,满足防火间距要求。

6.4.2.2 消防车道设置

场地内部道路及硬化场地兼作消防车道(宽度>4 m),火灾时供消防车辆使用,满足消防车辆使用要求。

6.4.3 建筑消防设计

6.4.3.1 建筑单体火灾危险性分类和耐火等级

泵站厂房火灾危险性分类:丁类,耐火等级地上二级。
泵站配电房火灾危险性分类:丙类,耐火等级地上二级。
管理用房火灾危险性分类:二类,耐火等级地上二级。

6.4.3.2 防火分区

在本工程中,建筑厂房、管理房、高压配电房均为一层建筑,建筑面积较小,按照各单体分别设为独立防火分区,不设喷淋系统。

防火分区面积满足《建筑防火通用规范》(GB 55037—2022)第4.3.16条规定的防火分区允许的最大面积。

防火分区面积满足《水利工程设计防火规范》(GB 50987—2014)第5.1.1条规定的防火分区允许的最大面积。

6.4.3.3 安全疏散

主泵站建筑:单层建筑,面积小于300 m²,设2个直接对外的安全出口。
高压配电房:单层建筑,面积小于50 m²,设2个直接对外的安全出口。
管理房:单层建筑,面积57 m²,设1个直接对外的安全出口。
满足《建筑防火通用规范》(GB 55037—2022)第7.2.1、7.4.1条安全出口的规定。

6.4.3.4 防火墙要求

工程防火隔墙为200 mm厚加气混凝土砌块防火墙,耐火极限≥3.0 h;电缆井、管道井、排烟道、排气道等竖向井道分别独立设置。井壁耐火极限不低于1 h,井壁上的检查门采用丙级防火门。建筑内的电缆井、管道井应在每层楼板处采用不低于楼板耐火极限的不燃烧材料或防火封堵材料封堵。

6.4.3.5 防火设施

建筑物内设消火栓系统及火灾自动报警系统。

6.4.4 机电设备消防设计

6.4.4.1 主机主变电缆等防火设计方案

泵站采用室内干式变压器,电缆采用桥架与穿管敷设,普通电缆采用阻燃型,消防配电电缆采用阻燃耐火型。

6.4.4.2 消防设备的型式、数量及布置

室外消防设置消火栓一套,室内设置 MF/ABC 灭火器若干。

6.4.5 消防给水

消防水源采用市政给水。

本项目占地面积不超过 100 hm^2,根据《建筑设计防火规范》(GB 50016—2014)规定,同一时间内火灾起数为一次;室外消防用水量为 15 L/s,火灾延续时间 2 h,一次火灾的消防用水总量为 108 m^3。

6.4.5.1 室外消防给水

消防给水管接自市政给水管,枝状管网供水,引入管及给水干管管径为DN100,入口设水表和倒流防止器;给水管上设置室外 1 个地上式消火栓,保护半径小于 150 m。

6.4.5.2 室内灭火器配置

设备用房按规范要求配置建筑灭火器。

泵站内配电用房、中控室按严重危险级配置手提式磷酸铵盐干粉灭火器,配置基准 50 m^2/A,保护半径不超过 9 m。展厅、职工餐厅、仓库、值班室、安装间按中危险级配置手提式磷酸铵盐干粉灭火器,配置基准 75 m^2/A,保护半径不超过 20 m。

6.4.6 通风和降温

6.4.6.1 通风设施

配电用房和厂房设轴流风机供室内通风。

6.4.6.2 降温

办公室和值班室设分体式空调供各房间内降温。

6.4.7 电气消防

6.4.7.1 消防用电设备电源及线路敷设

根据《水利工程设计防火规范》(GB 50987—2014),泵站消防用电设备的电源应按二级负荷供电。消防用电设备采用专用的供电回路,并在其配电线路的最末一级配电箱内设置自动切换装置。消防用电电缆选用阻燃耐火电缆。

配电线路在暗敷设时,穿金属管并敷设在不燃烧体结构内且保护层厚度不应小于 30 mm;明敷设时穿金属导管或封闭式金属线槽保护,并应在金属导管或封闭式金属线槽上采取防火保护措施。

6.4.7.2 应急照明

本工程应急照明主要包括疏散照明和备用照明。

在建筑物主要疏散通道、楼梯间设置疏散照明,在控制室、消防泵室、变配电室等处设置备用照明。应急照明灯具采用自带蓄电池,正常时由交流照明电源供电,正常电源消失时由自带蓄电池供电,蓄电池供电时间不小于 60 min。应急照度应符合《建筑防火通用规范》(GB 55037—2022)的要求。

6.4.7.3 火灾自动报警系统

本泵站规模属于中型,根据《水利工程设计防火规范》(GB 50987—2014),应设置火灾报警系统,系统形式为集中报警系统。控制室设置一台火灾自动报警控制器,并根据不同区域分别布置感烟、感温探测器和手动报警按钮等,自动报警控制器接受各探测器的报警信息,发出声光报警,通知运行值班人员及时处理。

6.5 施工组织设计

6.5.1 施工条件

6.5.1.1 工程条件

1. 地理位置

本工程治理河道为黄陈河,黄陈河位于无为市东北部,距无为市区最近4 km,最远30 km。工程地理位置见图6.5-1。

图 6.5-1 工程地理位置图

2. 交通条件

工程区水陆交通较为方便。水路方面,有裕溪河可达黄陈河河口,裕溪河经裕溪河闸和巢湖闸可分别进入长江和巢湖,工程材料及水上施工设备可经长江、裕溪河到达工程区。陆路方面,有G22高速、S22天天高速、G5011芜合高速,工程材料可通过上述高速转新巢公路、巢无路、仓石路及河道两岸堤顶道路到达工程区。

3. 施工场地条件

工程河道两岸以农田、坑塘为主。周边场地条件较为宽阔,可满足机械设备施工需求。施工临时设施可布置在河道两岸宽阔、地面相对平坦地段,也可通过租用附近民房解决。

4. 建筑材料来源

1) 主要外来材料

工程所需的外来材料(沥青、钢材、汽油、柴油等)可就近在无为市和芜湖市购买。

2) 当地建筑材料

工程所需的天然建筑材料有土料、碎石、砂、块石等。碎石、砂、块石可在附近砂石场购买;土料拟从土料场开采。

5. 施工用水、用电条件

1) 施工用水

施工用水可用水泵抽取工程区河道内河水,生活用水可取自附近居民生活用水水源或管接市政自来水管网。

2) 施工用电

本工程施工用电点多、面广,用电较为分散。建筑物工程施工期用电负荷较大,拟通过架空线路接入当地供电系统进行集中供电。

3) 施工通信

施工对外通信可利用工程附近已有的通信线路解决,附近没有通信设施的可使用移动手机联络。

6. 劳动力供应条件

无为市全市户籍人口117.08万人(其中城镇人口43.99万人),常住人口82.7万人。工程区劳动力较丰富,能为工程施工提供足够的劳动力。

6.5.1.2 自然条件

1. 气象条件

黄陈河流域地处亚热带湿润季风气候区,四季分明,气候温和,雨量充沛,无霜期长。每年10月至次年4月为非汛期,天气变化平稳;5—9月为汛期,冷暖空气交汇频繁,天气多变。降雨量年际变化较大,且年内分配不均。据无为站1952—2019年实测降雨量资料统计,多年平均降雨量为1 205 mm,其中,最大年降雨量1 986 mm(1991年),最小年降雨量672 mm(1978年),多年平均年降水日数126 d,汛期5—9月份降雨量约占全年的60%。

据无为气象站资料,多年平均气温16 ℃,极端最高气温40.1 ℃,极端最低气温−15.7 ℃。1月份平均气温2.7 ℃,7月份平均气温28.7 ℃。多年平均蒸发量 1 469 mm,多年平均无霜期 240 天,多年平均日照时数 1 900 h。全年主导风向为东风、东北风,夏季盛行东南风,全年平均风速 3.5 m/s。

2. 水文条件

黄陈河流域无水文、水位测站。流域附近西河出口设有黄雏闸站,巢湖出口设有巢湖闸站,裕溪河出口设有裕溪闸站。

黄雏闸站设置于 1956 年,主要施测过闸流量及闸上西河水位,闸下水位仅有 2006 年至今实测资料。

巢湖闸站设置于 1950 年,主要施测过闸流量及闸上巢湖水位和闸下裕溪河水位,闸下水位具有 1963 年至今实测资料。最高实测水位为 11.27 m,发生于 2020 年 7 月 22 日。

裕溪闸站设置于 1968 年,主要施测过闸流量及闸上裕溪河水位和闸下长江水位,闸下水位具有 1968 年至今实测资料。最高实测水位为 10.99 m,发生于 2020 年 7 月 21 日;实测最低水位 2.96 m,发生于 1977 年 1 月 15 日。

3. 施工期水位

考虑施工安全,本项目施工期安排在非汛期(10 月至次年 4 月),施工期防洪标准为 5 年一遇。根据裕溪河巢湖闸下、裕溪闸闸上站历年实测资料分析计算得出黄陈河河口施工期水位,再根据施工期黄陈河上游设计来水流量及河道断面资料,推求得出黄陈河主要节点施工期水位。计算成果详见表 6.5-1。

表 6.5-1 黄陈河施工期洪水位成果表　　　　　　　　　（单位:m）

河道	节点	重现期	10—3 月	10—4 月	11—3 月	11—4 月	12—2 月	12—3 月
裕溪河	巢湖闸下	5 年一遇	7.73	7.73	7.08	7.05	6.40	6.69
		10 年一遇	8.30	8.30	7.20	7.10	6.75	6.85
裕溪河	裕溪闸闸上	5 年一遇	7.40	7.30	6.46	6.51	6.05	6.19
		10 年一遇	7.81	7.80	6.71	6.73	6.18	6.28
黄陈河	黄陈河口	5 年一遇	7.60	7.55	6.83	6.83	6.26	6.49
		10 年一遇	8.10	8.10	7.00	6.95	6.52	6.62
	陈家闸站	5 年一遇	7.79	7.74	7.02	7.02	6.45	6.68
		10 年一遇	8.35	8.35	7.25	7.20	6.77	6.87

4. 地质条件

1) 地形地貌

场地位于芜为市无城镇、石涧镇,地貌类型属沿江平原区。本工程场地的地形以河流水体及既有堤防及既有建筑物为主,堤顶高程 10～13 m,地面高程

5.5 m~8.8 m。

2）水文地质

场地地下水类型按其埋藏条件分为孔隙性潜水、孔隙性承压水；Ⓐ层人工堆土存在大量孔洞、裂隙，现场注水试验测得Ⓐ层渗透系数为 $A×10^{-5}$ cm/s~$A×10^{-3}$ cm/s，具弱至中等透水性，与其下伏的①$_2$及②$_1$层上部构成了场地潜水含水层，其下部的黏性土层构成其相对隔水底板。②$_1'$层、②$_6$层砂壤土、④层中粗砂及⑤层沙砾层，构成场地承压水含水层。

地下水主要接受河水、水塘水和大气降水补给，随季节变化明显，汛期河水位高，地下水向远离河流方向运动，枯水期则反之。

勘察期间，对钻孔地下水位和河水位进行了观测，潜水高程在9.41~5.41 m，平均高程为6.21 m；②$_1'$层承压水位4.90 m，④层+⑤承压水位4.20 m。

据调查，场地周围无有害污染源对场地地表水及地下水造成污染。为了解场地地表水及地下水对混凝土的腐蚀性影响，勘察期间分别取2件河水、2件地下水样本进行水质分析，水质分析结果表明：场地地表水与地下水对混凝土结构不具腐蚀性；场地地表水、地下水对钢筋混凝土结构中的钢筋无腐蚀性；场地地表水、地下水对钢结构具弱腐蚀性。

5. 主要建设内容

本工程主要涉及河道疏浚、堤防加固、排涝泵站、穿堤建筑物。

河道疏浚范围为黄陈河上段（老巢无路至陈家闸）进行清淤疏浚，疏浚长度16 km。

堤防加固范围涉及三闸圩、黄佃圩、港埠圩圩堤。三闸圩堤防加固8.52 km，黄佃圩堤防加固11.78 km，港埠圩堤防加固6.18 km。主要内容有堤身加培、填塘固基、护坡护岸、堤顶道路等。

排涝泵站工程共5座。分别为孙家墩站、季村站、黄佃圩站、陈闸站和金龙站。

穿堤建筑物工程共14座。分别为常丰斗门、孙家斗门、南庄闸、苗庄闸、童墩闸1、童墩闸2、许闸、菜籽沟闸、纯头闸、黄图闸、西庙闸等。

主要建设内容见表6.5-2。

表6.5-2 主要建设内容

序号	名称	单位	工程量	备注
1	河道疏浚	m³	335 397	自然方

续表

序号	名称	单位	工程量	备注
2	土方开挖	m³	293 679	自然方
3	土方回填	m³	727 974	自然方
4	堤防加固	km	26.48	
5	排涝泵站	座	5	
6	穿堤建筑物	座	14	

6.5.1.3 料场的选择与开采

1. 料场选择

1) 土料场

根据工程建设内容,本工程开挖土料 29.37 万 m³(自然方),其中可用于回填的土料 14.21 万 m³。回填土料 72.8 万 m³,利用开挖土料后,还缺土 58.59 万 m³。

本阶段对指定的襄安镇百子村(T6)、十里墩镇(T5)、赫店镇(T3、T4)4 个土料场进行勘察,各料场的位置见图 6.5-2。

根据各料场的钻孔资料揭示的地层分布,各料场的可用土层厚度均大于 4.0 m,料场面积较大,土料的储量基本满足需求。

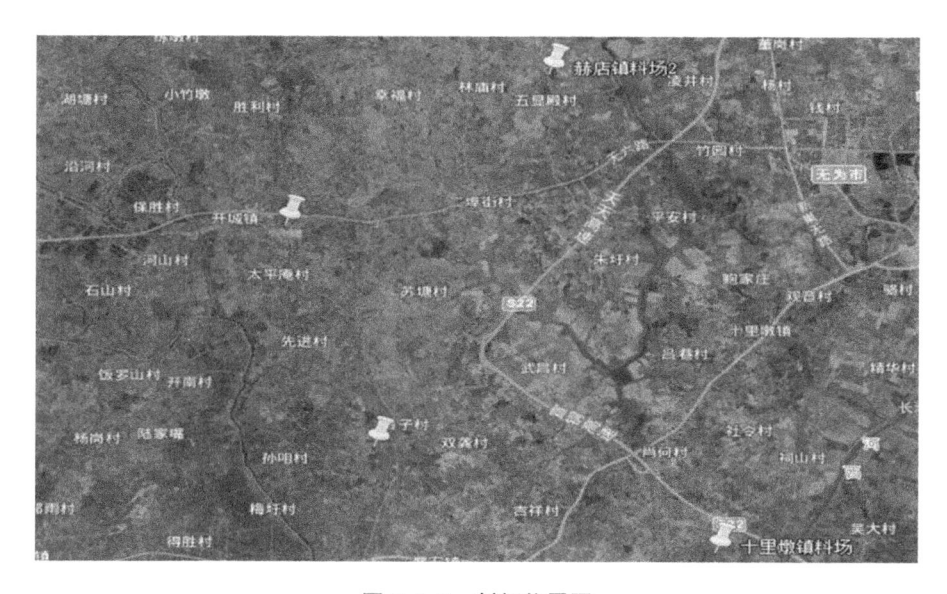

图 6.5-2 料场位置图

2）砂石料

（1）石料

经调查，场地附近可用作水泥配料的砂岩矿共五处，主要分布于芜湖市湾沚区湾沚镇三元村一带，查明矿石量1 265.14万吨。

（2）砂料

经调查，场地附近可用砂料一处，位于芜湖市东南约40 km处，北起普昭寺，南至十甲坝的青弋江芜湖、南陵县共管河段。查明资源储量3 805万 m^3，经水利部门认可时削减112万 m^3，该黄沙质量较好，可作为优质建筑用砂。

工程所需的砂石料可由上述砂石产地外购取得，砂石料运输陆路运输较为方便快捷。具体采购方案可根据工程需要，经过经济技术比较并进行规定指标的质量检测后确定。

2. 料场开采

土料开采拟采用1.0 m^3 反铲挖掘机挖料，74 kW推土机集料，10 t自卸汽车运输至工区。

土料开采前应根据地勘资料测定开采范围，划示开采界线界标。用挖掘机和推土机将料场表层清理干净，剥离厚度一般为30~50 cm。剥离层植被、腐殖土就近堆放至附近，后续用于料场复耕。

土料开采前应根据料场周边市政道路情况，布置临时施工便道与现有道路连通，使开采的土料能通过陆路运抵工区。并根据料场地形情况布设排水沟、集水坑，确保土料场排水通畅，保证土料含水率满足填筑要求。

土料开采完成后，应将剥离层进行重新覆盖和复耕。

6.5.2 施工导截流

6.5.2.1 导流标准

根据《防洪标准》（GB 50201—2014）、《堤防工程设计规范》（GB 50286—2013）的相关规定，本项目涉及的三闸圩为万亩圩，黄佃圩与港埠圩为五千亩圩，因此工程等别为Ⅳ等，三闸圩、黄佃圩及港埠圩堤防级别为4级。导流建筑物级别为5级。

根据《水利水电工程围堰设计规范》（SL 645—2013）第3.0.9条规定，导流建筑物级别为5级时，设计洪水标准为5~10年一遇，结合本工程特点及工期安排，设计洪水标准取下限为5年一遇水位。

6.5.2.2 导流时段

根据水文资料,流域内的汛期在每年的 5—9 月,非汛期在 10 月至次年 4 月。本工程计划安排在非汛期施工。根据工程建设内容,结合水文资料综合分析,河道疏浚安排在非汛期施工,导流时段为 10 月至次年 4 月。堤防外坡镇脚以及堤防下半部分护坡安排在枯水期,导流时段为 12 月至次年 2 月。穿堤建筑物安排在非汛期,导流时段为 10 月至次年 4 月。

6.5.2.3 导流方案

根据工程建设内容和水文条件,结合施工方法和工艺,本工程河道疏浚和穿堤建筑物需设置导流建筑物进行干地施工。

1. 河道疏浚

根据河道断面测量及水文资料,河道内水浅,不适合船舶施工作业。因此,河道疏浚拟设置拦河围堰抽排河道内积水后进行干地施工。拦河围堰沿河道中心线间隔 500 m 设置一道,并在河道各支河口设置围堰进行封堵。

2. 穿堤建筑物

本工程穿堤建筑物共 19 座,其中排涝泵站 5 座,穿堤涵闸 14 座。根据水文资料,各穿堤建筑物均需设置导流建筑物进行干地施工。施工前拟在各穿堤建筑物外河侧设置纵向挡水围堰,内河侧设置横向拦河围堰进行挡水。施工期导流利用周边排涝泵站调度解决。

6.5.2.4 导流建筑物设计

1. 河道疏浚

根据河道疏浚导流方案,拟设置拦河围堰和支河口封堵围堰。堰体结构考虑"就地取材、结构简单、施工方便"的土石围堰结构。围堰设计洪水标准取 5 年一遇,堰顶高程按 5 年一遇水位+安全超高 0.5 m 确定。堰顶宽度 3 m,两侧边坡 1∶2.5。拦河围堰典型剖面见图 6.5-3,支河口封堵围堰典型剖面见图 6.5-4。

2. 穿堤建筑物

以金龙泵站为典型设计进行介绍。根据拟定的穿堤建筑物导流方案,施工时拟在各建筑物内河侧和外河侧分别设置挡水围堰。堰体结构考虑"就地取材、结构简单、施工方便"的土石围堰结构。围堰设计洪水标准取 5 年一遇,堰顶高程按 5 年一遇水位+安全超高 0.5 m 确定。

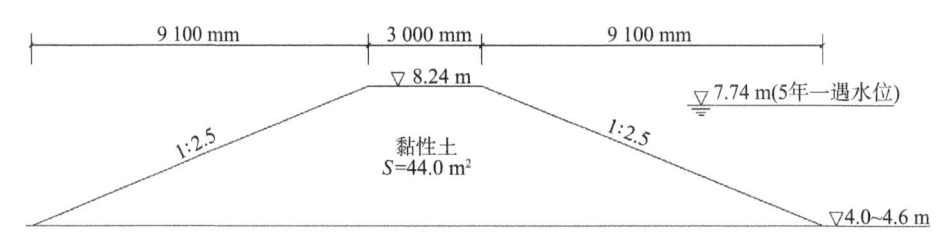

图6.5-3 拦河围堰典型剖面图

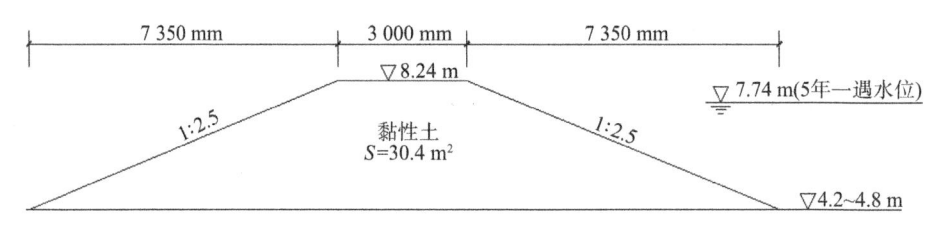

图6.5-4 支河口封堵围堰典型剖面图

1) 内河围堰

围堰采用土石围堰结构,堰顶高程取周边地面高程6.3 m,堰顶宽度取3.0 m,两侧边坡坡比1∶2.5,金龙站内河侧挡水围堰剖面见图6.5-5。

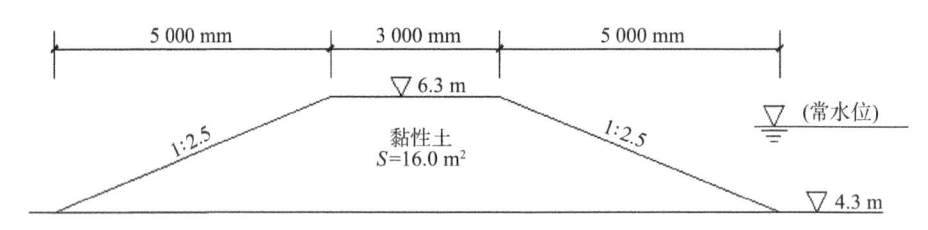

图6.5-5 内河围堰典型剖面图

2) 外河围堰

围堰采用土石围堰结构,堰顶高程取5年一遇水位7.74 m+安全超高0.5 m确定。堰顶高程为8.24 m,堰顶宽4 m,两侧边坡坡比1∶2.5,金龙站外河侧挡水围堰剖面见图6.5-6。

3. 导流建筑物施工

1) 围堰填筑

土石围堰填筑土料采用工程开挖土料,10 t自卸汽车运至填筑区,进占法填筑。围堰出水后,分层填筑压实,修整边坡,填筑时应预留沉降超高,确保沉降后的围堰顶高程不低于设计高程。

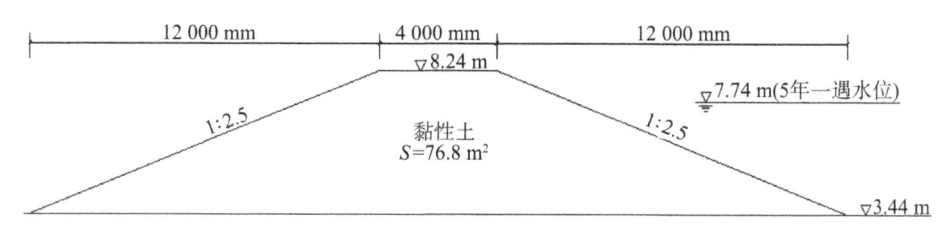

图 6.5-6　内河围堰典型剖面图

2) 围堰拆除

工程施工完毕后,为不影响河道及建筑物的排涝,围堰结构全部拆除。围堰水上和水下部分均采用挖掘机配合自卸车进行拆除,拆除土料运送至弃土区。

6.5.3　施工排水

6.5.3.1　初期排水

堰内初期排水主要为河道和基坑积水、堰体和堰基的渗水、降雨汇水等。堰内初期排水采用抽水泵进行排抽,以降低堰内河道水位。为了避免基坑边坡渗透压力过大,造成边坡失稳产生坍坡事故。初期排水时应控制水位下降速度,排水降速以 0.5～0.8 m/d 为宜。

6.5.3.2　经常性排水

初期排水完成后,围堰内外的水位差增大,渗透量相应增加。另外基坑已开始施工,在施工过程中还有不少施工废水积蓄在基坑内,需要不停地排除。在施工期内,还会遇到降雨,也需及时排出。经常性排水主要采取集水明排。拟在堰内开挖排水明沟将积水引至集水坑内,然后用水泵抽排。排水沟和集水坑采用反铲配合人工开挖成型。

排水明沟底宽 0.5 m,深 0.5 m,排水纵向坡度 1‰～3‰。施工过程中及时对排水沟进行清理,以防堵塞。集水坑底面比排水明沟底面低 1 m 以上,以保证水流畅通。集水坑底部有泥沙、淤泥时及时清除。每个集水坑中各配备一台水泵,24 h 不间断抽排水。

6.5.3.3　基坑降水

为了便于建筑物基础工程的施工,结合地质资料,拟在基坑内每 20 m² 设置管井降水。管井采用无砂混凝土管,外径 50 cm,壁厚 5 cm。滤管滤网用钢筋骨架构成,外包镀锌铁丝网两层,内层为40目细滤网,外层为18目粗滤网滤管,直径与井相契合。采用级配良好的中粗砂直接作为滤料。每座建筑物视基坑开挖面积设置6~8座管井。

6.5.4 主体工程施工

6.5.4.1 河道疏浚

河道疏浚范围为黄陈河上段(老巢无路至陈家闸)疏浚长度16 km,疏浚工程量33.5万 m^3。根据地形测量及水文资料,非汛期时段河道水位较低,水深较浅。同时考虑本工程河道周边均为农田,且无市政交通道路,疏浚土料陆路运输困难。因此,本阶段疏浚拟采取水力冲挖机组开挖,管道输送施工工艺。采用水力冲挖疏浚的优点是施工精度相对较高,超挖、欠挖较容易控制,对现有护岸结构基础影响较小,尤其在备有泥库的条件下,施工费用最低。水力冲挖技术要求如下:

(1)泥浆泵的工作位置应比冲挖点深,不宜小于0.5 m,以加快泥浆流速,提高泥含量。

(2)泥浆泵与冲挖土体的距离不宜太远。一般对于无杂物的冲挖土体不宜大于10 m;在有杂物的地段可适当远置,以利于清除杂物,防止损伤机泵,发生事故。

(3)冲挖河坡土方时,喷射水柱与标准坡面的夹角不得大于15°,削坡时夹角应趋于零;严禁对岸冲挖坡面土方,以免伤坡,影响工程质量。

(4)泥浆流向吸泥口要有一条急流槽集中输送淤泥,水枪手与开挖点的距离以3~5 m 为宜,以提高功效。

(5)一个作业段一次达到标准后,方可移动泥浆泵进行下一段的冲挖作业。

(6)对于贮供施工水源和分段冲挖的各种作业坝,要随工程的进展随时冲挖拆除,不得留有隐患。

6.5.4.2 堤防加固工程

1. 清基

堤身清基以机械开挖为主,主要使用1 m^3的反铲挖掘机和10 t自卸汽车配合作业,清基土方直接陆运至弃土场。

2. 土方开挖

土方开挖主要使用1 m^3的反铲挖掘机和10 t自卸汽车配合作业,局部配合人工开挖。除用作后期结构回填的土料就近堆放外,其余土方直接陆运至弃土场。

3. 堤身填筑

填筑料不应含有淤质土、耕植土、冰雪、冻土块和其他杂质,对于不同的筑堤料,在填筑前应进行击实试验,确定筑堤料的最大干容重和最优含水量。筑堤料压实前应采取晾晒或洒水等措施,使含水量接近最优含水量及碾压遍数。

对老堤加培接触面上腐殖土和堤坡草皮进行清坡处理,将夯实后的底土刨毛,开始铺第一层新土,碾压后逐层上升。在新土与老堤坡结合处,应将老堤挖成台阶状,以利堤身层间结合。清基后逐层铺填碾压上升。

填筑土料尽可能采用利用料,不足部分采用 10 t 自卸车从料场直接运料上堤,由于部分料场土含水量较高,需进行翻晒。筑堤采用进占法卸料,74 kW 推土机分层铺料,堤防填筑宽度在 3.0 m 以上的部位,土料采用 74 kW 履带拖拉机压实;宽度小于 3 m 的部分,土料由蛙式打夯机或人工压实。采用履带拖拉机压实时,铺料宽度超出设计堤边线 0.3 m,铺料厚度应控制在 0.25~0.3 m,土块最大粒径不大于 100 mm;人工或蛙式打夯机压实时,铺料宽度超出设计堤边线 0.1 m,铺料厚度控制在 0.15~0.2 m,土块粒径不大于 50 mm,压实度应满足设计规范要求,铺土厚度及碾压参数均应由现场碾压试验调整确定。碾压方向应平行于堤线方向。每层碾压后土料表层应进行刨毛处理,并洒水湿润,下层检测合格后,方可进行上层铺料碾压施工。

为减少横向接缝,填筑段长度不宜小于 100 m,相邻填筑段结合坡度不陡于 1:3,高差不大于 2.0 m。为防止雨水渗入松土层,填筑面应略向堤外侧倾斜,以利雨水排出。

4. 护岸护坡

1) 波浪桩护岸

(1) 桩材采购

波浪桩均为工厂化预制,由生产厂家运至工地现场,经过验收合格后按指定堆桩区堆放。

(2) 沉桩

按照桩机施工流向图在确定的桩位上就位,调整桩机处于可施工状态。打桩时由吊机将桩吊至导向架之内,固定好桩的位置,将液压振动锤继续提升至桩头,并将桩头送进夹具之内。然后将桩对准桩位,与定位桩榫口相对,利用经纬仪成 90°方向调整两个方向垂直度。垂直度满足要求后,通过夹具将桩夹紧,启动动站将桩打入桩位中,桩超出 1% 时应调整,如深桩偏斜,应尽可能拨出桩身,查明原因,排除故障,再进行打桩,打桩时记录好桩入土深度和标高。深桩以标高控制为原则,根据具体情况结合场地地质勘探资料研究确定。

(3) 土工布铺设

桩后土工反滤布垂直桩内侧铺设,铺设深度较浅,为减少开挖量,开挖时采用人工方式进行开挖,挖至拟铺设土工布底部后,清除坑内杂物和尖锐物体,检查土工布的质量和尺寸,确保符合要求后,立即铺设土工反滤布。铺设时应紧贴着桩内侧,并使用扣钉、U型钉、地钉将土工布固定在桩身上,便于桩后回填土的施工。土工布接缝采取搭接,搭接宽度不小于规范规定要求。

(4) 土方回填

护岸岸后土方回填采用人工填筑分层夯实,铺土厚度每层不大于20 cm,小型压实机械压实,局部蛙式打夯机夯实。

(5) 导梁施工

钢筋按设计尺寸下料制作安装,接头采用焊接方式,钢筋安装完成后立即封模,采用定制模板,钢管拉接固定。混凝土采用商品混凝土,由混凝土搅拌站集中拌制,混凝土搅拌运输车运输,泵送入仓,采用振动棒随浇随捣。浇筑时应连续进行,因故间断时,其间断时间应小于前层的初凝时间。浇筑完成后按要求进行洒水和覆盖养护。

2) 草皮护坡

用于护坡的草皮宜选用根系发达、入土深厚、匍匐茎发达、生长迅速且成坪快的草种。采用全铺草皮法铺设。要避免采用易招白蚁的白茅根草。铺草皮前先在坡面上铺筑一层厚度为4～10 cm的腐殖土,移植草皮时间应在早春和秋季,铺植要均匀,草皮厚度不应小于3 cm,并注意加强草皮养护,提高成活率。

3) "井"字型浮点护坡

护坡块在预制场预制生产完成并经验收合格后,由运输车运往现场附近堆放。再由挖机配合人工,使用正方形吊具运往施工现场。运输过程尽量平稳,保护护坡块不受损坏。护坡块铺设采用人工铺装,铺设方向为由下往上,顺序铺设。护坡块长度方向与坡岸方向垂直,由人工选取合格(无破损、裂缝、缺角,外观质量符合标准)护坡块搬往坡面。铺设时,先从标准线处开始铺设,以确保高程及线性。纵向相邻护坡块之间应拼接平顺,有较大错缝及时调整。较高处可使用橡胶锤轻捶,降低高度,较低处可在护坡块下部垫细石抬高高度。相邻护坡块扣缝应紧贴,扣缝过大时,应更换护坡块拼装。直线段坡面每20 m设置一道伸缩缝。

5. 抛石护脚

1) 材料

抛投料要求采用石质坚硬的石灰岩、花岗岩等,不采用风化易碎的岩石。抛石料采用天然混合级配石料,采用外购。

2) 石方抛填原则和方法

石方抛填采用先低后高的顺序,分段、分层抛填,均衡上升,抛填时严格按照图纸的范围和高程进行施工。

3) 石方抛填施工

抛石采用5~10 t自卸汽车结合人工进行抛石。抛石抛完后采用挖掘机进行整平,部分石料先用自卸汽车将料堆积,采用反铲进行挖、抛。抛投时,先根据地形图,绘制抛石网格图,每个方格控制在100 m² 左右。施工时,根据网格图放样,做到抛投均匀,保证数量。抛投时自下而上逐层抛投。抛完后采用挖掘机进行整平或采用长臂反铲进行挖、抛。

6. 堤顶道路

混凝土道路施工前先按设计要求做好测量放样工作,并采用12 t压路机将路基碾压密实,路面自下而上铺筑25~30 cm厚级配碎石,上部浇筑20 cm厚混凝土面层。级配碎石铺筑前应对地基土压实,压实达到要求后铺筑碎石垫层。铺浇完成后浇筑路面混凝土。混凝土采用外购商品混凝土,机动翻斗车或手推车运料直接入仓,通仓顺序浇筑,人工平仓,平板振捣器振捣密实,并形成路拱。在路面混凝土初凝后、终凝前人工进行表面收光,并采用压棱机压出防滑沟,终凝后采用切割机形成伸缩缝。

6.5.4.3 建筑物工程

本工程穿堤建筑物共16座,其中排涝泵站5座,穿堤涵闸11座。各穿堤建筑物结构较为常规,施工工艺成熟。

1. 土方工程

1) 土方开挖

土方开挖采用1 m³挖掘机挖土,为避免扰动地基土,最后预留30 cm人工开挖,胶轮车运输。开挖土方中质量较好的土料后期用于墙后回填,堆放于土方周转场内,其余土方废弃处理。

2) 土方回填

建筑物周围土方需在混凝土浇筑完成并达到要求的强度后开始施工,回填土方,主要利用原开挖后的可利用土方,土方回填采用机械摊铺,振动碾,平板振动夯夯实,建筑物周围 2 m 范围内以人工摊铺,辅以蛙式打夯机夯实,回填土料分层厚度不大于 30 cm。

2. 地基处理工程

1) 水泥搅拌桩

(1) 桩基施工流程

施工准备→测量放线→清除地下障碍物、平整场地→开挖沟槽→设置导架与定位→搅拌桩机就位→水泥浆配置→成桩钻进与搅拌→(压浆注入)弃土处理→钻机移位至下一孔位。

(2) 桩基施工方法

测量放线完成后开挖工作沟槽,在沟槽两侧铺设导向定位型钢,按设计要求在导向型钢上划出钻孔位置,操作人员根据确定的位置严格控制钻机桩架的移动,确保钻孔轴心就位不偏。下钻时严格控制下钻深度,搅拌桩在下沉和提升过程中均注入水泥浆液,同时严格控制下沉和提升速度,下沉速度不大于 1 m/min,提升速度不大于 2 m/min,在桩底部分适当持续搅拌注浆,做好每次成桩的原始记录。

2) 水泥土换填

8% 水泥土换填先将建基面下的土层挖除至设计深度,回填土方利用基坑开挖土方,采用 74 kW 推土机推至拌合区域,拌合区域应先平整,且表面无杂物,先铺 20 cm 土,再铺 8% 重量的水泥,然后再重复铺 20 cm 土和 8% 重量的水泥,用 1 m³ 反铲挖掘机来回拌和 2～3 次,运至回填区域分层填筑压实至设计高程。

3. 混凝土工程

本工程混凝土浇筑主要包括闸室结构、进出水池挡墙、上下游护坦段挡墙、格埂等。现浇混凝土结构施工流程如图 6.5-7 所示。

图 6.5-7 现浇混凝土结构施工流程图

1) 测量放样

施工前对施工标高进行认真复测,以确保达到验收标高。并对混凝土镇墩、混凝土格埂等进行放样,确保其各条轮廓线和标高符合设计要求。

2) 混凝土原材料

混凝土施工所用砂石料、水泥、块石等材料质量必须符合国家和行业的有关规范要求。

3) 混凝土配制

混凝土施工前应取得商品混凝土厂家资质及商品混凝土配合比、各项原材料合格证,并有第三方检测中心出具的复试报告,经建设单位和监理单位审批后方可实施混凝土施工计划。首先进行施工放样,确定模板支立位置及高程,其次需检查模板及其支架、支撑,清除模板内的木屑、铅丝断头、铁钉、泥土等杂物,然后进行测量校核,确保平面位置、高程的准确性。

4) 模板

模板按照混凝土结构尺寸加工成定型钢模板,要严格对模板平整度进行检查,模板的制作、安装必须保证结构有足够的强度和刚度,能承受混凝土浇筑和振捣的压力和振动力,符合要求方可使用。模板每次使用后要及时进行清洁、修理,保证下次使用时模板有足够的光洁度且不变形。上下设两道对穿螺栓拉住模板,螺栓上套 PVC 塑料管,以便拆模后将螺栓拉出(拆模后将拉杆螺栓孔洞封堵)。模板拆除要注意以下几点:不承重的侧面模板,应在混凝土强度达到 3.5 MPa 以后才拆除;拆下的模板及其配件,应将表面灰浆、污垢清除干净,并应维修整理存放,注意养护,防止变形,保证使用寿命。

5) 混凝土浇筑

浇筑前要对模板的平整度、脱模剂、模板的牢固程度以及模板的拼缝进行检查,并做检查记录,全部符合要求后方可进行混凝土浇筑。浇筑时要分层浇筑,以保证混凝土浇筑质量,每层厚 30～50 cm。本工程混凝土浇筑施工自下而上分层浇筑,顶层浇筑时,采取二次振捣和二次抹面,以防止产生松顶和表面干缩裂缝;按照分层厚度均匀下灰,严禁边下灰边振捣。第二次浇筑时,施工缝处必须凿毛,同时保持清洁和湿润。

6) 振捣

振捣时,每一个振点的振动持续时间能保证混凝土获得足够的捣实程度。插入式振捣棒的振捣顺序宜从近模板处开始,先外后内,移动间距不大于振捣棒作用半径的 1.5 倍。振捣棒至模板的距离不大于振捣棒有效半径的 1/2,并尽量避免碰撞钢筋、模板。振捣棒垂直插入混凝土中,快插慢拔,上下抽动,以利均匀振实。为保证上、下层结合成整体,振捣棒应插入下层混凝土 5 cm。

7) 养护

混凝土浇筑后,为保证混凝土有适宜的硬化条件和防止发生不正常的收缩,要及时进行覆盖和喷洒养护液养护。

4. 钢筋加工及安装

1) 钢筋进场和检验

按照图纸和规范要求算出钢筋用量，分出规格和型号，由材料部负责采购并运到现场，钢筋采购严格按质量保证手册及程序文件和公司物资采购管理办法执行。

钢筋进入加工场地后，按批进行检查和验收。每批由同牌号、同炉罐号、同规格号、同交货状态的钢筋组成。每 60 t 作为一个检批量，检验内容包括资料核查、外观检查和力学性能试验等。

2) 钢筋配料、下料

做配料单之前，要先充分读懂图纸的设计总说明和具体要求，然后按照各构件的具体配筋、跨度、截面和构件之间的相互关系来确定钢筋的接头位置、下料长度、钢筋的排放，配料单经工长和技术人员审核后，进行钢筋的下料和成型。钢筋加工前由技术部做出钢筋配料单，配料单要经过反复核对无误后，由项目总工程师审批后进行下料加工。

3) 钢筋加工

钢筋调直、切断、弯钩、绑扎成型均采用冷加工的方法进行，钢筋冷弯采用手工配合机械方法进行。

弯曲某种型号的第一根钢筋时，应按设计尺寸、技术标准进行核实，确认无误后，以此为样板，进行成批加工。钢筋应平直，无局部弯折，成盘的钢筋和弯曲的钢筋均应调直。

4) 钢筋接头位置及接头形式

（1）柱钢筋的接头方式为机械连接接头，钢筋接头位置应相互错开。

（2）梁钢筋的接头位置宜设置在受力较小部位，且在同一根钢筋全长上宜少设接头。

5) 钢筋运输与存放

（1）钢筋半成品在运输时一定要按规格、品种分类堆放，防止混乱造成错用。

（2）钢筋半成品在装卸时要轻拿轻放，防止出现钢筋半成品变形，影响钢筋的施工质量。

（3）钢筋运输时要提前计划好施工中所需的各种规格和数量，以便能及时满足施工进度的需要，不出现窝工现象。

（4）钢筋半成品的存放要按种类堆放，地面要硬化过，防止钢筋被污染

6) 钢筋绑扎

按照规范规定,要求熟练的钢筋工绑扎钢筋,钢筋的接头采用绑扎搭接,搭接接头长度、接头数量、错开位置,必须符合施工规范要求。

5. 灌砌块石

灌砌石要求分层、错缝砌筑,石料必须质地新鲜、坚硬,无风化剥落层或裂缝,块石一般应有两个平整面,大面朝下,相邻石块之间摆放要留有 10 cm 的空隙,以利于混凝土的填筑和振捣。块石通过自卸汽车运送至工区后,采用人工胶轮车场内运送石料砌筑。灌砌石所需的混凝土采用商品混凝土,插入式振捣器振捣密实。

6. 闸门安装

工程闸门应按施工图纸的规定进行。闸门主支承部件的安装调整工作应在门叶结构拼装焊接完毕,经过测量校正合格后方能进行。闸门吊装采用 2 台 50 t 汽车吊配合人工进行吊装。

7. 电气设备安装

电气设备安装前,土建工程应完工且混凝土达到养护期,室内装饰地面抹灰都已完成,并将安装场地清扫干净,屏柜等电气设备场地应清洁干燥。主要设备安装前,应仔细校对,确保现场埋件、基础、构架的尺寸、中心、标高、水平、距离在产品或设计要求范围内,以保证安装误差在规范内。所有设备、仪器、仪表附件、材料等应按有关标准及制造厂家要求进行试验、检验和整定。

6.5.4.4 雨天与低温施工

1. 土方工程施工

雨前应及时压实作业面,并防止作业面积水,当降小雨时应停止黏性土填筑;下雨时注意保护填筑面,不宜行走践踏,并严禁车辆通行,雨后恢复施工,填筑面应经晾晒、复压处理,必要时应清理表层,待检验合格后及时复工;土堤不宜在负温下施工,在具备保温措施的条件下,允许在气温不低于 $-10\ ℃$ 的情况下施工,但土料压实时的气温必须在 $-1\ ℃$ 以上;负温施工时应取正温土料,装土、铺土、碾压、取样等工序均应快速连续作业,要求填土中不得夹冰雪,黏性土的含水量不得大于塑限的 90%,砂料的含水量不得大于 4%,铺土厚度应适当减小或采用重型机械碾压。

2. 砌石、混凝土施工

小雨中施工应适当减少水灰比,并做好表面保护,遇中到大雨应停工,并妥善保护工作面;雨后若表层砂浆或混凝土尚未初凝,可加铺水泥砂浆后继续施工,否则应按工作缝处理;浆砌石在气温 0~5 ℃ 施工时,应注意砌筑层表面保温,在气温 0 ℃以下又无保温措施时应停止施工;低温时水泥砂浆拌和时间宜适当延长,拌合物温度应不低于 5 ℃;浆砌石砌体养护期气温低于 5 ℃时应采取保温措施,并不得向砌体表面直接洒水养护。

6.5.5　施工交通运输

6.5.5.1　对外交通

有 G22 高速、S22 天天高速、G5011 芜合高速,工程材料可通过上述高速转新巢公路、巢无路、仓石路及河道两岸堤顶道路到达工程区。

考虑施工期车辆会对现有混凝土道路造成损坏,本阶段拟考虑长 1 000 m、宽 4 m 的外部道路修复工程量。

6.5.5.2　场内交通

场内交通主要依靠河道两岸现有道路以及新建防汛通道解决。考虑土料场交通需求,拟在料场至周边市政道路修筑连接通道。考虑堤防填筑时,堤顶与地面高程较大,拟修筑上下堤临时通道。考虑建筑物基坑开挖后,地面至坑底拟修筑下基坑临时道路。根据工程规模及周边市政道路情况,本工程计划修筑临时道长 1.5 km,路面采用 300 mm 厚泥结石路面,宽 3.5 m。修筑的临时道路需临时征地解决,计划按 5 m 宽进行征地,共需临时征地面积 7 500 m^2。

6.5.6　施工工厂设施

6.5.6.1　砂石料加工系统

本工程砂石料采取外购,不设置砂石料加工系统。

6.5.6.2　混凝土生产系统

主体工程及结构混凝土采用商品混凝土,不设置混凝土生产系统。零星混凝土采用 0.35 m^3 拌和机拌料,拌合料系统拟设置在生产区内。

6.5.6.3　机械修配及综合加工系统

本工程主要施工机械设备为反铲挖掘机、推土机、混凝土运输车、自卸汽车等。工程区周边市场具备修理条件,工地现场不考虑机械的大修,要求承建单位进场时保养完好。现场生产布置小型机械修配车间,进行施工机械日常维修。

综合加工系统主要布置钢筋加工厂、模板加工厂等。根据钢筋的加工规模,钢筋加工厂一般配备钢筋弯曲机、剪断机、调直机、电焊机(对焊、电弧焊、电碴焊)等;模板加工厂一般配备盘锯、电刨等。根据工程位置及周边场地情况,综合加工厂拟布置在生产区内。

6.5.6.4 水电及通信设计

1)施工用水

施工用水可用水泵抽取河道内河水,生活用水可管接附近市政自来水管网。

2)施工用电

本工程施工用电点多、面广,用电较为分散。建筑物施工期用电负荷较大,施工用电拟通过架空线路接入当地供电系统进行集中供电。

3)施工通信

施工对外通信可利用工程区附近已有的通信线路解决,局部没有通信线路的可使用移动通信设备解决。

6.5.7 施工总布置

6.5.7.1 施工总布置

根据工程任务和规模以及建筑物分布情况,结合实际施工需求,本工程拟布置办公和生活区、生产区、弃土场等。办公和生活区采取集中布置,生产区采取分散布置,弃土场采取就近布置的原则。

6.5.7.2 办公及生活区

根据施工布置原则和现场实际条件,办公及生活区采取现场集中布置。通过现场调查,办公及生活区拟布置在无为希望小区东侧近巢无路附近的空地上。主要布置办公区、生活区和住宿区等,共布置建筑面积 2 000 m^2,占地面积 4 000 m^2。办公及生活区布置面积见表 6.5-3。

表 6.5-3 办公及生活区布置面积表 (单位:m^2)

序号	布置内容	建筑面积	占地面积	备注
1	办公区	500	1 000	非农用地
2	生活住宿区	1 200	2 400	非农用地
3	食堂	300	600	非农用地

续表

序号	布置内容	建筑面积	占地面积	备注
4	合计	2 000	4 000	

6.5.7.3 生产区

根据工程分布情况,生产区结合建筑物位置布置,生产区主要布置施工仓库、综合加工厂、混凝土搅拌站、机修及设备停放场等。共布置建筑面积 900 m^2,占地面积 1 800 m^2。主要布置建筑面积及临时占地面积见表 6.5-4。

表 6.5-4 生产区布置面积表 （单位：m^2）

序号	布置内容	建筑面积	占地面积
1	施工仓库	300	600
2	综合加工厂	300	600
3	混凝土搅拌站	150	300
4	机修及设备停放场	150	300
5	合计	900	1 800

6.5.7.4 弃土场

本工程开挖土料经回填利用后余土外运至弃土场。考虑就近弃土原则,弃土场拟布置在圩区内低洼地带。根据弃土量,弃土场需临时征地 250 000 m^2。

6.5.7.5 施工临时占地

本工程施工占地为临时占地,主要包括施工便道、办公及生活区、生产区、弃土场等。临时占地总面积 403 300 m^2,详见表 6.5-5。

表 6.5-5 施工占地总面积表 （单位：m^2）

占地类型	施工便道	办公及生活区	生产区	土料场	弃土场	合计
占地面积	7 500	4 000	1 800	140 000	250 000	403 300

6.5.8 土石方平衡

6.5.8.1 土方平衡应遵循以下原则：

(1) 按项目类别分为河道疏浚、堤防工程、建筑物工程；

(2) 河道疏挖土料就近外运至弃土场；
(3) 堤防工程开挖可将部分用于堤身填筑,余土外运；
(4) 建筑物工程开挖土就近利用,余土外运至弃土场。

6.5.8.2 土方平衡计算

本工程开挖土料 62.91 万 m^3（自然方），其中疏浚 33.54 万 m^3，开挖土料 29.37 万 m^3，可用于回填的土料 14.21 万 m^3。回填土料 72.8 万 m^3（自然方），利用开挖土料 14.21 万 m^3（自然方），缺土从料场取土。弃土 48.7 万 m^3。

6.5.9 施工总进度

6.5.9.1 设计依据

1) 建筑物布置及结构特点；
2) 主要工程量；
3) 施工方法、施工程序和施工设备等。

6.5.9.2 进度计划安排指导思想

1) 河道疏浚工程计划安排在非汛期施工；
2) 堤防外坡镇脚及下部护坡安排在枯水期,其余安排在非汛期施工；
3) 建筑物工程计划安排在非汛期施工,且在一个非汛期内完工；
4) 施工期工程采取分段分建筑物进行流水作业,以减少总工期。

6.5.9.3 进度计划

根据工程建设内容和水文资料,初步拟定本工程施工总工期为 16 个月,有效施工工期 11 个月,跨 2 个年度完成。进度计划见表 6.5-6。

表 6.5-6 施工进度计划表

序号	施工内容		第一年								第二年							
			9月	10月	11月	12月	1月	2月	3月	4月	5月	6月	7月	8月	9月	10月	11月	12月
1	施工准备																	
2	河道	河道疏浚																
3	堤防	堤防开挖																
4		堤防填筑																
5		护岸护坡																
6		道路																
7	泵站	施工围堰																
8		基坑开挖																
9		主体结构									汛期不施工							
10		基坑回填																
11		机电安装																
12	涵闸	施工围堰																
13		基坑开挖																
14		主体结构																
15		基坑回填																
16	其他																	
17	工程收尾及完工验收																	

说明：▨ 表示有施工计划。

6.5.9.4 主要技术供应

1. 施工人员供应

根据施工总进度和建筑物的施工方案,依据《水利建筑工程预算定额》估算。施工期每日平均施工人数为 200 人,高峰期施工人数为 240 人。

2. 主要工程施工强度

工程主要施工强度为土方开挖最大月平均强度 12.58 万 m^3/月(自然方),土方填筑最大月平均强度 14.56 万 m^3/月(自然方)。

3. 主要施工机械设备

工程所需主要施工机械设备规格及数量,详见表 6.5-7。

表 6.5-7 主要施工机械设备表

序号	机械设备	规格	单位	数量
1	拖拉机	74 kW	台	4
2	装载机	1.0 m^3	台	4
3	推土机	74 kW	台	4
4	挖掘机	1.0 m^3	台	10
5	抽水泵		台	10
6	自卸汽车	8～12 t	辆	20
7	蛙式打夯机	2.8 kW	台	4
8	稳定土拌合机	230 kW	台	3
9	混凝土搅拌运输车	6 m^3	台	10
10	插入式振捣器	2.2 kW	台	20
11	钢筋加工设备		套	3
12	木材加工设备		套	3
13	移动式混凝土搅拌机	0.4 m^3	台	3
14	水泥土搅拌桩机		台	3

第 7 章
黄陈河流域系统治理研究重难点

7.1 多个规划对黄佃圩和港埠圩两个五千亩的防洪标准表述不一,合理确定防洪标准是本工程的重点之一

1) 重点

本次治理工程涉及黄陈河万亩以上圩口三闸圩及 5 000 亩以上圩口——黄佃圩与港埠圩等河段,类型较多,如何合理确定各片区各河段的防洪标准及堤防级别是本工程的重点,也直接影响整个流域的防洪布局。

2) 对策

在充分收集和研究《巢湖流域防洪治理工程规划》、《安徽省芜湖市黄陈河治理方案》、《无为县城市总体规划(2013—2030 年)》和《无为市"十四五"水利发展规划》等规划的基础上,根据《防洪标准》(GB 50201—2014)等相关规范规定,本项目保护范围涉及河道沿岸城镇及农田,重要城镇防洪标准按 20 年一遇设防;流域万亩以下、5 000 亩以上圩口防洪标准采用 20 年一遇,村庄段采用 10 年一遇,其他段维持现状。涉及 3 个圩区堤防等级为 4 级。

排涝标准:采用 10 年一遇。农排区设计排涝标准为 10 年一遇 3 d 暴雨 3 d 排至作物耐淹深度。

7.2 精确控制软土地基对泵站、涵闸等建(构)筑物不均匀沉降的影响是本工程的重难点之一

1) 重点、难点

本工程地基土层主要为②$_1$ 层淤泥质粉质黏土、②$_2$ 层粉质黏土、②$_3$ 层重粉质壤土、②$_4$ 层粉质黏土。②$_1$ 层淤泥质粉质黏土和②$_2$ 层粉质黏土的力学强度低,承载力极低,抗冲刷能力差,不利于河道边坡稳定,也不宜作为泵闸基础持力层。因此,工程设计方案对软土地基的针对性处理是确保工程实施安全的重

难点。

由于泵站、涵闸大部分建设于②₁层淤泥质粉质黏土层上,土体压缩量大,并且部分管理区为回填成陆,主体结构和边荷载影响沉降控制难度大,工程中较常出现不均匀沉降问题,因此对泵站、涵闸等建构筑物不均匀沉降控制是本工程设计的重难点。

2) 对策

借助先进的数字化模拟程序,对整个建构筑物结构采用 Midas 软件进行沉降计算,确保沉降计算精确合理。

在地基处理中根据建筑物不同的受力情况,采用针对性的地基处理方式,金龙站等较大泵站、涵闸主体结构和主副厂房采用双轴搅拌桩,进出水池与其他较小涵闸等结构可采用单轴搅拌桩,保证不均匀沉降得到有效控制,同时较为经济合理。

另外,为控制软弱层易滑坡的问题,堤防、泵站、涵闸等工程设计可同步采用以下对策:

(1) 堤防、泵闸等工程范围内浅层约 0～2 m 厚淤泥层全部清除。堤防内培填塘固基及外培基面淤泥土清除。

(2) 堤防外坡脚设抛石护岸,做好堤前固脚稳定,确保堤身安全。滑坡段和外培外坡较陡段采用抗滑桩。

(3) 堤身填筑时严格控制分层填筑的厚度及填筑速率,严格控制压实度指标要求,确保堤身填筑质量。

(4) 泵闸主体结构地基处理采用承载能力强的水泥土搅拌桩基础。

(5) 严格控制基坑开挖范围内的施工堆载问题,要求基坑开挖面 10 m 范围内禁止任何堆载,确保基坑安全。

(6) 在详勘阶段对软弱土层进行进一步分析,为设计提供精确指标及指导建议。

7.3 采用有限元方法对金龙站等排涝泵站进行水动力及结构应力分析,优化建筑物平面布置和结构设计

1) 重点、难点

本工程泵站规模不一,类型较多,各个泵站规模和平面布置需要进一步分析论证,合理的泵站规模及泵房、厂房、管理房、进出水流道等布置对排涝功能的发挥、结构安全及工程建设经济效益都是重点设计要素。

2) 对策

进一步研究排涝片区现状，充分调查研究，本着统筹协调、洪涝兼治的思想，充分论证排涝泵站规模，在此基础上，通过 BIM 软件建立泵站三维模型，利用 ANSYS 和 ABAQUS 软件分别进行水流流态和结构应力应变有限元分析，确定泵站的合理规模和各功能段结构尺寸，确保经济合理，并通过专家和主管部门的技术审查。

7.4 黄陈河上段疏浚时，确保三闸圩御龙湾房屋贴岸河段的施工安全是本工程的重难点之一

1) 重点、难点

三闸圩御龙湾位于黄陈河上游段的左岸，现状部分河段岸后紧邻房屋。现状岸顶高程为 9.2～10.3 m，现状河底高程 4.5～4.9 m，该段河道淤积深度 0.5～1.2 m。在疏浚断面、疏浚走向及护岸护坡方案设计时，如何保证邻近房屋、围墙等建构筑物的安全，防止沉降和位移，降低社会稳定风险，满足施工机械进出场，便于土方运输，同时控制施工周期和工程建设成本，是本工程的一个重难点。

图 7.4-1 三闸圩御龙湾房屋贴岸现状照片

2) 对策

本工程因房屋等建构筑物紧贴河岸,直接进行疏浚而不采取加固措施的方案不可行,本次拟采用波浪桩挡墙进行挡土和护岸加固。波浪桩挡墙按 M 型排列,桩长 6~9 m,桩身入土深度不小于 4~7 m,桩底进入②₃层重粉质壤土中。施工时采用静压桩工艺,避免锤击打桩所产生的振动、噪声和污染。桩身下部土层为②₄层和③₁层粉质黏土。②₃层(Q_4^{al})灰黄色重粉质壤土,偶夹薄层砂壤土,含铁锰质斑,可塑或软塑状态,层厚 1.0~5.7 m。②₄层(Q_4^{al})灰黄色粉质黏土,含铁锰质结核,硬塑状态,层厚 0.9~10.5 m,力学强度较高,对基坑边坡抗滑稳定有利。因该河段位于御龙湾小区及主要道路柘无路两侧,考虑美观效果,可结合区域景观提升工程进行整体设计。

7.5 本工程土方开挖回填量大,做好土方挖填平衡利用,是本工程的重难点之一

1) 重点、难点

本工程战线长,范围广,工程建设内容主要分为四大区域,分别为黄陈河上游疏浚段、三闸圩堤防及建筑物段、黄佴圩堤防及建筑物段、港埠圩堤防及建筑物段,四大区域之间平面最大跨度达 26 km。根据土方初步估算,本工程将可利用的开挖土料用于回填后,还缺土 58.6 万 m³,土方缺口量较大。现有堤防级别为 4 级,且局部堤顶道较窄,加上建筑物破堤施工,堤顶道路不能贯通,使交通运输组织难度加大,制约了场内土方的周转利用和场外来土的运输强度。因此,土方平衡计算是本工程的重点难点之一。

2) 对策

堤防及护岸开挖土方基本为原堤身土,土质较好,可用于堤防填筑。通过合理划分施工段,使堤防开挖土方做到随挖随填,减少开挖土料临时堆放场地的面积,从而减少临时征地费用。建筑物结构和基坑开挖土料基本为黏性土,可用于建筑物结构和基坑的回填。将开挖土料采取就近临时堆放,减少土料后期利用的周转距离,最大限度地控制土方运输成本。

上游河道清淤疏浚长度达 16 km,疏浚工程量为 33.5 万 m³。考虑该段河道水深较浅,水上船舶疏浚无法实现,需采取干河施工。河道两岸基本为农田,周边无市政交通道路,疏浚土若采取陆路运输,铺设临时道路投资大,且征地困难。因此本段河道疏浚采用水力冲挖+管道运输方案,疏浚土料采取就近设置排泥场或弃土场堆放,后期用于还田利用。

土方计算采用土方计算地形分析软件 HTCAD V10.0 进行计算,HTCAD

是基于AutoCAD平台开发的一款土方计算软件,针对各种复杂地形以及场地实际要求,提供了多种土石方量计算方法,对于土方挖填量的结果可进行分区域调配优化,解决就地土方平衡要求,动态虚拟表现地形地貌。软件广泛应用于居住区规划与工厂总图的场地土方计算、机场场地土方计算、市政道路设计的土方计算,以及园林景观设计的场地改造、农业工程中的农田与土地规整、水利设计部门的河道堤坝设计计算等,以确保土石方工程量计算准确。

7.6 穿堤建筑物破堤施工,如何合理组织临时交通是重难点之一

1) 重点、难点

本工程新建和拆建穿堤建筑物较多,均需破堤开挖施工,破堤范围主要为港埠圩堤、黄佃圩堤、三闸圩堤。破堤后堤顶道路中断,施工期周边村民出行交通受阻,且影响工程运输车辆通行,需布置临时施工便道和选择绕行交通方案。在选择布置临时施工便道和选择绕行交通方案时,应根据周边居民出行需求及工程本身车辆交通需求合理选择。因此,临时施工道路的布设和绕行方案的确定,是本工程的重点难点之一。

2) 对策

根据每座建筑物周边交通需求,将需求主要分为三大类:一类是周边居民和本工程车辆运输都有需求;二类是周边居民无需求,本工程车辆有需求;三类是均无需求。按照需求的不同,分别拟定施工期交通方案。对于第一类需求,通过在堤内侧布置临时施工便道与破堤段两侧连通,形成独立的交通道路。对于第二类需求,根据周边路网情况,可绕行到达工区的,采用绕行方案,并在绕行路段设置指示和引导标志标牌。对于第三类需求,应明确需求是否属实,确认属实的情况下,不设临时便道也不设绕行标志。

7.7 采用有限元软件分析堤防加培、碾压施工对堤底现有自来水管线影响,确保安全

1) 重点、难点

港埠圩西庙村附近河段存在深埋穿堤自来水管线。根据《安徽省水工程管理和保护条例》等规定,在管道保护范围内,有关单位从事敷设管道、打桩、顶进、挖掘、钻探等可能影响设施安全活动的,应当与经营者共同制定保护方案,并采取相应的安全保护措施。

2) 对策

本工程根据区域防洪需求,为确保地区社会经济发展安全,提升地区防洪能力,在港埠圩西庙村附近进行堤防加高加固,形成防洪封闭圈。根据工程设计及布置方案,自来水管线河段堤防拟加高填筑 1 m,堤顶宽度 5 m,增加附加荷载约 18.5 kN/m²,同时土方碾压施工,往复加载,对堤底自来水管道有一定影响。本次采用 Plaxis 进行沉降计算,按照 30~35 cm 厚松铺一层,铺后再碾压的施工要求,模型分为 7 个加载步骤。通过计算可知本工程河段堤防加固施工对管线影响很小,管道竖向位移为 3.5 mm。

在工程勘察设计方面,采取优化堤防土方填筑方式、枯水期施工不设置施工围堰、管线保护范围内无桩基、钻探施工等措施,并做好施工期的安全防护和安全警示预防,确保工程实施无不利影响。将在工程设计方案阶段与管道经营及管理部门对接,收集资料并开展安全论证。提醒施工单位在施工前应严格向有关部门和单位申请,确定施工区域的管线位置,做好交底工作。

7.8 本工程类型多、体量大,有效控制投资、降低成本是重难点之一

1) 重点、难点

投资控制是工程项目管理的关键环节,控制得当,就会降低成本,提高经济效益。建设项目的投资控制始终贯穿于项目的全过程,而工程设计阶段的投资控制是整个项目投资控制的先导,需具有前瞻性和规划性。

2) 对策

采用技术与经济相结合的管理手段,对项目进行主动控制,即从组织、技术、经济等多方面采取措施。

(1) 从组织上采取措施,包括明确项目组织结构,明确投资控制者(设计及造价人员)及其任务,明确管理职能及分工。

(2) 从技术上采取措施,包括重视设计多方案比选,严格审查监督初步设计过程,深入技术领域研究节约投资的可能。进行方案比选,通过设计阶段进行多方案的技术经济比较,择优确定最佳建设方案,择优选择最佳方案。按批准的初步设计总概算控制施工图设计。

(3) 从经济上采取措施,包括动态地比较造价的计划值和实际值,采取对节约投资的行为进行有力奖励等措施。

第 8 章
黄陈河流域系统治理研究建议

无为市黄陈河防洪治理工程已列入了《巢湖流域防洪治理工程规划》及"2022年全国中小河流治理名录",项目实施依据充分,实施必要性及紧迫性强。为减轻区域防洪压力,提高黄陈河防洪标准,提升区域排涝能力,促进地区社会经济可持续发展,应尽快实施无为市黄陈河防洪治理工程。

8.1 建议尽快与当地政府及相关部门沟通,保证项目顺利实施

本次黄陈河防洪治理工程拟通过堤防加固、新建护岸护坡、新改建穿堤建筑物与排涝泵站及河道清淤疏浚等工程措施,提高河道沿岸防洪能力,设计的三闸圩、黄佃圩及港埠圩的防洪封闭圈堤线走向和堤防加固方式需与当地镇政府、村委会及居民积极沟通协调,确保工程措施能落地。

(1) 征地拆迁对接

工程沿线共涉及无城镇、石涧镇等乡镇,虽无房屋拆迁,但现状三闸圩和黄佃圩有18座坟墓需搬迁,同时征地面积约127亩,其中鱼塘73.2亩,这些直接影响项目的实施推进,建议尽快组织开展项目用地范围的征拆迁工作的预沟通与协调,需尽早与有关部门协调确认,以落实项目建设的基本条件,推进项目顺利实施。

(2) 自来水管线对接

港埠圩西庙村附近河段存在深埋穿堤自来水管线,建议提前与相关部门沟通核实,协商保护要求,以确保项目实施与相关政策法规及行业管理要求相符。

(3) 桥梁问题对接

本工程有3座跨黄陈河桥梁,其中合福高铁桥涉及铁路管理部门,本次工程设计时,在距离桥梁两侧20 m范围内禁止开挖施工,同时建议业主尽早联系市政道路、铁路等相关部门,协商确认相关的建设保护程序要求,以确保项目实施与相关政策法规及行业管理要求相符。

(4) 生态红线、基本农田、三区三线及林地等对接

本工程总体布局与芜湖市黄陈河防洪治理方案一致，但仍需进一步与自然资源和规划局、农业农村局等行政审批部门对接生态红线、基本农田、三区三线及林地等事宜，及时听取各部门指导性建议和意见，确保工程方案的合理性。

8.2 建议按照标准化设计原则，利于后期运行管理

本工程战线较长、区域分散，点多面广，工程内容涉及 5 座泵站、14 座涵闸（含设备更换）等。从设备招标采购成本、工期、施工难易度及工程质量效率、后期运行管理维护成本等角度出发，建议按照标准化、规模化的原则，对水工结构涉及的穿堤箱涵、挡墙、进出水池、门槽尺寸等，金结专业涉及的工作闸门、检修闸门、拦污栅、金属预埋件、清污机等，水机专业涉及的水泵型号、流道宽度、吊车梁等，电气专业涉及的电灯、电缆、支架等，均可以根据实际需求进行相应设备、结构的类型尺寸标准化设计，便于采购、施工及运维，降低全生命周期工程建设成本。

8.3 建议工程建设与当地人文景观自然融合，水岸同治，促进乡村振兴

现代水利工程以水利功能性措施为载体，融入当地水文化、水景观，科普水利工程知识，凝练水利工程内涵，提升水利工程品质。让特色水利工程成为当地民众的休闲之地，成为八方游客的游览胜地。

本项目位于安徽省无为市，当地自然山水沉淀着丰富的文化内涵，工程区域水清岸绿、风光秀丽，景观设计注重与周边自然景观、人文环境的和谐与协调，体现当地水文化、水景观的内涵。

(1) 历史人文资源的借鉴

无为市的历史文化名人和革命人物众多，在景观小品设计里，比如用景墙、雕塑等展示这些历史名人为无为市增添的浓厚文化氛围。

① 庐剧

无为地区曾经流行徽剧和庐剧。后来，徽剧逐渐式微，庐剧则占了主要地位。无为地区的庐剧属于庐剧中的东路（又称下路），唱腔与民歌小调接近，对白使用方言。传统剧目有《蔡鸣凤辞店》等连本台戏，还有《老先生讨学钱》等折子戏。

② 剔墨纱灯

无为剔墨纱灯，又名宫灯，相传北宋米芾就任无为知军时，运用绘画技艺在

灯笼壁面绘上人物、山水、龙凤、花卉等图案，借以与民同乐。

在景观节点里，利用地面细节、栏杆或是植物组团设计上都可以设计带有民俗文化的元素，来展示无为市民间文化的魅力。

③ 非物质文化遗产

无为鱼灯被列入第三批国家级非物质文化遗产名录。

(2) 构建"一河两堤三景"设计

泱泱濡须河，悠悠无为州。根据黄陈河整体的走向和周边环境现状特点，构思"一河两堤三景"的景观设计。

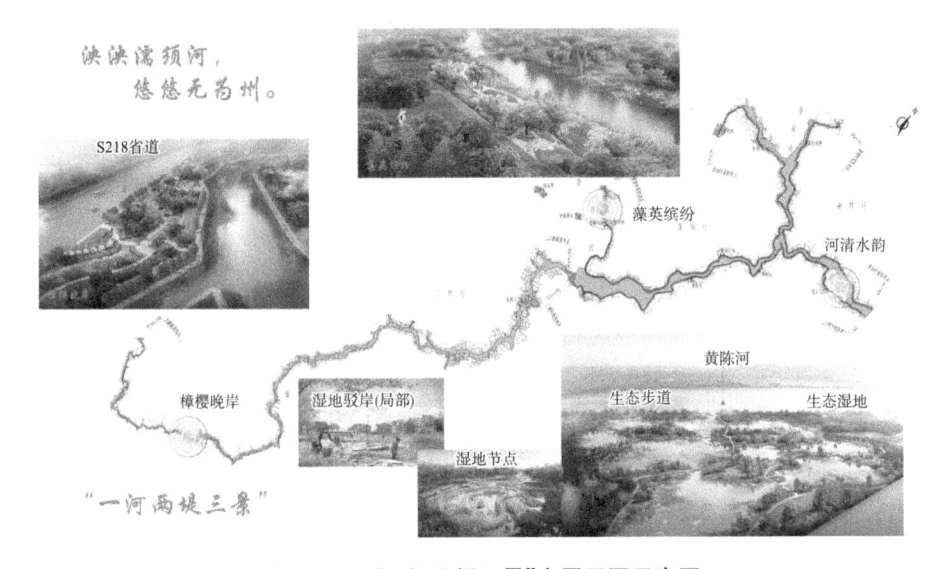

图 8.1-1 "一河两堤三景"布置平面示意图

从北往南，在黄陈河裕溪河汇合口徐家小村的滩涂鱼塘区域，利用现状鱼塘设计"河清水韵"生态湿地，改善黄陈河的河道生态环境，也增加周边村庄居民的活动空间。

在徐家岗、钱村、瓦屋村和童家墩村民聚集地的区域，利用现状地块设计"落英缤纷"景观节点，打造文化景墙、特色铺地和植物组团来体现当地历史人物事迹，也丰富当地村民的休闲游憩体验。

在黄陈河与S218省道邻近的芦苇荡区域，因为靠近省道，车流人流大，也是进入无为市的主要道路之一，这一区域的景观节点特点趋于城市化符号化，借鉴"无为鱼灯"非物质文化遗产的形象元素设计小品雕塑和铺地，设计"樟樱晓岸"景观节点凸显无为当地的人文特点。

黄陈河防洪治理在保证水安全的前提下，融入水文化、水景观协同治理理念,发掘河道潜力与亮点,以黄陈河防洪治理建设为依托,配合生态护岸、景观堰坝及廊亭等小品建设,打造"一步一风景"的美丽乡村景象,提升当地民众的获得感和幸福感,促进乡村振兴。

8.4 建议合理统筹,实现工程区土方的高效利用

本工程战线较长、点多面广,土方开挖和土方回填方量较大,主体工程区分为三大块。根据土方初步估算,本工程缺土约58.6万 m^3,土方缺口量较大,现状三大主体工程区需求不一,且本工程主要为4级堤防加固,堤顶道路较窄,交通运输条件较差,严重制约外来土的运输强度,因此需要统筹协调各个工程区土方平衡。目前方案中针对泵闸结构开挖土方、滩地整治土方及上游河道疏浚砂石土方拟用于河道整治和堤防加固回填。由于弃土区土方量大,建议尽早开展土质情况试验调查,若弃土区存在较好的土质,完全可利用于堤防达标和护岸回填,实现土方高效利用。

8.5 建议多措并举,合理控制工程造价

工程设计阶段的造价控制是整个项目造价控制的先导,具有前瞻性和规划性。控制工程造价的方法如下:

(1) 初步设计阶段

严格执行项目可研批复的工程等级和设计标准;按批准的可研投资估算推行量财设计,积极合理地采用新技术、新工艺、新材料,优化设计方案,编好投资概算;在保证设计质量的前提下,推行设计方案的限额控制,确保设计概算不突破限额目标,重大决策应有多方案比较,以保持投资控制的主动性;在对方案进行技术经济优化的过程中,对不同方案的总体布置、结构方案、施工方案等要充分论证,结合不同方案的投资,合理确定推荐方案,以实现对项目造价的有效控制。

(2) 施工图设计阶段

以工程初步设计文件为依据,用审定的初步设计概算造价控制施工图预算,将审定的初步设计控制工程量作为施工图设计工程量的最高限额,不得突破。

(3) 施工现场服务阶段

工程施工阶段要严格控制设计变更,尽可能将设计变更控制在设计阶段。建立健全相应的设计管理制度,对影响工程造价的重大设计变更,需进行由多方人员参加的技术经济论证,使建设投资得到有效控制。

8.6 建议加强监测预警,保证施工、运维、管理长治久安

以依法守法、安全生态为基本要求,推动大数据运用与管理,加大监管力度,加强河道治理标准化,确保河道管理长效化。

一是对标先进,推动数字化转型工作,通过数据中心、应用系统、网络改造、智能化建设、网络安全、标准化建设等六大工程,推动核心业务模块运行使用,强化各个系统、平台融合集成,深化掌上办公、掌上办事一体化应用,实现"互联网＋政务服务""互联网＋监管",争创水管理平台试点。

二是推进水文感知系统建设,完善水雨情监测和预报管理体系。